文化赋能 城市更新

理论探索与地方实践

Theoretical Exploration and Local Practice

Culture-empowered Urban Renewal

何淼 李惠芬 著

社会科学文献出版社
SOCIAL SCIENCES ACADEMIC PRESS (CHINA)

目 录

第一章　城市更新开启"文化转向"新境界　001
　一　城市更新的内涵演进：从物质改造到可持续发展　001
　二　城市更新的当代发展：目标、主体、方式的升级　010
　三　西方"文化导向型城市更新"的兴起与发展　017
　四　改革开放以来中国城市更新的"文化转向"　023

第二章　文化赋能：新时期中国城市更新的本土化理论建构　031
　一　文化赋能城市更新的现实诉求　031
　二　文化赋能城市更新的理论基础　039
　三　文化赋能城市更新的本土化理论建构　052

第三章　古都南京："文化立魂"语境下的城市更新实践探索　062
　一　文化城市：全球层面城市发展的动力转型　062
　二　文化立魂：新时代中国城市的文化战略自觉　070
　三　古都南京：城市发展与城市更新的文化追求　076
　四　南京样本：文化赋能城市更新的典型案例　084

第四章　地方文脉赋能："夫子庙"历史符号重现型的更新实践　095
　一　地方文脉赋能：让城市更新更显文化底蕴　095
　二　"夫子庙"地区的历史沿革与更新历程　102
　三　"夫子庙"历史符号重现型的更新实践　108
　四　启示与思考　120

第五章　文旅融合赋能:"老门东"文旅消费驱动型的更新实践　123
  一　文旅融合赋能:让城市更新撬动内需潜力　123
  二　"老门东"地区的历史沿革与更新背景　130
  三　"老门东"文旅消费驱动型的更新实践　135
  四　启示与思考　149

第六章　文创产业赋能:"国创园"创意园区植入型的更新实践　153
  一　文创产业赋能:让城市更新支撑动能转换　153
  二　"国创园"地区的演变历程与更新背景　159
  三　"国创园"创意园区植入型的更新实践　164
  四　启示与思考　174

第七章　在地文化赋能:"小西湖"人文家园营建型的更新实践　178
  一　在地文化赋能:让城市更新更具人文关怀　178
  二　"小西湖"地区的历史沿革与更新历程　183
  三　"小西湖"人文家园营建型的更新实践　189
  四　启示与思考　204

第八章　文化服务赋能:"梧桐语"文化福祉浸润型的更新实践　209
  一　文化服务赋能:让城市更新承载美好生活　209
  二　"梧桐语"的提出背景与类型分布　214
  三　"梧桐语"文化福祉浸润型的更新实践　220
  四　启示与思考　230

第九章　文化治理赋能:"朝天宫八巷"共同缔造牵引型的更新实践　234
  一　文化治理赋能:让城市更新成为自主行动　234
  二　"朝天宫八巷"的演变历程与更新背景　239

  三 "朝天宫八巷"共同缔造牵引型的更新实践 244
  四 启示与思考 255

第十章 结论与讨论 259
  一 文化赋能城市更新的本土逻辑：内涵、价值与模式 259
  二 推动文化全方位赋能城市更新 263

后　记 268

第一章 城市更新开启"文化转向"新境界

一 城市更新的内涵演进:从物质改造到可持续发展

我们正处在一个"城市地球"的时代,人类城市化呈现不可逆转的趋势:20世纪初,世界人口城市化率不足15%;20世纪中叶(1950年)世界城市化水平为29.2%;2008年,全球城市人口首次超过农村人口;2011年,世界上56%的人口居住在城市。预计到2050年,全球城市化率有望达68%,每个地区都会更加城市化。[①] 作为与城市化进程相伴而生的一种城市实践,城市更新是人们寻求美好城市家园的途径,也是城市发展的永恒主题与不竭动力。纵观中外城市发展史,城市化进程的不断推进,也在不同时间、不同地点产生了纷繁且复杂的城市问题。城市更新作为对城市衰退在特定时间和地点所带来机遇和挑战的回应,[②] 维系并提升城市这一复杂有机生命体的活力,推动其自我迭代、有序成长。本质上,城市更新致力于解决不适应城市发展需求的各类因素,因此,随着城市发展阶段的不断演进,城市更新的内涵也在不断变化。从关注物质层面的改造、重建,到注重经济增长的空间再生产,再到作为城市发展综合性战略,城市更新逐渐打破单一维度的物质功能再造,越发具有复合型的城市再造意涵。这既体现了其在城市发展中的持

---

① 资料来源:联合国人居署,《2022世界城市状况报告》。
② 彼得·罗伯茨等主编《城市更新手册(第二版)》,周振华、徐建译,格致出版社、上海人民出版社,2022年,第10页。

久重要性，也表明了对城市更新的理解必须置于特定的城市政治经济框架之中。

1. 作为"形体改造手段"的城市更新

当代城市更新大规模兴起于第二次世界大战后的物质性重建。第二次世界大战影响范围甚广，对大量城市造成了严重损毁，英国、德国、法国、美国、中国、日本等国家都面临着战后城市重建（urban reconstruction）的巨大挑战。因此，战后初期城市更新围绕快速恢复城市基本机能、为战后经济恢复提供基础支撑而展开，主要表现为住宅开发与贫民窟清除。英国在战后第一时间启动了住房重建计划，力求快速恢复受损严重的城市地区的住房功能；数据显示，1946 年至 1957 年间，英国重建或新建了 250 万套住房。[①]美国在 1949 年出台《住房法》，提出通过清理贫民窟为城市住宅提供建设用地；1959 年进一步推出了社区更新方案，致力于从居住功能性上推动空间更新。日本在 1945 年、1946 年接连颁布《住宅紧急措置法》《特别都市计划法》《国土复兴计划纲要》，提出重点修复战争损毁房屋、修建完善公共基础设施等目标任务，并将大量战争损毁的兵营、校舍、寺庙等改建为住宅。[②]通过大规模地拆除贫民窟、清除破败建筑，各城市大规模地推进共有住宅建设，有效缓解了战后住房短缺，也快速更新了城市的物质形象。进入 20 世纪 60 年代，中心地区的人口和工业向郊区迁移的趋势在西方城市日趋明显，内城活化（urban revitalization）开始关注城市交通、基础设施建设和旧城整治等问题，[③]致力于提升中心城市空间品质与吸引力，避免城市无序蔓延。英国以"面向衰落地区的局部改造"为破题关键，地方政府可以通过申请国家层面"城市计划"专项资金改善旧城衰落地区的物质空间环境，

[①] 祝贺：《城市更新与城市设计治理 英国实践与中国探索》，清华大学出版社，2022 年，第 62 页。
[②] 梁城城：《日本城市更新发展经验及借鉴》，《中国房地产》2021 年第 9 期。
[③] 阳建强：《城市更新理论与方法》，中国建筑工业出版社，2024 年，第 32 页。

并建设各种公共服务设施。①美国启动了带有福利性质的社区更新运动,在"现代城市计划""模范城市方案"的带动下,大量资金投入旧城贫困社区的清除、新公共住房的建设与城市快速道路的建设。

受战争影响,我国的重建式更新启动相对较晚。从新中国成立初期到20世纪80年代,我国的城市更新也多集中在城市物质层面的改造上,其目的在于增强旧城的承载能力。新中国成立初期,我国大量城市面临长年战争导致的衰败景象,居住条件恶劣、环境品质低下。在"生产城市"建设思路与十分有限的财力支撑下,旧城只能依循"充分利用,逐步改造"的策略,以棚户和危房简屋的部分改建或扩建以及最为基本的市政设施的提供为重点。同时,其间由于特定历史事件的影响,经济持续衰退与城市建设无人管理相伴而生,旧城也陷入了发展困境之中。改革开放后,城市更新的主要目标是解决下放人员和知青的"返城潮"带来的日益增加的住房需求。此时大多通过"拆一建多"的方式充分利用旧城、补充生活设施,并对条件较为恶劣的地区进行改造。1984年国务院出台的《城市规划条例》中提出的"加强维护、合理利用、恰当调整、逐步改造"成为当时各地进行旧区改建的指导性原则。北京、上海、广州、南京、苏州、沈阳、天津等都在这一时期推进了旧城大规模改造,以期解决住房紧张、基础设施条件落后等问题。因此,在新中国成立后相当长的一段时间内,我国城市更新是以物质性重建为主要内容,从针对棚户区、危房的点状修补逐渐扩大至旧城的规模性改建。

可以说,在各国城市更新的启动初期,其均表现为城市形体层面的改造,客观上提升了城市内部区域的居住环境,并对居民生活条件的改善起到了积极作用。这一时期,西方城市受到"田园城市""光明城市"等规划思想的影响,在功能主义的城市发展思路下通过大规模拆建内城贫民窟实现城市空间美化,对更深层次的社会问题关注不足(如大规模的贫困邻里改造,

---

① 祝贺:《城市更新与城市设计治理 英国实践与中国探索》,清华大学出版社,2022年,第63页。

其结果仅仅是"迁移"了贫民窟而非"消除"了贫民窟）而引致了"推土机式重建"的批评。我国这一时期国家财政资金紧张、城市化进程缓慢，由体制力量推动的旧城改造主要围绕提升居住和交通条件、强化基础设施和公共设施建设而展开，"就地安置"模式对城市社会空间结构触及较少，成为受到居民欢迎的民生工程（见表1-1）。

表1-1 作为"形体改造手段"的城市更新

	欧美城市	中国城市
时代背景	"二战"后的城市重建	新中国成立初期的城市重建
时间跨度	20世纪40年代至60年代	20世纪50年代至80年代
主要内容	清除贫民窟 完善城市中心基础设施 增强住房提供能力	满足城市居民住房需求 改善城市布局混乱 修缮棚户区
主导力量	中央与地方政府两级	体制力量
指导思想	田园城市 光明城市	合理利用，逐步改造 填空补实，拆一建多
社会影响	内城物质环境得到改善 住房和生活标准提高 传统社区面临瓦解	居民居住问题得到一定缓解 城市基础设施条件提升

2. 作为"经济增长工具"的城市更新

随着城市化进程不断推进，对城市问题的解释开始从针对局部的社会病理学转向更广泛的结构性经济变化。[①] 在这一过程中，城市更新所具有的"发展面向"被不断挖掘出来，成为助推经济增长、实现空间再生产的重要工具。20世纪70年代以来，在全球经济下滑的总体趋势下，西方国家多采用新自由主义下的放松管制制度助推经济恢复，在城市更新领域通过释放市场力量、采用公私合作、建立增长联盟等方式，以期实现利润驱动下的更新

---

① 安德鲁·塔隆：《英国城市更新》，杨帆译，同济大学出版社，2017年，第58页。

(urban renewal)。① 尊崇自由市场的美国在 20 世纪 60 年代起就通过对《1954 年住宅法》的一系列修订,不断刺激私有资本积极参与城市更新;西欧城市则进一步借鉴美国模式,将公私合作作为城市更新政策的重要内容,② 如英国在 1980 年出台的《地方政府、规划与土地法案》就确立了城市开发公司在城市更新中的法定地位。同时,这一时期逆城市化现象日益严重,大量内城区环境品质下降、居住环境恶化、动乱骚乱频发,不少楼宇存在空置荒废现象,关注改善内城物质结构、增强内城经济活力的"内城政策"开始主导城市更新的推进。加之学界、政界普遍对前 20 余年的物质化更新进行了反思,城市更新开始被纳入城市公共政策的框架予以考量,更加注重内城衰退的结构性问题。然而,由于这一时期政策制定者的主流观点认为经济是解决城市问题的"良方",因此在实践中多表现为通过房地产开发来刺激内城经济更新、环境改善,即依托旗舰型更新项目实现城市再开发(urban redevelopment),在日益全球化的竞争环境中吸引并争取外来投资、满足经济结构变化与后工业化时代的发展诉求,③ 也被称为地产导向的城市更新(property-led urban regeneration)。这一时期出现了大量的旗舰型工程,如英国伦敦码头区、法国巴黎拉德芳斯街区、美国纽约苏荷区与巴尔的摩港的更新,通过标志性建筑的修建、办公商务空间的营建、商贸中心的打造,这些地区的功能、业态都实现了置换,有效带动了旧城经济增长、吸引了中产阶级回归。在这样的城市治理企业模式之下,地方形象重塑和城市营销变得至关重要,"文化导向型城市更新"(culture-led urban regeneration)也应运而生,通过在市中心的各类改建计划中融入休闲娱乐内容、兴建各类文化设施及发展遗

---

① Alan Harding. The rise of urban growth coalitions, UK-style? *Environment & Planning C Government & Policy* 9, 1991 (3): 295-317.

② Paula Vale de Paula, Rui Cunha Marques, Jorge Manuel Gonalves. Public-private partnerships in urban regeneration projects: a review. *Journal of Urban Planning and Development*, 2023, 149 (1): 1-15.

③ Ron Griffith. Making sameness: place marketing and the new urban entrepreneurialism, in Nick Oately eds. *Cities, Economic Competition and Urban Policy*. London: Paul Chapman, 1998: 41-57.

产旅游等方式，促进文化与休闲消费的各类措施成为西方城市推进城市更新的惯用策略。在这两大模式的主导或交互作用下，西方城市衰落破旧的内城重新恢复繁荣，大量中产阶级自主回迁内城，城市第三产业与文化经济逐渐兴起，城市更新也成了城市增长议题下的重要政策工具。

在我国，作为"经济增长工具"的城市更新是在市场经济全面铺展、房地产市场崛起、城市化快速推进的语境下出现的。这一时期的城市更新致力于解决计划经济体制制约下城市长期发展缓慢所产生的结构性功能缺失，推动城市转入快速发展的现代化轨道。"退二进三"的经济转型、土地和住房制度改革、货币拆迁补偿政策的出台，全面确立了这一时期城市再发展的市场化趋势，对旧城和衰败地区的改造转变成大规模的房地产开发，成为推进城市增长的动力源。[1] 20世纪90年代见证了我国大规模拆迁改造历程，大量占据中心城区的老旧小区、工业用地被改造为商务金融、贸易流通、信息服务空间以及高档居住区、酒店式公寓等，快速改写了旧城破败萧条的空间意象，旧城土地所具有的开发、再利用的多重经济价值被挖掘出来，成为城市经济发展与扩张的有效工具。进入21世纪，不少城市通过出台城市更新实施办法等手段而将城市更新作为一种有效的城市发展政策确立下来；同时20世纪90年代大拆大建式的城市更新引起了广泛的反思，如何延续、利用、开发、再生产城市文化资源，使之服务于现代城市功能，成为旧城更新的重点，出现了以上海"新天地"、南京"1912街区"等为代表的"保护性更新"项目，体现了通过文化地产项目的打造来塑造城市品牌、重构地方文化意象，从而加速融入全球经济的发展诉求。

总体而言，随着城市更新被纳入了更为广阔的城市发展框架，其开始成为推动积极发展、管理宏观经济的重要政策工具。[2] 作为"增长工具"的城市更新在不同程度上解决了旧城空间格局混乱、居住拥挤、基础设施不足、环境恶劣等问题，并通过中心城区的开发有效激活了旧城萎缩的商业机能，

---

[1] 何深静、刘玉亭：《房地产开发导向的城市更新——我国现行城市再发展的认识和思考》，《人文地理》2008年第4期。

[2] Machael Pacione. *Urban Geography*. London：Routledge，2001.

实现了旧城功能的快速更替，促进了城市竞争力的提升。但这种相对激烈、以经济发展为单一导向的更新模式也面临了不少批评：西方学者多从"绅士化"的角度看待由房地产开发所带动的城市更新，认为其目标指向"富有的成功人士"，[1] 社会层面的人文关怀不足，仅注重纯粹的经济效益，导致城市中心区出现了阶层的更替（如房价上涨导致工人阶层迫迁）；文化也成为服务于经济发展的工具，出现了典型的"商品化"倾向。[2] 我国学者也对20世纪90年代以房地产开发带动为主的改造模式进行了深入反思，提出中心区过度开发、传统风貌丧失、社会网络破坏等"建设性破坏"问题（见表1-2）。

表1-2 作为"经济增长工具"的城市更新

	欧美城市	中国城市
时代背景	全球经济下滑 郊区化带来内城衰退 后福特主义产业再结构	改革开放快速推进 城镇化进程加快 土地和住房制度改革
时间跨度	20世纪70年代至90年代	20世纪90年代至21世纪前10年
主要内容	提升内城经济活力与价值 重塑内城区吸引力 推动城市营销	改善内旧外新的城市景观 激活城市商业机能 融入全球经济
主导力量	公私伙伴关系 私人部门开始扮演重要角色	政府主导，市场力量大规模介入
指导思想	新自由主义下的放松管制 经济是解决城市问题的"良方"	调整和优化产业结构 拆、改、留
社会影响	内城多元功能得到提升 房地产经济大规模兴起 历史建筑与街区受到重视 城市中心呈现复苏态势 社会空间"绅士化"	危旧房、城中村、老工业区、历史街区均得到改造 旧城功能实现快速更替 "建设性破坏"问题突出

---

[1] Adrian Smith. Political transformation, urban policy and the state in London's Docklands. *Geojournal*, 1991 (24): 237-246.

[2] Ron Griffiths. Cultural strategies and new modes of urban intervention. *Cities*, 1995 (12): 253-265.

3. 作为"可持续发展策略"的城市更新

西方 20 世纪 70 年代至 90 年代企业主义导向的城市更新与我国 20 世纪 90 年代至 21 世纪前 10 年由市场机制推动的城市更新引起了学界、政界的广泛反思，以经济增长为单一导向的城市更新模式忽视了城市政策本该具有的社会维度，引发了社会空间不正义等负面效应。在可持续发展思潮的影响下，城市更新逐渐囊括社会、经济、文化、环境等多方面诉求，强调城市作为有机体的多维度、协进式生长，从本质上超越了增长主义的线性叙事。在《城市更新手册（第二版）》中，彼得·罗伯茨明确提出城市更新的本质使其成为"一种不断演变和变化的活动"，并将其定义为："旨在解决城市问题，并使已发生变化或提供改善机会的地区的经济、物理、社会和环境状况得到持久改善的全面、综合的愿景及行动"。[①] 就国外来看，城市更新开始成为一项综合性的战略政策，促进城市地区的经济发展、建设具有活力的文化社区、改善贫困社区的公共服务、鼓励社区参与更新等都成为城市更新的核心议题。英国通过《走向城市复兴（1999）》《城市白皮书（2000）》《邻里社区更新的全国战略（2001）》全面确立了城市复兴（注重物质、经济和城市中心区）和街区更新（侧重社区、内城区、周边社会地产）相结合[②]的城市复兴（urban renaissance）路径，并通过就业培训、技能资助等"软"更新，共同致力于城市可持续发展能力的提升。德国启动以"社会城市"为名的综合性城市更新项目，探索将城市空间及经济、社会和文化等多维度策略综合起来的更新路径，通过社区参与和沟通式规划来促进社区的稳定化和可持续健康发展。[③] 日本通过制定《都市再生特别措施法》，将城市更新的重点放在注重地域价值提升的可持续都市营造，一方面从举国战略

[①] 彼得·罗伯茨等主编《城市更新手册（第二版）》，周振华、徐建译，格致出版社、上海人民出版社，2022 年，第 22 页。
[②] 安德鲁·塔隆：《英国城市更新》，杨帆译，同济大学出版社，2017 年，第 138 页。
[③] 谭肖红、乌尔·阿特克、易鑫：《1960—2019 年德国城市更新的制度设计和实践策略》，《国际城市规划》2022 年第 1 期。

层面上推动城市更新，另一方面持续鼓励自下而上的"造街"活动和小型更新项目。①伴随"可持续性"成为城市更新的聚焦点，城市更加注重保存与更新并重的城市更新理念，城市历史文化的保护和利用得到了更多的重视，城市文化规划（cultural planning）与城市再生（urban regeneration）的结合越发紧密，文化日益成为城市重获发展、焕发新生的新契机。

在我国，城市化路径由增量扩张转向存量挖潜、城市发展范式由粗放型转向内涵式、高质量发展成为新一轮城市更新的宏观语境。实施城市更新行动是党的十九届五中全会作出的重要决策部署，也是《中华人民共和国国民经济和社会发展第十四个五年规划和2035年远景目标纲要》明确的重大工程项目。各地也开始积极推进城市更新行动，并将城市更新写入政策法规，《深圳经济特区城市更新条例》《广州市城市更新条例》《上海市城市更新条例》等一系列条例的出台即为例证。在"五位一体"总体布局之下，城市更新逐渐从效率优先、增长优先的传统观念中解绑，成为我国推动城市可持续发展、改善居民生活质量、提升城市竞争力的重要途径。正如2023年自然资源部办公厅印发的《支持城市更新的规划与土地政策指引（2023版）》中明确指出的，城市更新是"国土空间全域范围内持续完善功能、优化布局、提升环境品质、激发经济社会活力的空间治理活动"，其目标在于践行以人为本的发展理念与高质量发展的首要任务。在实践中，有机更新、城市双修、社区微更新等理念被普遍应用于各类更新项目，提倡在保护场地原有肌理和历史文脉的前提下，采用适当的规模、合理的尺度进行更新，并鼓励公众参与改造过程，构建了政府力量主导、社会力量共同参与的城市更新机制。可以说，作为我国城市化进程深化的阶段性结果与持续过程，城市更新已成为我国各大城市优化城市功能、增强城市可持续发展能力的战略选择，其内涵也从最初的物质空间改造转向经济、社会、文化、生态等多元价值的更新，涉及物质空间整治、城市功能完善、空间品质提升、历史文化传承等多重面向。

---

① 梁城城：《日本城市更新发展经验及借鉴》，《中国房地产》2021年第9期。

将城市更新视作城市实现可持续发展的重要策略,已成为全球层面的共识与倡导。因此,从内涵上来看,近来城市更新更加强调对城市多维度的优化提升,历史文化传承、社会公平正义与民生福祉提升成为其中的核心关切,体现了可持续发展对城市人文关怀的诉求;同时,也更加注重多元共治共享局面的构建,倡导多机构、多部门、多主体的战略合作关系,避免城市更新陷入"自上而下"的一元管控思维,是可持续思维在城市治理领域的生动体现(见表1-3)。

表1-3 作为"可持续发展策略"的城市更新

	欧美城市	中国城市
时代背景	城市综合竞争力越发受到重视 社会排斥和不公平现象严重	城镇化进入"后半场" 城市从规模扩张转向内涵发展
时间跨度	21世纪以来	2012年以来
主要内容	促进城市经济发展 建设具有活力的文化社区 改善贫困社区的公共服务 社区赋权与社区参与	完善城市功能 优化产业布局 提升空间品质 延续历史文脉 满足民生诉求
主导力量	社区开始成为重要力量	政府统筹,多元主体参与
指导思想	可持续发展 人本主义	留、改、拆 小规模、渐进式 有机更新
社会影响	社区稳定 地方文化遗产得到保护与利用 社会公平得到维护	城市空间资源得到有效调整与优化配置 城市文化魅力进一步彰显 人民群众的生活需求和社会经济发展需要得到更好满足

二 城市更新的当代发展:目标、主体、方式的升级

亚里士多德曾说过,人们为了生活而聚居于城市,人们为了生活得更好而居留于城市。近年来,城市更新依旧是全球范围内各大城市创造更加美好

生活的重要抓手，不仅关乎城市功能的调适与再定位，更指涉了城市包容性与韧性、居民认同感与幸福感、发展竞争力与持续力等核心议题，其目标更加多维、主体更加多元、方式更加精细，体现了不断适应社会经济发展、推动城市高效治理的理念与实践深化。在目标上，当代城市更新的目标已跳出单线条的经济增长范式，文化可感知、发展可持续、生活可栖居等更广泛的内容被纳入各类城市更新项目的目标体系之中；在主体上，致力于实现政府、开发商、社区、居民、第三方组织、专业人士等多元主体参与的协商式更新，诉求在城市"善治"中实现城市更新成果的全民共享、全面共享；在方式上，摆脱拆除重建模式的路径依赖，更加关注小尺度、渐进式的改建提升，以更加谨慎的态度、更加精细的方案推动城市有机体的有序再生。

1. 城市更新目标上更加注重综合效益

作为提升城市能级与实现城市高质量发展的重要方式，当代城市更新更加注重综合考虑城市经济价值、人文品质、人居环境等多重目标，摆脱仅注重"增长"、"效率"和"产出"的单一经济价值观，[①] 在城市更新的目标上形成了典型的"人本导向"与"质量导向"。

在经济价值上，更加强调提高资源配置效率，节约集约利用存量资源，通过城市更新与产业规划联动，腾挪旧产业、引进新产业，谋求集约式、内涵式增长，不断提高经济的发展质态。如韩国首尔在《2030 首尔城市更新战略规划》中提出将城市更新视作"实现均衡不同地区发展、提升城市空间竞争力、恢复当地社区活力的关键手段"，提出"在衰退的市中心产业区打造具有较大经济影响力的基地设施并引入创新产业"，[②] 其目的在于通过挖潜用地空间实现增量价值。我国上海全面开展产业用地"两评估、一清单、一盘活"专项行动，致力于根据经评估形成的产业用地清单进行分类处置，盘活利用

[①] 阳建强：《走向持续的城市更新——基于价值取向与复杂系统的理性思考》，《城市规划》2018 年第 6 期。

[②] 过甦茜：《走向包容的城市更新——〈2030 首尔城市更新战略规划〉再出发》，微信公众号"规划上海 SUPDRI"，2024 年 4 月 26 日。

低效用地，优化产业空间布局，不断提高存量土地资源利用效率与产出效能，将大量低效用地转化为科创高地、人文街区、创新创业园区，更加注重增长之"量"背后的发展之"质"。

在人文品质上，更加注重城市空间的审美品位与人文关怀，以此提升城市的文化吸引力、居民的文化认同感，塑造更具美誉度的城市形象。如意大利米兰在城市更新中就提出了重塑老城区吸引力的目标，通过延续传统风貌与旅游发展、商业开发的巧妙平衡，在城市中心区引入了时尚、美食、娱乐等多种文化生活方式，面向全球展现了米兰"未来活力"。[①] 新加坡注重将城市更新与《文艺复兴城市规划》相联动，发挥本土文化的"外溢"作用，通过更新改造促进传统邻里商业步行街、社区小广场等小尺度交互空间的延续与利用，[②] 其中代表性项目"小贩中心"的更新改造计划有效助力了新加坡"小贩文化"申遗成功。我国更是从国家层面将"坚持应留尽留，全力保留城市记忆"确立为城市更新的刚性原则，各地也在实践中积极探索老城区改造提升与保护历史遗迹、保存历史文脉的有机统一的路径方法，致力于将本土文化魅力彰显作为空间焕新的价值旨归。

在人居环境上，更加突出城市更新在提升城市韧性与人居环境质量中的作用，将提升居民的生活质量作为城市更新的重要目标之一。如法国巴黎以"15分钟城市建设"作为后疫情时代城市更新的重要路径，通过深度挖掘地方资源，大规模地进行土地混合使用及改变建筑物的单一功能和使用时间，使其具有多种用途并在不同时间段满足不同群体的需要。从而通过存量空间的更新，面向居民提供居住、工作、供给、健康、学习、发展在内的一整套完备的"社会性功能"，[③] 有效提升了城市的宜居宜业性。美国纽约将社区更新作为城市更新的重点，提出打造"可负担的、宜居的健康的城市环

[①] 俞静、章琴：《米兰印象：在极致保护中极致创新》，微信公众号"同济规划TJUPPI"，2015年11月10日。

[②] 张靓、张云伟：《新加坡"城市更新"新策略》，https://m.thepaper.cn/newsDetail_forward_5567542。

[③] 杨辰、唐敏：《"15分钟城市"：后疫情时代法国城市更新的探索与启示》，《北京规划建设》2023年第1期。

境"，从土地使用、住房保障、经济发展、公共空间营造①四个方面对社区进行更新。我国浙江省将未来社区建设作为完善旧城功能、改善人居水平的重要方式，从邻里、教育、健康、创业、建筑、交通、低碳和服务8个场景出发，②推动城市更具归属感、舒适感。

可以说，作为世界范围内各大城市大力推进的一项城市行动，城市更新已经进入了集经济、社会、文化、环境等多元目标于一体的综合性阶段，经济的可持续发展、存量空间的高效利用、环境与资源的合理分配、多元且繁荣的邻里社区、弱势群体的优先保障、文化特色的保护复兴、智慧灵活的治理手段等议题均被纳入城市更新的目标体系，既体现了城市更新对当下经济社会的快速变化和多元需求的积极回应，亦表明要从城市发展的战略高度看待城市更新，实现城市内部多维度、多系统的共生共赢。

2. 城市更新主体上更加注重多元参与

观之国内外各大城市近年来的更新实践，更加关注公共利益和居民利益的导向，推动城市更新由"自上而下"政府主导模式转向"上下联动"的多元参与模式已成为普遍选择。这既是建设更加公平公正诚实、保证"人人共享城市"③的内在诉求，也构成了可持续城市更新模式应当具有的制度逻辑。

在参与主体上，推动企业、社区组织、公众、规划师等多元群体参与城市更新，有效改变政府"自上而下""大包大揽式"的城市更新。如尤为成功的美国波特兰市珍珠区的更新，其在更新启动伊始就成立了由官员、开发商、社区领袖、规划师、设计师等20余人组成的筹备委员会，通过月度会

---

① 凌云：《社区更新中的可持续发展策略研究——以美国纽约为例》，《建筑与文化》2021年第6期。
② 崔国：《未来社区 城市更新的全球理念与六个样本》，浙江大学出版社，2023年，第24页。
③ 联合国：《新城市议程2016》，https://www.un.org/zh/documents/treaty/A-RES-71-256。

议的形式多次商讨既有规划,最终成功推出了珍珠区再开发计划,并有效协调了社区各利益团体,达成了相对统一的目标愿景。韩国首尔2012年通过修订《城市及居住环境整顿法》,首次明确提出"居民参与型城市再生"的概念;2013年发行的《居民参与型城市再生项目手册》进一步阐释了这一概念的内涵,即让居民成为主体,自发地参与到社区物质、社会、文化、经济环境等综合性改善活动之中,从而营建适宜社区居民长久生活的社区的再生项目,并由行政部门、专家、非营利民间团体对居民持续进行支援及协助。① 我国住建部2023年发布的《关于扎实有序推进城市更新工作的通知》中明确提出"支持社会力量参与""将公众参与贯穿于城市更新全过程"等要求,是共建共治共享理念在城市更新领域的鲜明体现。在实践中,北京组建涵盖城市规划、设计、建设、运营、材料供应、科技创新等100多家企业参与的城市更新联盟,带动多主体参与城市更新;广州市住房和城乡建设局印发《广州市老旧小区改造共同缔造参考指引》,明确发挥社区党组织的领导作用,统筹协调居民委员会、业主委员会、产权单位、专业经营单位、服务企业等共同推进老旧小区改造工作;等等。

在参与机制上,通过一系列的制度、政策创新,不断激发各主体参与城市更新的积极性。如在面向社会资本方面,德国自2008年以来鼓励接受联邦和州城市发展资金资助的城市设立"社区合作性基金",用于小规模城市更新项目的开展,其中一半资金由联邦、州和地方政府承担,② 一半由房地产市场和社会企业担负,成为撬动社会资本投入城市更新的重要政策工具。我国各大城市也在积极推行城市更新基金,据不完全统计,截至2024年6月,已有25个城市设立了城市更新基金,总资金规模达4400亿元。③ 其中最具代表性的有西安以"政府引导、企业发起、社会参与、片区联合"为

---

① 魏寒宾、沈昡男、唐燕、金世镛:《韩国首尔"居民参与型城市再生"项目演进解析》,《规划师》2016年第8期。
② 谭肖红、乌尔·阿特克、易鑫:《1960—2019年德国城市更新的制度设计和实践策略》,《国际城市规划》2022年第1期。
③ 王琰:《城市更新基金以"源头活水"激起"一池春水"》,微信公众号"中国建设报",2024年9月5日。

架构的城市更新基金，通过采用母子基金模式，有效吸引了国有企业、建设开发运营企业、投资机构等参与子基金投资运作。在面向公众参与方面，美国纽约组建了由社区居民、利益相关者、志愿者构成的"更新监督工作组"，确保政府的公共投入承诺得以落地。[①] 我国青岛建立了更新前摸清居民诉求、更新中由群众质量监督小组全过程参与、更新后调查居民满意度的居民参与机制，推动公众参与从简单的"表达诉求"转向了"深度参与"。值得注意的是，中西方城市的经验均表明，在完善公众参与长效机制上，社区规划师在政府意志与公众需求中发挥了重要的中介作用，推动城市更新规划在综合考虑社区整体发展和居民需求的基础上落地实施。

总体而言，近年来政府在城市更新中的角色出现了明显的变化，社会资本的积极性不断被调动起来，居民的知情权、参与权和决策权日益得到保障。这一方面是应对城市更新项目启动资金需求大、回报周期相对较长等问题的必然选择，即通过多元的市场化投融资模式以支撑可持续的城市更新；另一方面是公众参与模式在城市更新中的确立，将居民的需求与福祉置于城市更新的重要位置，不仅有效规避了"自上而下"式更新带来的基层矛盾，又能激发居民的自主更新意识，形成多赢局面。

3. 城市更新方式上更加注重精细有机

中外城市的更新实践已证明，大拆大建式的更新模式不仅会对城市文脉及其赖以生存的社会土壤造成不可逆的破坏，也会累积大量社会矛盾，导致社会不和谐（social disharmony）现象的产生。近年来，各地在更新中都极为强调小规模、渐进式的有机更新与微改造，致力于实现城市空间这一稀缺性资源的精细化、精准化再生，以更加谨慎的态度、更加因地制宜的方式对待城市更新。

在空间尺度上，更加着眼于作为城市有机体"细胞"的小尺度空间，通过小范围、小规模的局部改造实现空间活化，以更好地与城市日常生活相

---

① 罗雨翔：《创造大都会：纽约空间与制度观察》，上海三联书店，2024年，第134—138页。

链接。如国外城市将停车场、桥下空间作为小尺度城市更新的重要对象，通过植入新兴功能、提升空间品质等多种方式将这些利用形式单一的存量空间资源更新为居民共享、具有审美价值的城市公共空间。韩国首尔自2017年起推动立交桥下空间改造计划，将闲置的桥下空间更新为多用途的文化空间和社区公共空间，引入普拉提、展览、小型聚会、时尚餐饮等多元业态，使其成为城市新兴活力空间。我国城市近年来尤为注重小尺度公共空间的激活与利用，形成涵盖公共服务、公共空间、公共文化等多种类设施的空间复合体，在保持城市原本肌理的基础上回应居民生活需求。南京将阅读空间、文创展示等多种功能导入开放式公园、游园绿地、公共广场等区域闲置的小型建筑物中，定期开展书画展览、阅读诗会、公共教育等文化公益活动，成为居民"身边的"特色文化驿站。

在更新路径上，更加强调最大限度地保留城市空间肌理、建筑本体结构，通过适应性更新增加新内容、发掘新价值，践行有机式更新理念。如韩国首尔推出的关于传统韩屋的改造与振兴计划，包括投入大量资金研发建造技术以提高韩屋居住的功能性和便利性，将韩屋改造为韩国传统文化体验馆、剧院、图书馆等文化建设，在保护修缮传统韩屋的基础上引入餐厅、咖啡馆、手工艺品店等业态，推动韩屋在保留传统之美的同时增加时代气息，成为首尔文旅业的新兴网红打卡地。[1] 我国将"留改拆"确立为城市更新的底线原则，推动各地在城市更新中实现改造提升与保护历史遗迹、保存历史文脉的协调统一，展现城市有机体的生命历程。西安在推动城墙脚下的建国门老菜场更新中，就以"保留原居民原有生活状态"和"保持菜市场的市井风貌"为原则，在保留原有建筑格局、原有市场、原居民及其生活方式的基础上，引入美食、民宿、咖啡、杂货、展览、文创、设计、摄影、婚礼策划等多元业态，以更具潮流感和艺术感的元素吸引年轻人关注、集聚。

---

[1] 王若弦：《首尔：在传统与现代之间优雅更新》，《新民晚报》2021年11月20日，第10版。

在更新方案上，更加注重因地制宜地进行精细化设计，避免"一刀切""同质化"现象的产生。如英国伦敦以精细化城市设计理念引领公共空间更新，注重因地制宜、因事而异，结合社会空间的差异性形成了社区空间、企业空间、消费空间、市民空间等不同类型的公共空间，并结合社会空间特征进行适应性的更新与优化。① 日本东京在社区更新中提出了"按块划分，分块完成"的模式，针对不同地块采取部分建替、集约更新、存量活用、用途转换等不同的更新模式，致力于实现"与生活相连，与世代相连，与环境相连，与街道相连"的居住区。② 南京在小西湖传统民居的更新中以院落和幢为基本单元，在尊重居民意愿的基础上差异化应用"共生院""共享院""平移安置"等策略，实现"一院一策"精细化更新改造。

总体而言，当代城市更新更加尊重城市作为有机生命体的价值，在遵循城市成长、成熟、老化的生命周期规律的基础上，以合适的规模、合适的力度、合适的方式进行更新，推动城市"吐故纳新"。同时，更加关注城市"细胞"层面的修补更新，重视空间作为居民感知城市的直接介质价值，为更加美好的城市生活提供多点支撑。

三 西方"文化导向型城市更新"的兴起与发展

伴随城市更新的内涵不断丰富、目标日益综合，文化在城市更新中的作用日益凸显。20世纪80年代，在"去工业化"产业转型、全球化时代城市激烈竞争、消费社会来临等多重语境叠加下，西方城市出现了"文化导向型城市更新"（culture-led urban regeneration），旨在发挥文化在城市更新中的催化剂作用，以此回应城市中心萧条、政府财政困境、对外城市营销③等

---

① 杨震、于丹阳、蒋笛：《精细化城市设计与公共空间更新：伦敦案例及其镜鉴》，《规划师》2017年第10期。
② 冉奥博、刘佳燕、沈一琛：《日本老旧小区更新经验与特色——东京都两个小区的案例借鉴》，《上海城市规划》2018年第4期。
③ Darel E. Paul. World cities as hegemonic projects: the politics of global imagineering in Montreal. *Political Geography*, 2004, 23 (5): 571-596.

发展诉求。在实践中，这一模式成功带动了城市文化休闲与旅游经济的发展，在改善城市面貌、促进内城活力增长、提升城市经济多样性上起到了积极作用，但同时也存在文化工具化、空间绅士化、策略套路化等一系列值得反思的问题。

1. 文化导向型城市更新兴起的时空脉络

文化导向型城市更新兴起于20世纪80年代的欧美城市，其产生的时空脉络主要包括以下三个方面：一是全球化时代的城市竞争产生了城市营销的迫切诉求。在全球化带来的时空压缩影响下，城市的地理位置及天然资源的重要性日益降低，城市需要正面而崭新的形象来吸引投资，在激烈的城市竞争中脱颖而出。[1] 由此，较早介入全球城市网络的西方城市开始大力推动地方营销，以此一方面在更加全球化的经济活动中吸引和留住流动性投资，另一方面通过发展休闲和旅游业获得新的收入来源。[2] 二是消费社会的来临推动文化成了消费对象。20世纪中后期以来，西方城市迈进了"丰盛的消费社会"。[3] 在这一结构性的转型中，人们对于消费的选择开始注重个性化与体验性，休闲、娱乐体验类消费开始兴起，产生了对咖啡店、酒吧、博物馆、画廊、影剧院、音乐厅、体育馆等多样化文化休闲空间的需求。由此，文化开始成了一种重要的经济资源与日常消费品，不仅促进了后工业时代城市服务经济的发展，也为城市社会空间重塑提供了动力[4]。三是去工业化进程导致市中心面临持续衰落、吸引力下降等问题。以文化和休闲业为重点的更新，不仅能够通过旗舰型文化项目的建设美化内城空间，还能通过满足居民的文化消费需求重塑内城引力，推动内城实现复苏。在以上多重语境的叠

---

[1] Linda McCartney. Review：global metropolitan：globalizing cities in a capitalist world. *Professional Geographer*, 2005, 57（4）：618-620.
[2] 安德鲁·塔隆：《英国城市更新》，杨帆译，同济大学出版社，2017年，第166页。
[3] 让·鲍德里亚：《消费社会》，刘成富、全志钢译，南京大学出版社，2000年，第2-13页。
[4] 谢涤湘、常江：《文化经济导向的城市更新：问题、模式与机制》，《昆明理工大学学报》（社会科学版）2015年第3期。

加下，文化所具有的经济发展功用与生产要素价值被挖掘出来，文化开始成为西方城市政府进行空间治理并构筑新的增长点的重要工具与策略，成为全球化大环境下各大城市大力发展的文化经济，[1] 用以回应后工业化产业变迁、城市中心衰退等课题，致力于重塑空间意象、提振地方经济、营销城市品牌，"文化导向型城市更新"也应运而生。同时，在全球化时代的政策转移（policy transfer）作用下，东亚与东南亚城市也开始在城市更新中开发文化的价值，[2] 如在韩国、新加坡等不同的城市中心内，文化导向型城市更新都是处于核心地位的优先发展事项，[3] 文化以旅游与消费形式所创造出来的象征经济已经成为城市产业再结构与城市营销诉求下的城市发展的重要驱动力。可以说，文化导向型城市更新发展至今，已经从一种城市发展的路径选择成为一个被后工业城市广泛采纳的核心战略。[4]

就其内涵来看，国外学界尚未对文化导向型城市更新给予明确的定义。究其原因，学界对这一概念界定的模糊性是由于实践层面的"嘈杂"，即文化导向型城市更新的模式与手段多样、社会效果评定困难、政策理性晦涩难辨，因此对其理论化的概括总结具有一定的挑战。[5] 但可以明确的是，首先，文化导向型城市更新是一种政策工具，强调"用城市的鲜活文化改变城市规划和城市政策的制定方式"，[6] 主张运用文化策略来复兴城市衰败地区，实现内城经济与空间的再发展。如英国文化、传媒和体育部自 20 世纪

---

[1] Weiping Wu. Cultural strategies in Shanghai: regenerating cosmopolitanism in an era of globalization. *Progress in Planning*, 2004, 61 (3): 159-180.

[2] Cheng-Yi Lin, Woan-Chiau Hsing. Culture-led urban regeneration and community mobilisation: the case of the Taipei Bao-an temple area. *Urban Studies*, 2009, 46 (7): 1317-1342.

[3] Beatriz Garcia. Deconstructing the city of culture: the long-term cultural legacies of glasgow 1990. *Urban Studies*, 2005, 42 (5-6): 841-868.

[4] Graeme Evans. Measure for measure: evaluating the evidence of cultures contribution to regeneration. *Urban Studies*, 2005, 42 (5-6): 959-983.

[5] 黄晴、王佃利：《城市更新的文化导向：理论内涵、实践模式及其经验启示》，《城市发展研究》2018 年第 10 期。

[6] Franco Bianchini. Night cultures, night economies. *Planning, Practice and Research*, 1995, 10 (2): 121-126.

90年代末起出台的一系列政策都将文化置于城市更新的核心位置，地方政府的各项规划也将休闲文化和创意经济作为城市空间重塑的重点。其次，激活内城的文化消费是文化导向型城市更新的重要目标，各类文化消费空间的建设、文化活动的打造以及夜间文化休闲场景的塑造，都旨在创造一个富有消费活力与文化引力的内城空间，吸引人流、资金流重回内城。最后，文化导向型城市更新主要由政府主导。由于文化导向型城市更新涉及大规模建设文化场馆、更新文化街区、提档升级文化基础设施、举办多元文化活动，因此政府力量在这一类型的城市更新中扮演着重要角色，多通过"自上而下"的政策安排而推动。

2. 文化导向型城市更新的多元实践路径

在实践中，文化导向型城市更新主要形成了以下三种典型路径：一是兴建文化旗舰项目，以此塑造城市品牌、增强城市吸引力。如欧洲最为著名的城市更新旗舰项目之一——西班牙毕尔巴鄂滨海地区的古根海姆博物馆。在毕尔巴鄂实施的以艺术、文化、贸易及旅游设施建设为主导的综合性城市更新计划中，古根海姆博物馆这一地标性建筑的建设有效重绘了毕尔巴鄂的城市形象，使这座经济极度衰退的重工业城市，成功转型为以文化及服务性产业带动都市蓬勃发展的后工业服务与旅游中心城市。[①] 这种以艺术文化类旗舰项目带动地区整体经济和产业转型的现象亦被称为城市更新领域的"古根海姆效应"。二是规划文化专区，将文化产业、创意产业引入城市，并培育成为未来的支柱产业，由此创造就业、促进城市繁荣。如在打造"创意产业之都"的城市目标引领下，英国曼彻斯特对大量工业革命时代遗留下来的工厂和仓库进行了艺术化的空间改造，引入数字艺术、艺术设计、戏剧制作、新兴媒体等多种创意产业业态，使之成为创意产业集聚区。通过对工业遗产空间的再利用驱动创意经济的发展，推动

---

① 丁凡、伍江：《全球文化传播中的"古根海姆效应"——基于"毕尔巴鄂子效应"的分析》，《住宅科技》2022 年第 8 期。

曼彻斯特这座"世界上第一座，也是最大的一座工业城市""重生"为英国西北地区的创意产业重镇、欧洲最具创造力的城市之一。又如奥地利维也纳通过改造旧城中的皇家养马场，规划建设维也纳博物馆区，吸引近百家文化艺术机构入驻，形成了超9万平方米的城市公共文化区，成为世界上规模最大的当代艺术文化区之一。① 三是对地方文化等无形资产再利用，在翻新历史地区的同时，营造地方文化氛围，引入艺术、休闲、商业等综合功能，以此构筑城市的文化旅游区、特色商业区、娱乐休闲区。如英国伦敦维多利亚时期留存下来的国王十字区通过在传统建筑遗迹中植入购物中心、艺术展览中心、高等院校、商务办公等新功能，在延续街区文化属性、凸显独特身份标识的同时推动了整个区域的活力提升，打造了高品质的城市公共区域与配套完善的商务办公区域，成为互联网旗舰、文创、奢侈品牌纷纷入驻的新地标。

近年来，西方文化导向型城市更新也开始关注小尺度空间，并探索公众参与的多元路径。如曼彻斯特北角工业区的更新项目以小尺度、低成本的公共艺术项目作为重要触媒：在2016年启动的"希望之城"（cities of hope）项目的带动下，各类墙壁与地面涂鸦艺术、造价低廉的装置艺术、人行道铺装与墙壁装饰物被引入北角更新之中，② 成功塑造了独特的文化区形象，吸引当地居民与外来游客纷纷"打卡"，成为区域文化、经济和环境复苏的关键引擎。新西兰基督城自2016年起每年举办"SCAPE公共艺术季"，③ 其核心内容在于通过在市中心安装当代公共艺术作品以推动开放空间的更新，从而将审美治理方法应用到空间功能发挥与本土文化认同上，改善震后基督城受损的城市景象与公众普遍低落的情绪。这一项目将本土社区居民、学校学生纳入公共艺术品的设计中，通过公众参与推出了一批

---

① 孙德龙：《维也纳博物馆区再生项目历程回顾与分析（1990-2002）——城市遗产、城市复兴、文化产业策略的平衡》，《建筑学报》2015年第1期。
② 张招招、姚栋：《公共艺术推动的旧城工业区更新——以曼彻斯特北角为例》，《城市建筑》2019年第28期。
③ 吕咨仪：《新西兰SCAPE公共艺术季》，微信公众号"叙述空间"，2024年9月6日。

视觉上引人注目、情感上引人入胜的公共艺术作品，有效增进了当地居民与地方的联系，促进了城市文化多样性与创造力的提升。

3. 文化导向型城市更新的综合效应评价

从发展脉络来看，西方文化导向型城市更新早期侧重于城市经济发展与公共设施的更新换代。随后，随着"文化包含整个生活方式"的观点逐渐被认同，关注社会物质环境与人居环境协调发展的文化规划被建立起来，其作为一种有效的规划方法与政策工具在城市更新中得以实施。① 近年来，文化导向型城市更新也开始将小规模、参与式的理念纳入其中，以期回应城市身份认同、集体记忆延续、多元社群融合等问题。这一模式产生的巨大经济效益毋庸置疑，多个城市更新项目的成功已证明了文化在带动城市经济复苏与形象重塑、吸引人流物流资金流回归上的作用。

当然，这一模式也存在其局限性，值得进行深入的反思：一是文化导向型城市更新将文化定位于"为城市更新服务"，作为促进更新的催化剂、引擎与工具，其落脚点多在于城市发展议题而非文化本身。因此，在城市更新的过程中文化是否已经脱离真实历史过程中的"文化"意涵而成为地方改造的工具与实践方式成为质疑的焦点所在。学者们普遍认为文化导向型城市更新更多将增加经济效益、提升竞争力作为首要目标，某种程度上消减了城市文化的多元性及其精神价值意义。二是文化导向型城市更新多由"自上而下"的政府力量推动，文化上偏好"国际化"和"消费主义"的审美，致使相关更新项目缺失与普通居民的日常生活联系。大量内城历史地区借由城市更新而成为文化消费街区、创意产业园区，既带来了周边地价上涨、原居民迫迁，也因为缺少居民的文化表达而导致与日常生活结合不紧、居民使用率较低等问题，造成了社会空间的绅士化问题。三是由于各个城市在应用文化导向型城市更新时倾向于采用类似的策略，反而对城市文化个性与特性

---

① 李和平、肖瑶：《文化规划主导下的城市老工业区保护与更新》，《规划师》2014年第7期。

造成了伤害。如英国在推行这一模式时出现了"欧洲化"（Europeannisaton）、"美国化"（Americanisation）、① "虚无化"（culture of nowhere）② 等现象，脱离了地方脉络的文化策略引发了城市空间的"类迪士尼化"倾向。因此，近年来，西方城市也在呼唤将更广泛的文化、更多层次的群体参与、更加公平公正的空间政策、更加考虑多方旨趣的文化活动引入文化导向型城市更新，③ 推动其实现可持续发展。

四 改革开放以来中国城市更新的"文化转向"

改革开放按下了中国城镇化进程的"加速键"。1978年，我国城镇化率仅为17.9%；2011年，我国城镇化率突破50%，正式进入城镇化的"下半场"；④ 2023年，我国城镇化率已达到65.2%，东部地区发达城市的城镇化率平均水平超过75%。城市更新一直贯穿于中国快速城镇化的全过程，在历时态与共时态的双重向度中不断推动城市空间形态与功能结构的调适与演进。纵观改革开放以来40余年的城镇化历程，城市更新正逐渐跳脱出物质层面的"破旧立新"，更多指向优化生活品质、提升城市功能、转变发展方式、彰显文化魅力等多重目标。在此过程中，文化在城市更新中的地位和作用，也实现了由集体消费品不足倒逼旧城改造阶段的被"忽视"，从土地资本驱动旧城现代化改造阶段的被"轻视"，到旧城保护性开发带动城市更新阶段的被"重视"，再到以人为本有机渐进式更新阶段的被"珍视"的价值转变（见图1-1）。可以说，文化在回应空间活力激发、居民福祉提升、社会治理精细化等城市更新核心关切中的作用日益凸显，成为推动更可持续、更有温度的城市更新的重要突破口。

---

① Franco Bianchini and Michael Parkinson. *Cultural policy and urban regeneration*. Manchester: Manchester University Press, 1993.
② James H. Kunstler. *The geography of nowhere*. New York: Touchstone, 1993.
③ Andrew Tallon. Regenerating Bristol's harbourside. *Town & Country Planning*, 2006 (75): 278-282.
④ 阳建强：《城市更新》，东南大学出版社，2020年，第63页。

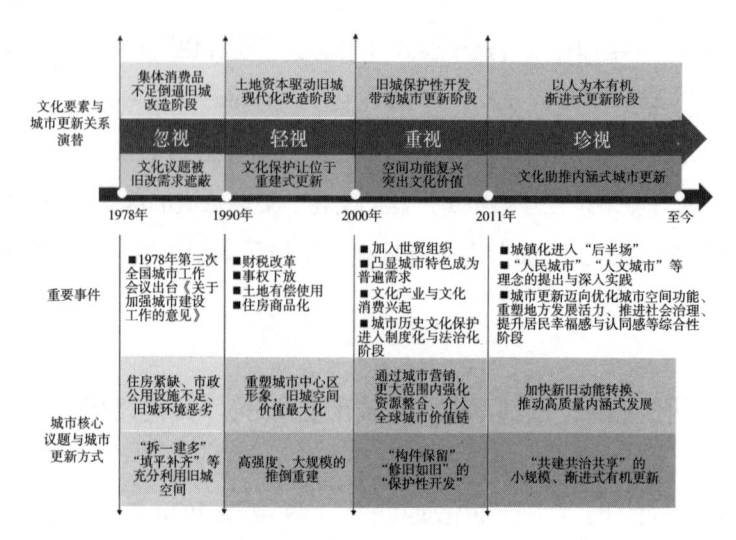

图 1-1　文化要素与城市更新的关系演进（笔者自绘）

1. 被"忽视"的文化：文化议题被旧改需求遮蔽（改革开放初期）

这一阶段的城市更新是在城市逐渐成为改革重心、城市建设进入历史性转折的语境下开启的：1978年党的十一届三中全会确立了改革开放的基本路线；同年召开的第三次全国城市工作会议出台的《关于加强城市建设工作的意见》强调了城市在国民经济发展中的重要地位和作用；1984年党的十二届三中全会通过的《中共中央关于经济体制改革的决定》明确了城市作为整个经济体制改革的重点。国家层面打破了原有控制城镇化的政策，加之于土地使用之上的束缚也逐渐解绑，城市空间再建构开始拥有了政策层面的推动力。当时中国大量城市面临的是长期计划经济制约下的住房紧缺、市政公用设施不足、旧城环境恶劣等城市功能的结构性缺失；同时，下放回城人员和知青的"返城潮"又进一步加剧了城市的住宅短缺。因此，从第三次全国城市工作会议提出的"要有计划地搞好旧城改造，重点是基础设施的改善和棚户区、危房区的改建"指导精神出发，各地城市更新主要关注的是旧城服务功能的补足，主要通过"拆一建多""填平补齐"等方式尽可能地充分利用旧城空间解决住房问题，其目的在于补足计划经济体制下遗留的城市集体消费品的缺失，改变"先生产后生活"下的城市空间格局，带有解决住房短缺与打破基础设施困局的民生性质。上海在1982年制定的《上海旧市区七年住宅改建基地布局规划》，涉及300个街坊，危房、棚户、简屋和二级旧式里弄住宅330万平方米；① 南京在这一时期内先后改造了绣花巷、张府园、榕庄街等96个旧城改造片区，② 带来了居民物质生活环境的快速改善。在实践中，也出现了部分无偿分配的危改项目因政府财政无力承担而宣告失败的问题。③

在我国旧城改造的初期，扩大旧城居住空间、改造棚户和危房简屋、完善基础设施、调整旧城土地功能等迫切需求在一定程度上遮蔽了城市文化保护、文脉传承等议题。为了快速增加旧城的居住承载力，各地多采取高密度、条式盒状排列的多层住宅群建设，这在一定程度上破坏了旧城的空间肌理，造成了城市历史文化风貌的丧失。虽然我国在1982年公布了第一批国家历史文化名城名单，但由于这一时期文化保护的理念尚局限于单体文物、历史建筑，对城市文化风貌的整体性、空间肌理的有机性认知不足，主要侧重于将重点文物与重要建筑列入保护框架。大量位于旧城的特色文化片区仍旧被纳入了城市形体环境改造的范围，难以逃脱拆除、改建的命运。同时，囿于认知理念的局限性，仅有的一些具有文化性质的旧城改造项目也多表现为复建仿古建筑，如南京的夫子庙通过建筑群恢复工程以推动旧城"黄金地段"的重新利用，构成在旧城改造中推进文化保护的初步尝试。值得一提的是，北京在20世纪80年代末菊儿胡同的改造中提出了将"渐进式的有机改造"作为旧城改造的可持续发展模式，然而受制于地方财力的不足与解决住房危机的迫切性，这一理念未得到广泛的应用。不过，较之于20世纪90年代的大规模"拆建潮"，由于改革开放初期旧城改造的推动力依旧来自体制力量，资本力量介入极为有限，旧城的传统肌理与空间轮廓尚得以部分地保存。

---

① 《上海住宅建设志》，https://www.shtong.gov.cn/difangzhi-front/book/detailNew?oneId=1&bookId=75091&parentNodeId=75145&nodeId=90904&type=-1。
② 南京市地方志编纂委员会：《南京计划管理志》，方志出版社，1997年，第70、75页。
③ 刘苗苗：《北京南城旧城改造实践研究》，清华大学硕士学位论文，2003。

2. 被"轻视"的文化：文化保护让位于重建式更新（20世纪末）

改革开放不仅带来了经济生产与分配方式的根本性变革，也为中国城市政治经济体制的转型奠定了基础。进入20世纪90年代，城市更新的重点在于扭转衰败失衡的城市形象，以全新的姿态介入市场经济的大潮。一方面，党的十四大进一步确立了中国特色社会主义市场经济体制改革目标，提出了"调整和优化产业结构"的战略思路，并将"第三产业的兴旺发达"视作"现代化经济的一个重要特征"。随后，北京、上海、南京等城市均提出了"退二进三"的城市经济发展思路，致力于解决第三产业发展迟缓的问题，激活城市萎缩的商业机能。在这一语境下，位于城市中心区域、具有优越区位条件的旧城空间就成为支撑产业结构转型的土地资本，大量旧城内的工业用地、传统社区都转化为中高端住宅与商务金融、贸易流通、信息服务等三产空间，旧城空间实现了布局与功能的快速更替，支撑了市场经济条件下的城市化与现代化。上海的徐家汇、南京的新街口等知名商圈都是在这一时期依托内城工业企业外迁而逐步形成的。另一方面，在财税改革、事权下放、土地有偿使用、住房商品化等多重政策叠加影响下，地方政府对于本地经济发展与城市更新的积极性被激活。高强度、大规模的重建式更新成为这一时期的普遍景象，其目的在于通过旧城经济价值与资源配置价值的转化带来级差地租效应，吸引市场力量介入旧城更新。

土地有偿使用制度与市场经济的确立带动了我国城市更新模式的根本性变革，以提升旧城空间经济效益为主要目标的城市更新不仅构成城市现代化的重要推力，也具有地方政府治理工具之意涵。在这一背景下，危旧房改造、基础设施完善、经济增长、税收积累、政绩指标开始形成内在的逻辑关联，加之"旧貌换新颜"的社会心理影响，城市更新推进迅猛，一度导致城市文脉出现断裂。首先，旧城空间高强度的房地产开发与基础设施建设使得传统空间尺度遭受了严重影响。这一时期各地推出了"退二进三""以地补路"等多种政策，在这些政策的作用下，旧城道路不断拓宽，两侧开始规模化集聚现代化高层建筑，与内部尚未更新的传统民居区形成了典型的

"拼贴"特征，传统城市风貌面临极大的威胁。其次，为了满足旧城功能快速更替与形象美化的诉求，旧城历史片区大多采取"拆改留"的思路。如位于北京古城的金融街改造拆除了大量的胡同、四合院，传统的街巷格局与空间轮廓最终被拓宽的马路和新建的高层建筑所取代。① 大量完成拆除的街区大多单一导入地产开发模式，普遍缺失社会人文关怀。最后，旧城功能的置换依赖于大规模的原居民外迁，不可避免地破坏了原有的邻里网络与生活方式等城市文脉赖以生长的社会土壤。从1990年至2000年，南京平均每年拆迁面积达到55万平方米有余，涉及家庭10余万户。② 在强制性动迁与"异地安置"政策的作用下，邻里网络出现断裂等社会矛盾开始显现。可以说，在单向度追求经济增长的城市更新阶段，大量中国城市面临的是历史地段、历史街区的持续性拆除，旧城空间所涉及的文化意义让位于经济增长的主流话语，其所带来的"建设性破坏"问题也引发了持续的反思。

3. 被"重视"的文化：空间功能复兴突出文化价值（21世纪初）

新世纪以来，中国的城市发展面临更多新变量：首先，加入世界贸易组织这一节点性事件意味着中国城市更加深入地融入全球经济体系，如何在更大范围内强化资源整合、介入全球城市价值链，成为中国大中城市面临的普遍议题，也由此产生了城市营销的需求。其次，全球范围内文化经济的兴起与深入发展昭示了文化以旅游与消费形式所创造出来的象征经济在推动城市产业再结构、塑造地方品牌中的作用。我国在2000年正式提出"文化产业"的概念、在2007年首次明确"国家文化软实力"的概念，文化及其所衍生的经济社会效益开始成为城市发展的新思路。最后，上一阶段大规模的"拆建潮"引发了学界、媒体的普遍反思。伴随城市历史文化的保护开始进入制度化与法治化的阶段，政府层面也围绕城市发展与旧城改造推出一系列保护性规划与政策法规，旨在实现旧城风貌保存、生活条件改善、城市形象

---

① 王崇烈、陈思伽：《北京城市更新实践历程回顾》，《北京规划建设》2021年第6期。
② 根据1990年至2000年的《南京年鉴》测算。

提升的有机结合。因此，这一时期，一方面是政企联合推动下的大尺度旧城更新的延续，如广东多市以"三旧改造"推动旧城存量用地的二次开发；另一方面是在文旅产业、创意产业的蓬勃发展驱动下，旧城所具有的文化内涵与符号价值等无形资产得到了广泛的关注，各地开始围绕旧城历史街区、老工业区进行"保护性开发"的广泛探索。这一时期的典型案例包括苏州平江路、北京798艺术区、南京城南历史城区的更新。旧城中的大量历史地段经由保护性开发成为城市人文客厅、文化旅游商业街区、高端特色住宅区或创意产业集聚区，既改写了旧城的地方文化意象，也为城市贡献了文化经济的增长点，进一步带动了资金流、人才流向旧城集聚。但同时，由政企联盟推动的以吸引城市中产阶级、创意阶层为目标的旧城空间"文化化"与"消费化"也进一步引发了旧城绅士化的问题，旧城居民的空间权、主体地位面临高度压缩的事实。

伴随着全球层面"创意城市"①的兴起以及中国城市介入全球竞合的愿望日益强烈，城市的文化内涵开始得到前所未有的重视，城市更新出现了典型的"文化转向"。旧城作为地方文化风貌的空间载体价值得到关注，地方文化开始成为激活本土经济、推动城市营销、彰显地方特色的生产要素。各地通过划定历史风貌保护区、颁布历史文化名城保护条例、老城保护与更新规划等作为城市发展与旧城保护的指导方针。在实践层面，通过地方文化的空间再现与现代文化业态的空间植入，旧城的文化价值成为推进"保护性开发"的重要支撑。在历史街区更新中，遵循"构件保留""修旧如旧"等一系列原则，物质层面的旧城街巷肌理得以部分重现，但也因"拆真古迹、建假古董"等问题的存在而面临质疑。在工业遗存更新中，通过保留独特的工业文化元素、导入文化创意产业，传统工业用地更新为文化创意产业园区，上海、广州、深圳多地都出现了改造利用老厂房、整体导入文创产业的典型案例，这既是对"拆建潮"下城市文化特色丧失的实践回应，代表了

---

① Charles Landry. *The Creative City: A Toolkit for Urban Innovators*. London: Earthscan, 2000.

城市文化意识的觉醒，也宣示了接轨全球化、增强城市文化竞争力的诉求。但同时，在"经济搭台、文化唱戏"的制度性话语下，城市旧城传统文化的保存更大程度上服务于城市更新所追求的空间价值复兴，缺少旧城本土社区的参与，对旧城文化"原真性"的思考也相对有限，更多旨在将地方转化为"有文化"的景观来展示、营销，①导致旧城空间日趋绅士化、消费化。

4. 被"珍视"的文化：文化助推内涵式城市更新（党的十八大以来）

2011年，中国城镇人口首次超过农村人口，构成了中国城镇化进程中的标志性事件。过去由市场驱动、以创造增值收益为特征的城市更新模式②已无法应对城镇化"后半场"中我国城市面临的诸多问题。2015年召开的中央城市工作会议和2017年召开的党的十九大均明确指出我国经济已经由高速增长阶段转向高质量发展阶段；2022年党的二十大将"城市更新"确立为国家战略，进一步确立了城市更新在存量发展新常态下的重要地位，城市更新构成各大城市加快新旧动能转换、推动高质量内涵式发展的战略机遇。2025年召开的中央城市工作会议明确提出"以推进城市更新为重要抓手，大力推动城市结构优化、动能转换、品质提升、绿色转型、文脉赓续、治理增效"。同时，随着"人民城市""人文城市"等理念的提出，表明中国城市发展正在超越增长主义范式，更加注重经济效益与社会效益的统一，更加注重满足人的全面发展需求。在这一发展范式的转型带动下，城市更新也逐渐从物质层面的优化升级迈向优化城市空间功能、重塑地方发展活力、推进社会治理、提升居民幸福感与认同感等综合性阶段。这一阶段，小规模、渐进式的有机更新与微更新理念渐成趋势，城市更新模式也从"拆改留"转向"留改拆"，强调在顺应城市发展规律的基础上通过旧城关键空间节点的小尺度、"针灸式"、修补式更新，渐进式推进旧城多维度的迭代与

---

① Loretta Lees, Tom Slater, Elvin Wyly. *Gentrification*. New York：Routledge, 2008：114.
② 王嘉、白韵溪、宋聚生：《我国城市更新演进历程、挑战与建议》，《规划师》2021年第24期。

新生。上海提出了"一米菜园"等社区微更新项目，北京以"胡同博物馆"推动街巷微更新与社区营造，深圳广泛开展"趣城·社区微更新计划"。同时，原先由政府主导的"自上而下"的一元更新路径也被"自上而下"与"自下而上"的多元路径所取代，本地社区的需求与参与意愿得到进一步重视，公众参与、多元共治等理念得到发展和应用。各地围绕建立"政府引导、市场运作、公众参与"的城市更新可持续实施模式进行了一系列的制度创新与实践探索，南京小西湖历史风貌区更新项目对居民充分赋权，在保留原有居住功能及院落形态的前提下让居民自主选择空间功能，促进了社区更新共同缔造的发生，推动城市更新走向共建共治共享的新阶段。

在城镇化"下半场"的语境中，城市更新需要回应地方文脉保留传承、城市发展新旧动能转换、居民美好生活需要等问题，在深度与广度上较之先前的阶段都显著加大。首先，随着"历史文脉保护"成为城市更新的刚性原则，各地积极运用整体保护、"留改拆"等方式推动历史地段更新。针对旧城区各类历史空间的改造，更加注重让街巷、院落、建筑本体保留街区记忆，推动旧城空间更好地承载各类文化识别性信息，以此塑造更具文化内涵和文化特色的城市形象，提升城市吸引力与美誉度。其次，在"人文经济"概念的引领下，推动文化场景、文化产品、文化体验向存量空间的注入，以此实现城市文化活力重构与产业发展进阶。观之近年来各地历史地段、工业遗产、水岸空间的更新实践，均通过因地制宜导入旅游、展览、艺术、休闲、创意等文化业态更好融入当代城市发展。最后，发挥"以文化人"的浸润作用，广泛动员城市更新的居民力量。在地认同、社区文化等柔性手段被用于在城市更新中激发居民自主更新意识，既创造出了具有影响力、归属感和地域特色的文化空间形态，也为可持续的城市更新凝聚了居民主体的内生创造力。

第二章 文化赋能：新时期中国城市更新的本土化理论建构

一 文化赋能城市更新的现实诉求

当前，我国城镇化率超过60%，城市发展步入存量提质改造和增量结构调整并重阶段，城市更新正在成为当下中国城市叙事的"新常态"。国家"十四五"规划首次提出"实施城市更新行动"，意味着城市更新正式上升为国家战略；党的二十大报告进一步明确提出要"加快转变超大特大城市发展方式，实施城市更新行动"；党的二十届三中全会发布的《中共中央关于进一步全面深化改革、推进中国式现代化的决定》明确提出"建立可持续的城市更新模式和政策法规"。近年来，通过城市更新优化资源要素配置、提升空间承载能力、增强城市发展韧性、实现社会与经济效益双增长，已成为我国各大城市在新时代内涵式发展背景下推进高质量可持续发展的普遍实践，也是各大城市在收缩背景下寻找新发展机遇、新增长点与新赛道的现实选择，但同时面临着进一步提质增效、推动更新模式更可持续、更具效能等问题。在这一语境下，文化对城市发展的多元作用被逐渐发掘，承载着城市历史记忆和文化基因的文化资源被视作推动城市更新和城市发展的一项重大战略资源。[1] 可以

---

[1] 张皓、姚桂凯：《历史地区城市更新中的话语、理念与制度》，《规划师》2023年第7期。

认为，我国城市更新开始进入以文化作为思维方式、逻辑主线、发展范式和创新实践的阶段。①

1. 在传承弘扬中华文明中构建新时代城市文明

习近平总书记一直高度重视中华文明的传承与发展。2016 年 5 月，习近平总书记在哲学社会科学工作座谈会上指出，"中华文明延续着我们国家和民族的精神血脉，既需要薪火相传、代代守护，也需要与时俱进、推陈出新。"② 2023 年 6 月，在文化传承发展座谈会上，习近平总书记明确指出："在五千多年中华文明深厚基础上开辟和发展中国特色社会主义，把马克思主义基本原理同中国具体实际、同中华优秀传统文化相结合是必由之路。"③ 同时，他还指出"中国式现代化赋予中华文明以现代力量，中华文明赋予中国式现代化以深厚底蕴"④，指明了中华文明与中国式现代化的内在逻辑关联。这些论断指明了在推进中国式现代化伟大进程中我国文化建设的使命与实现路径，为传承中华文化、坚定文化自信指明了方向。

作为人类文明的产物，城市一直是文明的物质载体，也是人类文明实践与文明进步的空间。观之伦敦、巴黎、纽约等全球城市，其在发展历程中都出现过对人类文明进程产生深远影响的伟大思想，其城市建设实践也在世界范围内形成标杆示范作用，无一不表明了城市作为文明形态重要代表者的作用。城市文明涵盖城市所创造的精神和物质成果的总和，这些成果在城市空间中集聚，不仅成为城市繁荣发展的核心驱动力，也在增强居民的认同感与归属感、提升城市凝聚力上具有不可替代的作用。城市文明是中华文明的有机组成部分，其发展既推动了中华文明的演进进程，也是中华文明绵延发展的具体成果。2023 年，我国城镇化率已超过 66%；"城市中国"的宏观语境决定了城市必然成为建设中华文明的重要场域，也指明了城市将在建设中华

---

① 齐骥：《城市文化更新 如何焕发城市魅力》，知识产权出版社，2021 年，第 2 页。
② 习近平：《坚定文化自信，建设社会主义文化强国》，《求是》2019 年第 12 期。
③ 习近平：《在文化传承发展座谈会上的讲话》，《求是》2023 年第 17 期。
④ 习近平：《在文化传承发展座谈会上的讲话》，《求是》2023 年第 17 期。

文明中扮演越发关键的角色。同时，作为国家政治文化活动的中心，城市也是现代化发展的主要阵地。在以中华文明推动中国式现代化的新时代文明实践中，城市应当发挥出更加重要的示范引领作用，通过不断厚植城市文明的建设沃土，为建设中华文明汇聚起强大的"城市"力量。

从文化与文明的内在逻辑来看，文明的价值需要通过文化的具象形式予以展现。积极推动文化赋能城市更新，则要将凝聚中华文明价值的各类文化资源转化为城市更新的"动力因"。一方面，通过文化动能的注入，保证城市更新沿着正确道路推进，助推城市更新更加关注文化成果的积累与产出。从而，通过城市空间的有机更替续写地方文脉、彰显城市特色，更好地保存、展现与传播城市文明，以城市文明成果的不断创新展现当代中国城市文明新形态。另一方面，通过空间、产业、服务等多个维度的"文化更新"，推动城市更新成为增强城市幸福感、认同感的"文明工程"。以"微改造""小变化"映射城市"大文明"，让居民在日常生活可感知、可体验的变化中增强认同感、归属感、获得感，从而发挥好城市更新在坚定文化自信、增进家国情怀、助力中华文明传承弘扬中的积极作用。

2. 在新型城镇化战略实施中推进人文城市建设

我国的城镇化历程已走过 75 个年头，经历了世界历史上规模最大、速度最快的城镇化进程。国家统计局发布的《沧桑巨变换新颜 城市发展启新篇——新中国 75 年经济社会发展成就系列报告之十九》中将我国城镇化历程分为起步阶段（1949—1957 年）、调整巩固阶段（1958—1978 年）、稳步提升阶段（1979—1995 年）、快速增长阶段（1996—2011 年）与高质量发展阶段（2012 年至今），并明确指出新中国成立以来，我国的城镇化建设不断推进，城市规模不断扩大，综合实力显著增强，基础设施持续改善，城市更加宜业宜居。[①] 正如报告所指出的，20 世纪 90 年代以来，在经济高速发

---

① 国家统计局：《沧桑巨变换新颜 城市发展启新篇——新中国 75 年经济社会发展成就系列报告之十九》，https：//www.stats.gov.cn/sj/sjjd/202409/t20240923_1956628.html。

展和城镇化快速推进宏观语境中，我国城市经过了快速且迅猛的发展，城市发展的基本框架得以搭建、城市建设也取得令人瞩目的成就，城市面貌日新月异，环境明显改善，成为国家、区域发展的主阵地与主战场。

但同时，片面追求速度和规模，不少城市曾一度陷入了追求城市规模扩大、空间扩张的"摊大饼"发展模式，狭隘地以城镇化率、建成区面积、城市路网密度等增长性指标作为城市发展水平的评价标准，导致盲目无序的扩张式发展。在这一过程中，城市建筑风格以及城市文化氛围等表现出较为严重的同质化特征，① 也使得城市文化遗产和传统风貌面临着极大挑战。2014年，中共中央、国务院印发的《国家新型城镇化规划（2014—2020年）》将"自然历史文化遗产保护不力，城乡建设缺乏特色"作为城镇化快速发展中"必须高度重视并着力解决的突出矛盾和问题"之一，并提出"文化传承，彰显特色"的基本原则。同时，该规划中将"注重人文城市建设"作为"推进新型城市建设"的重点内容，提出"注重在旧城改造中保护历史文化遗产、民族文化风格和传统风貌，促进功能提升与文化文物保护相结合"。2021年到2022年，《国家新型城镇化规划（2021—2035年）》《"十四五"新型城镇化实施方案》先后印发，明确提出"建设宜居、韧性、创新、智慧、绿色、人文城市"，并将"有序推进城市更新改造""推动历史文化传承和人文城市建设"作为其中两项重点任务，提出"推动一批大型老旧街区发展成为新型文旅商业消费集聚区""注重改造活化既有建筑，防止大拆大建""保护延续城市历史文脉，保护历史文化名城名镇和历史文化街区的历史肌理、空间尺度、景观环境"等具体要求。这些国家层面文件的出台，积极回应了快速城镇化进程中城市文化遗产保护不够、忽视城市文化特色彰显等问题，为新一轮新型城镇化的推进指明了"文化方向"。

---

① 张学昌：《中国特色新型城镇化进程中的城市文化发展研究：理念、框架与路径》，四川大学出版社，2020年，第13页。

可以认为，我国的新型城镇化是不断融入现代元素，又延续城市历史文脉①的城镇化。在这一语境下，城市更新作为推进新型城镇化的必然过程，需要将文化的保护与传承作为重要的价值旨归，将"人文城市"的建设作为城市更新行动实施的文化自觉。习近平总书记2019年11月在上海考察时指出，"文化是城市的灵魂。城市历史文化遗存是前人智慧的积淀，是城市内涵、品质、特色的重要标志"。② 2018年10月在广州考察时他再次强调"城市规划和建设要高度重视历史文化保护，不急功近利，不大拆大建。要突出地方特色，注重人居环境改善，更多采用微改造这种'绣花'功夫，注重文明传承、文化延续，让城市留下记忆，让人们记住乡愁"。③因此，需要运用城市历史文脉的赋能作用，为城市更新注入"文化之魂"，不断彰显城市文化特色：在做好传统格局、街巷肌理、历史风貌和空间尺度的精心修补与保护的基础上，"原创化"呈现待更新地区承载的文化背景、地域风情与人文故事，实现老城区改造提升与保护历史遗迹、保存历史文脉的有机统一，在传承历史文脉、坚守文化品位的基础上推动城市"循史而新"。

3. 在中国式现代化进程中践行城市高质量发展

2022年，习近平总书记在党的二十大报告中指出，"从现在起，中国共产党的中心任务就是团结带领全国各族人民全面建成社会主义现代化强国、实现第二个百年奋斗目标，以中国式现代化全面推进中华民族伟大复兴"。2024年，党的二十届三中全会指出，高质量发展是全面建设社会主义现代化国家的首要任务。作为实现中国式现代化的本质要求之一，高质量发展为

---

① 中共中央文献研究室：《十八大以来重要文献选编（上）》，中央文献出版社，2014年，第604页。
② 李朝：《让历史文化遗存保护融入城市更新》，《光明日报》2024年1月23日，第6版。
③ 《保护好中华民族精神生生不息的根脉——习近平总书记关于加强历史文化遗产保护重要论述综述》，《人民日报》2022年3月20日，第1版。

以中国式现代化全面推进中华民族伟大复兴提供了行动指南。城市作为人口和社会生产的集聚地，[①] 一直是我国经济社会发展的重要空间载体，也是中国式现代化的重要实践场域。在以高质量发展推进中国式现代化的时代征程中，高质量发展必然构成中国城市建设的首要任务与关键环节。

产业是城市经济的核心。伴随以土地要素的"增量"开发支撑经济增长、人口增加和城市扩张的外延式城市发展模式[②]进入终结，城市发展需要更加注重产业的业态升级与功能再造，由此为城市创造能级提升的价值支撑。因此，作为将城市中不适应现代化城市社会生活的地区进行改造活化的重要方式，城市更新必须站在城市高质量发展的高度去把握城市产业发展的未来走向，通过有效释放存量空间、推动低效用地复合利用和用途合理转换等方式，为培育战略型新兴产业和打造新的经济增长点释放空间，实现产业"焕新"、土地结构优化、城市发展方式转变等多重目标。

在这一建设导向下，文化赋能城市更新能够激活人文经济在盘活流量、创造内需场景中的重要作用，推动城市在更新过程中不断获取来自人文经济的核心驱动力与重要支撑力：用文化繁荣赋予经济发展深厚的人文底蕴，推动文化与经济交融互动、融合发展，[③] 形成城市高质量发展的强大动力。习近平总书记在2023年全国两会期间指出："上有天堂下有苏杭，苏杭都是在经济发展上走在前列的城市。文化很发达的地方，经济照样走在前面。可以研究一下这里面的人文经济学。"[④] 人文经济学强调地区文化与经济协同发展，揭示出人文要素在高质量发展中的重要作用。从这一层面而言，文化赋能城市更新强调，一方面，通过优秀传统文化资源的创造性转化和创新性

---

① 曹劲松、郑琼洁：《中国式现代化城市实践的内涵与路径》，《现代经济探讨》2023年第12期。

② 国研经济研究院城市运营课题组：《以城市运营引领新时代城市高质量发展》，《中国经济时报》2024年1月17日。

③ 陈能军：《用人文经济建设丰富中国式现代化内涵》，《光明日报》2024年3月26日，第5版。

④ 方江山：《关于当前人文经济学研究的若干体会——在江苏人文经济学座谈会上的发言》，《人民周刊》2025年4月25日，第2版。

发展，为城市更新提供新质生产力要素，赋予新内容、新动力和新活力；另一方面，各类人文场景、人文产品、人文体验向存量空间更新的融入，有助于将文化内核转化为城市"流量"的重要支撑，是实现城市文化活力重构与产业发展进阶的重要突破口。通过有机连缀文化与经济，能够有效规避城市空间升级换代对文化传承与创新发展带来的冲击，在延展空间产业功能中构筑产业发展的文化动力因，实现城市高质量发展所需的产业升级、活力再造、空间优化等多重目标，体现中国式现代化对文化繁荣与经济高质量发展的系统性关切。

4. 在人民城市建设中满足居民美好生活需要

人民性是马克思主义的本质属性。新时代以来，以习近平同志为核心的党中央传承中国共产党人的群众观点和群众路线，立足新发展阶段的基本国情，提出"人民就是江山，江山就是人民"，强调"必须坚持以人民为中心的发展思想，把增进人民福祉、促进人的全面发展作为发展的出发点和落脚点"。[①] 围绕城市建设，习近平在 2015 年召开的中央城市工作会议中提出"坚持以人民为中心的发展思想，坚持人民城市为人民"；[②] 2019 年在上海考察时，习近平总书记明确提出"人民城市人民建，人民城市为人民"理念，并提出"让人民有更多获得感，为人民创造更加幸福的美好生活"[③] 这一要求。根据第七次人口普查，我国 683 个城市中有 7 个超大城市（城区人口 1000 万以上），14 个特大城市（城区人口 500 万以上 1000 万以下）；我国已成为世界上超大城市数量最多的国家。作为人口高度集聚的主要空间，城市在为居民提供生活家园和精神栖所中

---

① 王岩：《在高质量发展中满足人民的美好生活需要》，《光明日报》2023 年 5 月 29 日，第 6 版。
② 林晨、李晶：《以人民城市理念引领人民城市建设》，《人民日报》2025 年 6 月 12 日，第 9 版。
③ 《习近平在上海考察时强调 深入学习贯彻党的十九届四中全会精神 提高社会主义现代化国际大都市治理能力和水平》，新华网，2019 年 11 月 3 日，http://www.xinhuanet.com//politics/leaders/2019-11/03/c_1125187413.htm。

发挥着不可替代的作用。在以"人民城市"作为城市建设价值取向的语境下，城市应当让居民的美好生活可依托、可感知、可向往，这也构成新一轮城市更新的深层次追求，即为居民创造更具品质的美好生活。

有学者指出，城市美好生活包括"硬件"和"软件"两方面的内容，前者包括丰裕的物质生活、完备的社会保障、舒适的居住条件、便捷的交通设施、优美的街道环境等城市建设的硬件条件，后者指涉诗意的生活情调、高度的身份认同、丰富的文化娱乐、和谐相容的个体幸福感等城市人文环境的营造和烘托。[1] 近年来，随着社会经济的不断发展，物质需求的有效满足日益推动居民精神文化需求不断上升，更有文化内涵与审美品位的生活方式已成为居民关于"美好生活"的重要想象之一。由中国社会科学院开展的"2023年居民文化发展满意度调查"指出，我国各类文化产品在满足民众从"悦耳悦目"到"悦心悦情"的多层次需求方面，水平正持续提升，但仍存在专业文化场所的整体可及性不足、图书馆等文化设施和文化场所内容建设存在短板、利用率不够理想等问题。调查结果显示，仅37.03%的受访民众表示所在社区有图书馆（室）或文化馆，23.34%的受访民众表示所在社区或村有美术馆、博物馆等专业文化场所；文化设施和文化场所在产品质量、风格特色、更新迭代等内容建设方面也存在短板。[2] 这表明，还需要进一步对城市公共文化空间进行拓展提升，增强城市的高质量文化产品供给能力，持续提升居民的文化获得感与幸福感，真正让城市成为居民"诗意栖居"的精神家园。

从这一理解出发，城市更新作为完善城市功能与服务品质的重要行动，应当聚焦城市文化服务功能弱项，为实现人民群众的美好生活需要提供更为有利的条件，为有温度的城市更新创造更加优质的环境。目前我国不少城市通过对既有公共文化设施空间的创意性改造、城市公共服务空间的综合利

---

[1] 徐国源、邹欣星：《用诗意文化赋能"美好城市"》，《光明日报》2022年8月21日，第12版。

[2] 中国社会科学院社会学研究所课题组：《发展多样文化，添彩美好生活》，《光明日报》2024年3月22日，第7版。

用、城市更新中腾退空间的改造利用等方式,①打造了一批"小而美"的新型公共文化空间,有效推动存量设施更好地满足居民的精神文化需求。可以说,文化赋能城市更新能够推动公共文化服务在存量空间的弹性介入,从而在城市更新中实现更高质量的文化服务供给,满足人民群众高品质的文化需求,践行"以文化人"的精神追求。

二 文化赋能城市更新的理论基础

观之城市发展史,文化与空间一直是密切互动的一组关系:一方面,文化行为在城市空间的映射形成了新的文化场域、空间情境;另一方面,城市化的空间进程及其对地方价值的发掘又促进了文化空间形式的再生产。西方学者将文化视作城市的"深层本质",将城市视作"文化的归极",②指出人文因素在城市发展史中起着重要的平衡作用。近年来,伴随中国城市从"外延式增长"转向"内涵式提升",文化在推动高质量发展中扮演着"重要支点""重要因素""重要力量源泉"的角色。围绕文化与城市更新的关系,早在20世纪50年代,以芒福德、雅各布斯为代表的学者开创性地提出了"人文主义城市观",阐明了人文要素与城市更新的内在勾连,强调城市更新应高度重视城市的有机功能与人文关怀。在其影响下,霍尔、兰德利、佛罗里达、佐佐木雅幸等学者开始研究"创意城市"如何成为城市更新与复兴的创新思路与模式;同时,在联合国教科文组织大力推动的全球创意城市评选的助力下,文化以及由其衍生的创新创意能力作为城市发展的动力已成为全球层面的共识。在我国,吴良镛院士极具创见地从"城市细胞"的视角看待旧城改造,提出了"有机更新"理论,强调在城市更新改造这一动态过程中,应当延续好城市原有的文脉和肌理、传统社区的邻里情谊;吴

---

① 李国新、李斯:《我国新型公共文化空间发展现状与前瞻》,《中国图书馆学报》2023年第6期。
② 刘易斯·芒福德:《城市发展史——起源、演变和前景》,宋俊岭、倪文彦译,中国建筑工业出版社,2005年,第91页。

明伟教授提出了"走向全面系统的旧城更新改造"理念，倡导在系统观的引领下实现社会因素、人文因素、经济因素的有机结合与协调发展。张鸿雁教授立足于布迪厄提出的经典社会学概念"文化资本"，提出了"城市文化资本"理论，强调通过培育、建构、创造与再生产城市文化资本，构筑城市更新迭代的"文化动力因"，推动当代城市实现可持续发展。这些理论揭示出文化与城市更新的有机联系，构建起城市文化承接、空间活力激发、物质空间美化与居民福祉提升的内在逻辑框架，为文化赋能城市更新理论的提出提供了宝贵的思想资源与强大的理念支撑。

1. 人文主义城市观

针对 20 世纪中期美国"推土机式"的城市更新活动，以芒福德与雅各布斯为代表的学者提出了人文主义城市观，不仅对美国当时大规模的城市重建提出了严厉的批评，也揭示出城市发展与人文要素之间的关系，将人文内涵纳入了城市研究的主导视域。

早在 1938 年，芒福德就在其著作《城市文化》中提出了"城市是文化的容器"这一被城市研究者奉为圭臬的论断，鲜明地指出了城市文化要素的重要性。他认为，"城市是文化的容器，专门用来储存并流传人类文明的成果。储存文化、流传文化和创新文化，这大约就是城市的三个基本使命"。[1] 同时，在城市各种要素之间的关系中，超越生存意义的生活的城市要素、对人的属性有质的规定性和内涵意义的城市要素以及具有恒久目的和意义的城市要素需要被强调、被突出。[2] 这是因为，从本质上来看，城市"就是人类社会权力和历史文化所形成的一种最大限度的汇聚体"，[3] 城市某种程度上可以被视作为实现文化目标、进行文化实践而构建的物质空间体

---

[1] 刘易斯·芒福德：《城市文化》，宋俊岭等译，中国建筑工业出版社，2009 年，第 8 页。

[2] 赵强：《芒福德的城市观及其启示》，《苏州大学学报》（哲学社会科学版）2011 年第 4 期。

[3] 刘易斯·芒福德：《城市文化》，宋俊岭等译，中国建筑工业出版社，2009 年，第 1 页。

系。在对城市作出文化指认的基础上，芒福德进一步提出，城市是一种"能够把人的生物和社会需求艺术化地综合到一种多元共处和多样化的文化模式之中"① 的生活方式，明确了城市文化与人类生活的价值关联，将人文关怀视作城市的本质属性之一。随后，在其鸿篇巨制《城市发展史——起源、演变和前景》一书中，芒福德延续并深化了对城市与文化关系的讨论，进一步丰富了城市的"磁体—容器"隐喻。芒福德用"磁体"比喻城市形成过程中的精神性本质，即人类集聚的发生有除去动物性本能之外的精神追求，因此在城市的定义中"精神因素较之于各种物质形式重要，磁体的作用较之于容器的作用重要"。② 当城市具备了"磁体"功能之后，城市在发展过程中就产生了"容器"功能，即在城市发展过程中作为文化的"贮藏库"、"保管者"与"集攒者"。如果说"磁体"功能推动城市成为具有精神性与神圣性的存在，那么，"容器"功能则让城市具备了关怀人、陶冶人的能力，成为具有人文尺度的人类家园。在这一城市文化观的观照之下，芒福德对20世纪50年代以清除贫民窟为主要特征的重建式更新提出了严厉批评。在他看来，人类社会和自然界的有机体有许多相似之处。有机体为了维持自身的生命形态，就必须不断更新自己，和周围的环境建立积极的联系。③ 但拆建式更新"只是表面换一种新的形式，实际上继续进行着同样无目的的集中并破坏有机机能"，④ 对城市文化乃至人类文明都具有强大的破坏性。芒福德主张建立在人文尺度之上的城市更新，以满足人类对美好生活的追求。在他看来，理想的城市是"那种以邻里生活为中心的富有活力和朝气的城市，人们可以相约街边咖啡馆或者树影婆娑的公园里见面和交

---

① 刘易斯·芒福德：《城市文化》，宋俊岭等译，中国建筑工业出版社，2009年，第1页。
② 杨健：《城市：磁体还是容器?》，《读书》2007年第12期。
③ 金经元：《近现代西方人本主义城市规划思想家 霍华德、格迪斯、芒福德》，中国城市出版社，1998年，第156页。
④ 刘易斯·芒福德：《城市发展史——起源、演变和前景》，宋俊岭等译，中国建筑工业出版社，1989年，第411页。

谈"①"从城内任何地方出发，都能在几分钟内步行到乡野，享受清新的空气、如茵的绿草和一望无际的原野"。②芒福德被称为"人类历史上最后一位伟大的人文主义者"，他极富人文关怀地将文化与城市相勾连，从人类文明史的角度看待城市的起源与发展，将文化视作城市的内在规定性，并一直致力于呼吁对城市有机功能与城市居民的高度关注，倡导城市建设的"人文尺度"、发挥城市作为"人类之爱"的器官作用，以此实现人的生存、生活与发展意义。他的相关论断揭示了城市的"人文"属性，对当代城市建设、城市更新仍有高度的警醒作用。

与芒福德一样，雅各布斯也对美国"推土机式"的城市更新模式提出了严肃批评。作为一名公共知识分子与社会活动家，她尤为关注城市的内部机能与居民的生活。20世纪50年代，雅各布斯生活的社区及其周边地区面临政治家与规划师罗伯特·摩斯接连提出的曼哈顿各类更新改造计划的严重威胁：这类计划涉及将曼哈顿下城的小意大利、中国城、东村、格林威治村进行"铲平"，为大规模高密度的房地产开发提供"净地"，也包含将华盛顿广场公园一分为二为高速公路提供空间的多项举措，必将对当地社区的丰富性、居民生活的在地性造成严重的影响。自1955年起，雅各布斯一方面，带领社区居民开展了长达十几年的不懈抗争，以抵制摩斯的强权规划；③另一方面，她积极撰写文章、著作对这种更新方式进行反思，反复呼吁多样性是城市的天性。在《城市中心是为了人民》一文之后，她出版了影响深远的著作——《美国大城市的死与生》。在这本书中，她明确反对"田园光辉城市美化运动"，认为只追求城市外部形象、仅依靠现代技术手段对城市进行野蛮规划与重建，而忽视城市内部的生机与活力，最终

---

① 刘易斯·芒福德：《城市发展史——起源、演变和前景》，宋俊岭等译，中国建筑工业出版社，1989年，第5页。
② 孙会：《孰是孰非？芒福德与雅各布斯人文城市思想比较及其当代价值》，《国际城市规划》2023年第1期。
③ 朱涛：《"设计一个梦想城市容易，重建一个活的城市需要想象力"——阅读简·雅各布斯：思考中国大城市的死与生》，微信公众号"规划中国"，2024年3月13日。

将掩埋城市的人文气息，导致城市丧失"元气"。而"充满活力、多样化和用途集中的城市"① 是城市实现自我再生的种子。比如，她认为，城市老旧建筑对于城市是至关重要的。经过匠心独运的改造而形成混合用途的新建筑，不仅是城市街道最为赏心悦目的景致之一，并且它们在费用和趣味上的多样化对居住人口、企业的多样性和稳定也是至关重要的。② 在《集体失忆的黑暗年代》一书中，她进一步指出了城市文化建制的重要性：一项具有支撑性的文化建制之塌陷会连带削弱其他的建制，其他建制更有可能消逝。③ 因此，雅各布斯的卓越理论贡献在于对城市多样性、文化作为城市内在约定性的发掘，体现了人文主义对理性主义的批判，④ 对城市规划思想产生了深远影响。

2. 创意城市理论

"创意城市"的概念形成与理论发展和第四次产业革命密不可分。在经历了农业革命、工业革命和信息革命给人类社会带来的深远影响后，20 世纪 80 年代以来，伴随着知识经济的发展与后工业化时代的到来，创意创新开始构筑经济增长与社会发展的关键性动力。由于突破性技术簇群的涌现是第四次产业革命的核心特征，⑤ 因此创新创意被视作第四次产业革命的先导与本质显现。⑥ 同时，随着世界范围内城市化水平的不断提升，城市作为社会经济发展最活跃的地区，必然成为创意经济最为重要的聚落形式，城市职能也逐渐由工业社会的生产与交换中心转变为知识经济下的创新与创意中心。正如厉无畏所指出的，创意产业与创意城市是"一对共同成长的孪生

---

① 简·雅各布斯：《美国大城市的死与生》，金衡山译，译林出版社，2005 年，第 411 页。
② 同上书，第 176 页。
③ 简·雅各布斯：《集体失忆的黑暗年代》，姚大均译，中信出版社，2014 年，第 22 页。
④ 夏厚力：《人本主义城市治理思想研究》，华东政法大学硕士学位论文，2018。
⑤ 张其仔、贺俊：《第四次工业革命的内涵与经济效应》，《人民论坛》2021 年第 13 期。
⑥ 吴汶萱：《创意城市理论的演进及对当代发展的回应》，《特区实践与理论》2021 年第 3 期。

儿",① 在创意经济蓬勃发展的语境下,"创意城市"的概念得以产生,并逐渐成为一种城市发展策略与振兴方案,既是国家和地方政府所极为关注的文化政策,也成为经济学、城市规划、人文地理等多元学科的研究重点。"创意城市"的概念及理论提出了文化、知识与创意要素作为城市的新形态资本与竞争力的价值,为各大城市在全球竞合时代实现产业转型、特色营造、地方营销提供了思路,指明了文化在促进经济增长、城市发展中所具有的深远动能作用。

20世纪晚期,以人本主义、生态主义和文化经济为主导的城市发展理念开始深入人心,为"创意城市"的提出奠定了基础。② 当时,西方城市普遍面临向"后福特主义"的转型,确立城市新的主导产业以提高城市的全球竞争力、推动城市面向国际社会进行营销成为城市发展的主要任务。创意经济由此成为许多城市的战略选择:通过规划创意产业发展专区、整体置换城市传统产业,大量城市实现了转型发展,证明了创意产业在推动产业升级、带动经济发展、重塑城市形象中的巨大作用,成为去工业化语境下西方城市推动城市发展的新出路与新"解药",也引发了对"创意城市"的系统研究。在1998年出版的《文明中的城市》一书中,英国城市规划大师霍尔揭示了城市作为"创意创新之地"的本质属性,以"作为文化熔炉的城市""创意环境之城"两个篇章串联起从古至今的创意城市(包括雅典、佛罗伦萨、伦敦、维也纳、巴黎、柏林、曼彻斯特、格拉斯哥、底特律、旧金山、伯克利、东京等),并将把城市创新创意历史划分"技术—生产""文化—知识""文化—技术"三个阶段。同时,在他看来,艺术、技术和机构的结合将推动城市进入下一个"黄金时代",文化与经济的高度融合将成为伟大城市的显著特征。③

2000年,兰德利出版《创意城市:如何打造都市创意生活圈》一书,

---

① 厉无畏:《迈向创意城市》,《理论前沿》2009年第4期。
② 高翔:《作为方法的文学之都——文学与创意城市建设的互动关系研究》,《岭南师范学院学报》2019年第2期。
③ 彼得·霍尔:《文明中的城市》,王志章译,商务印书馆,2016年。

推动创意城市研究进入了系统化的阶段。从概念基础来看，他将文化自觉视作城市变得"更富创意"的资产与动力。正如他在书中所写，"创意城市"策略的基础概念在于，它视文化为价值观、洞见、生活方式，以及某种创造性表达形态，并认为文化是创意得以产生、成长的沃土，因此提供了发展动能。[1] 在建立文化与创意城市的内在关联的基础上，他进一步研究了创意城市发展的不同阶段与等级，并将个性、意志力和领导力、人才的多样性与发展策略、组织文化、区域形象、城市空间及硬软件设施、网络与组织架构等视作创意城市的构成要素。[2] 同时，他强调，创新创意与文化传承之间的紧密关联，倡导城市发展从旧结构中迸发出新的创造力，从而实现文化创造力、创新与传承传统之间的完美结合。[3] 随后，佛罗里达提出了创意城市建构的"3T"要素。他认为，在创意经济时代，知识和创意已经成为城市竞争的决定性因素，营造城市特色、吸引创意人才、打造创意中心，是城市实现社会经济增长的必然路径，必须通过科技（Technology）、人才（Talent）和包容性（Tolerance）这"3T"要素来推动创意城市的建设。[4] 同时，他进一步强调创意城市必须通过文化设施的建设与地方魅力、多样生活环境的营造来吸引来自艺术、文化、科技、经济领域的创意阶层在此高度集聚，[5] 才能获取持久的竞争优势。可以说，在兰德利和佛罗里达的推动下，创意城市进入了文化经济学的视域，彰显创意在促进城市发展中的无限可能与无穷潜能，成为各大城市在全球化时代实现转型与变革的"优选"策略。日本创意都市研究者佐佐木雅幸在此基础上，立足于对世界各地创意城市的细致考察，提出了"创意城市"的定义，即充分发挥人类创意，具备创意丰富的

---

[1] 兰德利：《创意城市：如何打造都市创意生活圈》，杨幼兰译，清华大学出版社，2009年，第246页。
[2] 甘霖、唐燕：《创意城市的国际经验与本土化建构》，《国际城市规划》2012年第3期。
[3] 金元浦：《中外城市创意经济发展的路径选择——金元浦对话查尔斯·兰德利（一）》，《北京联合大学学报》（人文社会科学版）2016年第3期。
[4] 理查德·佛罗里达：《创意阶层的崛起》，司徒爱勤译，中信出版社，2010年。
[5] Richard Florida. *Cities and the creative class*. New York: Routledge, 2005.

文化和产业，摆脱大规模生产，拥有创新能力和灵活经济系统的城市；同时也是面对全球环境问题或地域社会课题，能创造性解决问题的"创意场"丰富的城市①。

在实践层面，自2004年起，联合国教科文组织开始评选全球创意城市。截至2023年10月31日，其设立的"全球创意城市网络"共有成员城市350个。这一网络的设立推动"创意城市"真正演变为推动城市复兴、重生的创新性思维与发展模式，也成为全球"可持续发展"方案的重要事件。②这表明，将文化以及由其衍生的创新创意能力作为城市发展的动力已成为全球层面的共识，推动了各地城市面向创意的积极实践：中西方城市都开始强调通过本土文化魅力的挖掘、创意文化场域的设计、创意人才生态的打造，实现文化和创意在城市发展中的引领作用，关注城市在激发"人"作为创新创造主体中的作用，以此探索一条富有文化个性、创新活力与可持续能力的城市跃升路径。

3. 有机更新理论

"有机更新"的理论构想是我国规划大师吴良镛院士在1979年主持北京什刹海地区规划时首次提出的。这项规划主张对原有居住建筑的处理根据房屋现状区别对待，包括：质量较好、具有文物价值的予以保留；房屋部分完好者加以修缮；已破败者拆除更新；居住区内的道路保留胡同式街坊体系；新建住宅将单元式住宅和四合院住宅形式相结合，探索"新四合院"体系。③ 1988年，北京市政府选定东城区菊儿胡同进行危房改造试点，这一理论指导了这项试点工程并取得了重大成功。根据吴良镛院士的定义，所谓"有机更新"，即采用适当规模、合适尺度，依据改造的内容

---

① 徐好雯：《关于创意城市理论的研究与探讨》，《文化产业》2020年第3期。
② 林秀琴：《作为文化议题的创意经济与创意城市》，《文化产业研究》2015年第3期。
③ 方可：《当代北京旧城更新：调查·研究·探索》，中国建筑工业出版社，2000年，第9—10页。

第二章　文化赋能：新时期中国城市更新的本土化理论建构　047

与要求，妥善处理目前与将来的关系——不断提高规划设计质量，使每一片的发展达到相对的完整性，这样集无数相对完整性之和，即能促进北京旧城的整体环境得到改善，达到有机更新的目的。① 吴良镛院士极具创见地从"城市细胞"的视角看待旧城改造，其认为城市各组成部分具有相互关联、紧密联系的内在"有机联系"，主张采用渐进式手段，在尊重城市各组成"细胞"有机秩序的基础上实现"多种效益的取得"。这对当时普遍采用的"一刀切"式大规模改建路径进行了反思，提出了基于保存进行调适的另一条路径。世界人居奖对菊儿胡同的改造工程做出以下评价："……开创了在北京城中心城市更新的一种新途径，传统的四合院住宅格局得到保留并加以改进，避免了全部拆除旧城内历史性衰败住宅。"② 在实施中，吴良镛院士提出了整体性、自发性、延续性、阶段性、经济性、人文尺度六个原则。其中，整体性、延续性、人文尺度的原则指明了地区特色有机延续的重要性："整体性"原则强调城市整体协调统一，建筑现代化与原有院落特色能够相互兼容；"延续性"强调维持原有胡同格局，保留有价值的四合院与树木，在沿袭原有建筑形式和色彩上有所创新；"人文尺度"强调新建建筑要与原有平房院落尺度相接近，保持胡同的原有氛围。在实践中，通过"类四合院"的设计，实现了传统社区文化、古城风貌的延续与人居改善的双重目标。"有机更新"理论将城市文脉视作人与城市人文环境之间的有机联系，在城市更新改造这一动态过程中，应当延续好城市原有的文脉和肌理、传统社区的邻里情谊，通过更新创造"有社会生命活力的空间体系"，③ 为新型邻里关系的构建与居民文化认同的增进提供物质基础。

在"有机更新"理论的启迪下，学界更加注重城市更新中宏观与微观、整体与局部、近期与远期的彼此依存关系，进行了一系列理论探索，其目的

---

① 吴良镛：《北京旧城与菊儿胡同》，中国建筑工业出版社，1994年，第225页。
② 《世界住房日奖》，《建筑学报》1994年第1期。
③ 吴良镛：《从"有机更新"走向新的"有机秩序"——北京旧城居住区整治途径（二）》，《建筑学报》1991年第2期。

在于避免城市更新陷入"脚痛医脚、头痛医头"的碎片化状态。吴明伟教授提出了"走向全面系统的旧城更新改造"理念，强调旧城更新改造要树立经济观念、坚持保护城市历史文化环境，① 在系统观的引领下实现社会因素、人文因素、经济因素的有机结合与协调发展，并在南京中华门地区、苏州古城、泉州古城等城市中心区改建、历史街区保护利用中进行了大量的规划实践。2014 年出台的《国家新型城镇化规划（2014—2020 年）》中指出中国城镇化率超过 50%，城市发展进入从数量规模扩张转向质量发展的新阶段，"大拆大建式"的更新也由此宣告终结。在这一语境下，小规模、渐进式、以人为本的有机更新渐成主流，引发学界从城市更新中有机元素保留再利用、景观空间活化、有机更新与可持续发展理念、区域文脉传承与延续、区域功能性质转变与活化②等不同维度展开了更加细致与深入的研究。这些研究均表明，城市更新不是简单的"破旧立新"，需要对城市存量资源进行审慎的辨别与甄选，对不适应城市发展需要的资源通过修复、织补等方式进行再利用，重新整合进城市社会文化经济发展的大框架中，在存量资源的不断改善与有机更替中推动城市可持续发展。

这一理念近年来被更加广泛应用于我国的城市更新实践之中。2021 年，《住房和城乡建设部关于在实施城市更新行动中防止大拆大建问题的通知》，明确提出"提倡分类审慎处置既有建筑，推行小规模、渐进式有机更新和微改造"，避免"出现继续沿用过度房地产化的开发建设方式、大拆大建、急功近利的倾向"。各地也出台相关政策，将落实有机更新作为重要内容。在实践中，上海黄浦滨江地区从历史文化、产业结构、生态环境等多维度出发，传承工业文脉记忆，建设生活化、生态性和智慧型的滨水空间，打破了现代主义城市规划的孤立功能区域和封闭技术体，③ 推动滨江地区有机融入

---

① 《旧城更新——一个值得关注和研究的课题》，《城市规划》1996 年第 1 期。
② 苗明瑞、冯律航、吴尧、熊京华：《有机更新理论与工业废弃地的活化更新关联研究》，《建筑与文化》2024 年第 10 期。
③ CBC 建筑中心：《上海杨浦滨江有机更新》，微信公众号"CBC 建筑中心"，2024 年 8 月 22 日。

当代居民日常生活；江西省景德镇市陶阳里历史城区坚持以"留"为主的小微更新，通过80%以上的留、改及小部分的拆违、新建，最大化保护不同时代的遗存；广州搭建了旧城混合改造政策体系，致力于通过连片的混合改造实现城市功能的有机组合，其示范项目荔湾区聚龙湾改造项目即通过古村落活化、工业遗址再利用、文化景观和滨江水岸营造等方式，更新升级为文、商、旅、创、居等功能融合发展的城市新客厅。

4. 城市文化资本理论

城市文化资本理论由中国城市社会学领军人物张鸿雁教授提出。该理论认为，作为植根于城市文化土壤和"以人为中心"的一种公共性资本，城市文化资本是公共财富的制度性安排和城市政治、经济、文化的历史结晶，[1] 构成城市建设、发展的"文化动力因"，也是当代城市实现可持续发展的关键所在。在我国全面进入"城市社会"的现实语境下，文化强市建设、文化产业发展、文化"软实力"塑造已被各大城市纳入社会经济发展战略大局。城市文化资本理论的提出，正是直面这一时代重大课题，做出的理论回应与实践指导。从当下我国各大城市的普遍实践来看，"城市文化资本"的培育、建构、创造与再生产，已成为越来越多城市的共识与默契。

张鸿雁教授将社会学的经典概念"文化资本"引入了城市研究之中，为理解城市经济、社会与文化创新发展的前提、土壤、过程、结果[2]提供了极富人文关怀的切入点与思考点。文化资本这一概念最早由法国社会学家布迪厄提出，用于指代通过不同教育行动传递的文化物品，并在一定条件下，可以实现向经济资本的转化。他区分了个人所拥有的文化资本的三种形态，包括以教育、修养等形式存在的身体形态文化资本，以书籍、藏品等形态存在的客观形态文化资本，以及以文凭、证书等形态存在的制度形态文化资本。[3] 张鸿雁教授认为，布迪厄的论述证明了，在经济社会与文化竞争的世界里，一个人

---

[1] 张鸿雁：《中国城市文化资本论》，南京出版社，2024年，第34页。
[2] 同上书，绪论第7页。
[3] 薛晓源、曹荣湘：《全球化与文化资本》，社会科学文献出版社，2005年，第39页。

的全面发展才能构成真正意义上的文化资本。而在当代社会，城市作为建构个体文化资本的地方与场域，"城市文化资本"是作为城市社会公共价值而存在的，不仅能够形成推动城市人更加全面的"文化动力因"，[1] 也具有城市发展永续动力机制[2]之内涵。由此，张鸿雁教授将个体文化资本的研究提升至城市、城市群体的角度，转化为对公共文化资本的研究，为文化资本赋予了公共资本、公共价值、公共立场、公共空间、公共文化、公共文化资源，[3] 使其延伸至更加纷繁复杂的城市语境。同时，基于布迪厄提出的文化资本可以转化为经济资本这一理论前提，"城市文化资本"的概念打破了原先对城市文化相对静态的认知模式，认为城市一般文化资源可以进入创意、策划、生产、加工、流动、沉淀、融合、整合、价值再造和再生产[4]的动态过程，从而具有资本性的价值，以此构筑城市得以永续发展的文化动力。

从内涵上，"城市文化资本"是通过历史、实践和文化的沉淀、洗礼、形塑、创新和文化生产场域的建构而形成的文化再生产过程的"作品"和产品，具有公共性、垄断性、唯一性、历史性、集体记忆的文化认同性、文化历史价值刚性、民族性、可再生产性、可创造性、文化精英的选择性共十大特性。[5] 围绕其集体记忆的文化认同性、文化历史价值刚性，张鸿雁进一步指出，城市空间的再生产过程必须关注城市文脉、城市的风土人情，创造出具有文化心理归属感的空间样态。但这并不意味着封存式的"保护"，张鸿雁教授认为，只有通过创造性的开发与创造，城市文化资本要素才能转化为城市文化资本，才能为城市的当代创新发展提供来自城市根脉的传承。基于以上认知，张鸿雁教授也尤为关注城市更新中的文化传承问题，在《中国城市文化资本论》一书中以"城市更新美学——大城市中心区的衰落与复兴"专章进行探讨。他提出，城市更新是一种"有机更新进化"的全过程：既要有历史过程的完整

---

[1] 张鸿雁：《中国城市文化资本论》，南京出版社，2024年，第37—38页。
[2] 同上书，第45页。
[3] 同上书，第34页。
[4] 同上书，第38页。
[5] 同上书，第52—53页。

第二章　文化赋能：新时期中国城市更新的本土化理论建构　051

性和时间切面的艺术性，又要有不同时代的空间文化、空间结构及景观的实践结晶，并与城市创新的内容有焦点聚合。① 同时，他对"仿古式"的更新也进行了反思，提出要以历史观和发展观来看待城市更新中的文化问题：历史文化的保护与传承并不仅仅是仿古、复古，而是要将相对碎片化的城市记忆进行整合、再造，呈现城市的文化灵魂。进一步的，更要在当代城市建设中提炼出新精神、新文化，为城市未来不断创造新的集体记忆，将城市文化视作时空上的"连续统"，通过城市文化的传承、迭代、创新，源源不断地为城市更新注入文化力量，推动城市实现循古而新，而非割裂式的破旧立新。

随着文化在城市更新中重要性的不断上升，我国学者也广泛将"城市文化资本"理论应用于对城市更新的研究。如：黄怡等以山东省滕州市接官巷历史街区更新改造为例，指出要通过城市文化资本的挖掘、激活以及向其他形态资本的转化，实现地域文化的守护与延续，以及地方当下的活力与繁荣，以此促成更为理性的城市更新。② 杨镇铭基于对南宁市三街两巷历史街区更新改造的研究，提出依托功能置换推动历史街区的更新是一个首先立足于对地方文化资源的保护，其次再推动地方文化资本不断激活、积累的过程。③ 谢林蓉等通过对合肥市老城区的更新研究指出，通过将传统文化资源转化为城市更新的资本，既能够发挥地域文化资本在提升居民文化自信和地方认同感的作用，又从文化格局引导、文化活力复苏、文化融入三个层面出发促进城市活力复苏。④ 可以说，"城市文化资本"为当下城市更新更可持续、更具效能的推进提供了新视角与新方法，文化不再是被"资本"压制的"弱势一方"，而是成为城市转型发展与能级提升的内生型生长点。对城

---

① 张鸿雁：《中国城市文化资本论》，南京出版社，2024 年，第 686 页。
② 黄怡、吴长福、谢振宇：《城市更新中地方文化资本的激活——以山东省滕州市接官巷历史街区更新改造规划为例》，《城市规划学刊》2015 年第 2 期。
③ 杨镇铭：《城市更新中基于功能置换地方文化资本的激活——以南宁市三街两巷历史街区为例》，《面向高质量发展的空间治理——2021 中国城市规划年会论文集（02 城市更新）》，成都，2021 年 9 月。
④ 谢林蓉、王凤雨、季翔：《城市文化资本理念下的城市更新策略探析——以合肥市老城区为例》，《中外建筑》2024 年第 2 期。

市文化所具有的公共资本价值的挖掘，不仅有助于创造城市更新本应具有的社会效益与经济效益，也能为广大居民提供实现自身全面发展的城市人文家园。

三 文化赋能城市更新的本土化理论建构

作为中国推进新型城镇化的着力点，城市更新具有转变发展方式、加快产业转型升级，促进人口城市化、共享发展红利，保护城市文脉、创新文化业态的功能，同时也是探索城市治理变革和发展制度转型的前沿阵地。[1] 在经历了20世纪90年代的"拆建潮"后，21世纪以来，我国城市更新从重建式更新转向有机修补式更新，"延续历史文化传承，维护城市脉络肌理，塑造特色城市风貌，提升城市文化魅力"已成为地方政府推进城市更新行动的普遍共识。新时代的城市更新要回应地方文脉的保留传承、居民美好生活需要的实现、城市空间功能与活力的再造等问题。在这样的发展诉求下，文化作为城市历史感和个性化的重要表达，成为引导城市高质量发展，走更具识别度的更新之路的重要动能：随着文化在城市空间再造与整体复兴的进程中扮演着日益重要的角色，城市文化及其多元价值如何在城市更新的过程中存续并发挥新的价值，已成为各大城市在"城镇化后半场"中面临的普遍议题。因此，提出文化赋能城市更新的理论，是在整体观照我国城市更新的现实情境与发展轨迹的基础上，对文化在城市更新中作用的全方面、多维度审视，有助于丰富能够指导、解释中国城市更新的本土化理论，为各大城市在城市更新中发挥文化存量的增长动能作用，打造更具吸引力的城市文化空间提供理论支撑与实践指导，推动文化对城市更新的"增值效应"真正落到实处。

1. 文化赋能城市更新的概念内涵

我国的城市化发展已经逐步从增量建设转向存量治理，城市更新的模式

---

[1] 彭显耿、叶林：《城市更新：广义框架与中国图式》，《探索与争鸣》2021年第11期。

与方法成为学者讨论的焦点，但总体上仍处于结合国内外更新经验和自身城市特点开展初步研究和探索的阶段。① 在全球化与转型背景下，中国城市房地产开发导向②和全域化拆毁重建特征③的城市更新，使城市物质景观发生迅速改变。改革开放以来的城市更新实践在极大改善物质空间的同时，也存在大量老城区及历史文化遗存遭到破坏等问题，由此引发了如何正确处理城市更新改造与文化遗产保护两者关系的讨论。人们逐渐意识到，城市更新既不是单纯的城市建设技术手段，也不是简单地以房地产开发为导向的经济行为，而是具有深刻的社会和人文内涵。城市更新的目标由单维的经济增长向多维的整体提升转变，文化对城市发展的多元作用被逐渐发掘，文化战略成为城市发展的重要战略趋势，强调资源利用及文化传承的重要性，文化资源的活化利用成为城市经济发展和更新的契机，并为城市更新地区提供促进自身发展的持久经济活力。④

新时代的城市更新在发展方式转型、新旧动能转换等复杂语境中铺展开来，需要寻求新的驱动力。20世纪末西方城市出现"文化导向型城市更新"模式，旨在以文化的力量实现城市在环境、经济、社会层面的综合更新发展。⑤ 此模式随后在全球层面被广泛应用，引发学界从城市历史地区的更新如何促进城市品牌打造、⑥ 增强地方意象、⑦ 实现资

---

① 阳建强：《城市更新理论与方法》，中国建筑工业出版社，2021年。
② 何深静、刘玉亭：《房地产开发导向的城市更新——我国现行城市再发展的认识和思考》，《人文地理》2008年第4期。
③ 杨永春、张理茜、李志勇、伍俊辉：《建筑视角的中国城市更新研究——以兰州市为例》，《地理科学》2009年第1期。
④ 张朝枝、刘诗夏：《城市更新与遗产活化利用：旅游的角色与功能》，《城市观察》2016年第5期。
⑤ 刘筱舒、周迪：《文化主导下英国城市更新的实践探索与启示》，《经济地理》2022年第6期。
⑥ Joaquim Rius Ulldemolins. Culture and authenticity in urban regeneration processes: Place branding in central Barcelona, *Urban studies*, 2014, 51 (14): 3026-3045.
⑦ Haeran Shin, Quenyin Stevens. How culture and economy meet in South Korea: the politics of cultural economy in culture-led urban regeneration. *International Journal of Urban and Regional Research*, 2013, 37 (5): 1707-1723.

本积累①以适应后工业时代的城市转型等多个维度展开研究,并对其中涉及的文化"工具化""符号化""消费化"等问题进行反思。我国在经历了世纪之交的"拆建潮"后,小规模、渐进式、"针灸式"的更新理念成为各大城市推进城市更新行动的共识,文化在延续历史、凝聚价值、优化生活品质和激发经济活力等方面日益发挥着重要作用,成为城市更新的关键性动能。

西方学者曾基于文化的经济属性提出"文化资本"的概念,并将其视作以资产形式体现出来的文化存量,这种文化存量能和其他生产要素结合在一起,生产出具有文化价值和经济价值的产品,更加强调文化作为生产工具的价值。② 在我国,文化是一个具有意识形态属性、经济属性、社会属性等多重属性的概念,成为新旧动能转换的重要着力点之一。习近平总书记提出的"推动高质量发展,文化是重要支点",指明了文化在高质量发展中的价值引领与核心驱动作用。文化开始从文化领域进入更全面的发展视野,成为美化空间、营造生态、更新产业、复兴优秀传统的一种共识与默契。城市更新领域出现了典型的"文化转向":这是基于文化反思、政策指向与现实经济驱动需求而形成的本土化城市发展策略,③ 其目的在于通过发挥文化事件、文旅产业、文化遗产等文化资源要素对城市更新的带动与引导作用,从继承性创新原则出发,采用地方感营造、情感体验构建、文化资本激活等多种策略,④ 充分释放文化所具有的多重属性价值,助力构建可持续的城市更新模式。以往依托土地财政的城市发展方式和大拆大建的城市更新模式已然难以为继,有学者将土地视为城市的石油,能否实现由"土地"这一传统

---

① Pow Choon Piew. Urban Entrepreneurialism and Downtown Transformation in Marina Centre, Singapore: a case study of Suntec City, in: Tim Bunnell etal, eds., Critical Reflections on Cities in Southeast Asia, Singapore: Times Academic Press, 2001: 153-184.
② 资树荣:《文化与生产者的文化资本》,《深圳大学学报》(人文社会科学版) 2018年第1期。
③ 黄晴、王佃利:《城市更新的文化导向:理论内涵、实践模式及其经验启示》,《城市发展研究》2018年第10期。
④ 黄怡、吴长福、谢振宇:《城市更新中地方文化资本的激活——以山东省滕州市接官巷历史街区更新改造规划为例》,《城市规划学刊》2015年第2期。

能源向新能源的转型，在某种程度上决定着城市的未来。① 相对于不可再生的土地资源，文化资源类似于一种可再生、零污染的新型清洁能源，既可以通过提升存量土地的经济附加值和创造吸引居民的空间吸引物，也能够驱动城市发展要素由资源型要素向智识型要素转变。

本书提出的文化赋能城市更新，是指通过历史文化、创意文化、地方文化等文化资源要素的创造性转化、创新性发展，发挥其在城市更新中挖潜城市土地价值、优化城市空间品质、提升产业发展效能、保护传承地方文脉、创造城市美好生活中的作用，通过文化要素注入、空间载体吸附、更新动能释放②等过程和方式，赋予城市更新动能、增进城市更新效能（见图2-1、图2-2）。由此，通过充分释放和放大文化所具有的多重属性价值为城市更新提供可持续动能，满足赓续地方文脉、激发产业活力、提升治理水平、改善生活品质等城市更新的核心关切。

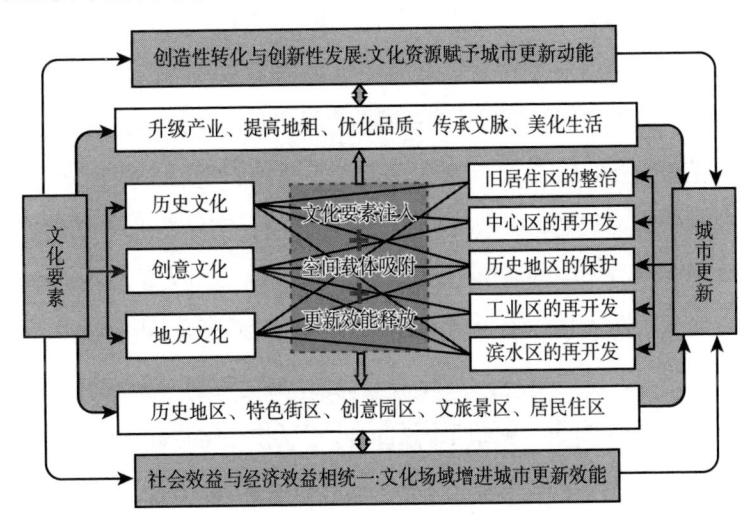

图 2-1 文化赋能城市更新的概念内涵（笔者自绘）

---

① 赵燕菁、沈洁：《增长转型最后的机会——城市更新的财务陷阱》，《城市规划》2023年第10期。
② 杨馥端、窦银娣等：《催化视角下旅游驱动型传统村落共同富裕的机制与路径研究：以湖南省板梁村为例》，《自然资源学报》2023年第2期。

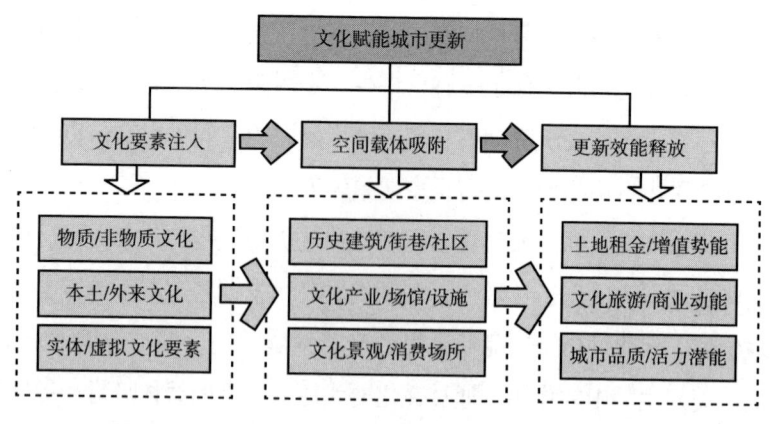

图 2-2 文化赋能城市更新的实现过程（笔者自绘）

2. 文化赋能城市更新的逻辑机理

对地域文明的关注为城市人文精神的塑造赋予了历史感和个性化的特点，构成全球城市语境下构建中国城市辨识度的独特路径，也是提升城市"人民性"与竞争力的重要力量。在城镇化下半场的语境中，从"人民城市人民建"的发展导向出发，以文化赋能城市更新，能够发挥文化在盘活城市空间、延续人文记忆、重塑社交活力中的作用，实现文化对城市更新的正向牵引作用。新时期中国城市更新是由政府主导，市场力量和社会群体广泛参与下，实现物质人文环境、功能结构和社会空间转型升级的过程。从文化赋能的内涵出发，其所诉求的是社会效益与经济效益相统一的价值实现模式，恰恰与城市更新的多重面向不谋而合，有利于推动城市更新更好满足群众期望需求、更好适应社会经济发展实际。具体来看，文化赋能城市更新的作用机理，可以从城市长期经营、经济活力提升、生活需求满足三个维度展开分析，理解其中具有一致性的内在逻辑（见图 2-3）。

基于地方文脉的资源转换逻辑——实现城市持续经营。城市是本土文脉的空间载体。从这个意义而言，城市更新不仅是城建工程、民生工程，也是文化工程。芒福德曾指出，通过将精神文化物质化，城市不仅能够增强贮存文化的能力，同时这种文化记忆功能的扩大也能够推动城市在级别、价值上

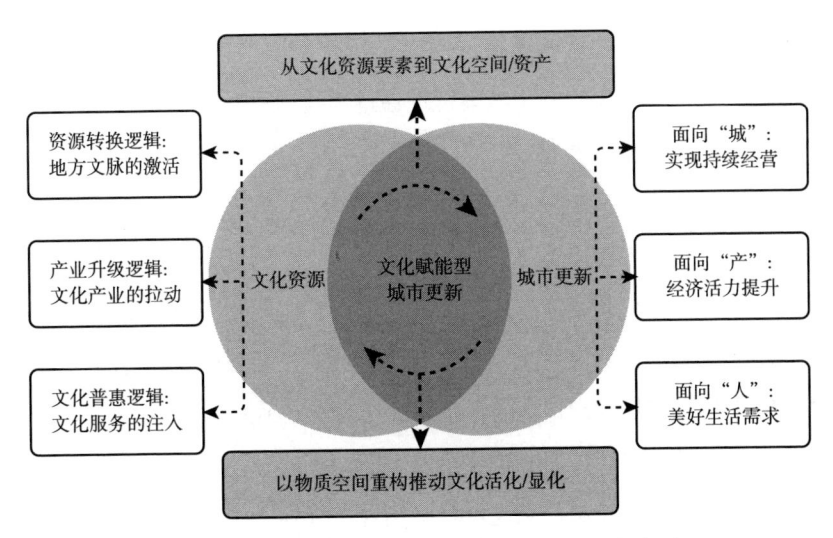

图 2-3　文化赋能城市更新的逻辑机理（笔者自绘）

实现提升。① 对于中国城市而言，在前一阶段的快速城镇化浪潮中，城市文脉面临着大规模"拆建潮"对文化空间的挤压与全球化对文化价值消解的双重压力。因此，在本轮城市更新中，地域特色的延续与文化内涵的塑造成为重点，要求不断增强城市文化贮存能力，保护、传承、弘扬城市文脉。在城市更新中以高度文化自觉激活城市文化积淀，通过保护利用本土历史文化资源，使之成为蕴含价值观念、民族情感、集体记忆等文化识别性信息的空间资源，能够为城市塑造更多的文化地标与文化标识，推动城市文化资源不断为城市的可持续经营赋予新的文化价值与文化意义，引导城市经营健康发展。

基于时代需求的产业升级逻辑——实现经济活力提升。从城市的发展脉络来看，产业对城市的发展壮大起着关键性的作用：产业结构的优化为城市的发展提供了原动力，城市也随着产业的迭代升级而不断发展。作为城市生命周期的永恒主题，城市更新必须站在城市发展的高度去把握城市未来的走向，作为表象的城市空间形态再造，其实质是通过产业的升级与功能再造，

---

① 刘易斯·芒福德：《城市文化》，宋俊岭等译，中国建筑工业出版社，2009 年。

为城市创造能级提升的价值支撑。同时，新时期以"内涵增长"为主要特征的城市更新，其诉求的并不是单纯地通过新建项目提振地方经济，而是将重心放在了存量资源的盘活上，为城市经济活力的提升提供可持续的"造血"能力。近年来，文化产业已成为中国国民经济战略性支柱产业，在吸引流量、创造内需中发挥着重要作用。在城市更新的过程中，通过将存量空间升级改造为文旅空间、创意园区、艺术商场、主题社区等，不仅能够为存量空间赋予新的文化价值与文化意义，还能够通过旧城产业功能的延展与文化活力的重构有效拉动周边业态、促进消费升级、吸引人流回归，以文化产业的溢出效应带动空间价值的再生产。

基于人民期待的文化普惠逻辑——实现美好生活需要。城市更新是落实"人民城市"理念的重要工程，是满足人民群众的美好生活需要的重要抓手。"以人为核心"的城市更新不仅要关注"留改拆"的物质改善与经济价值，更要发挥"以文化人"的精神效能，通过空间的人本属性与文化价值的回归增进居民的精神力量。当下，大量旧城居民普遍面临公共文化活动开展空间受限、社区文化属性不足等问题。如何为城市空间注入文化内涵，继而通过居民在空间中的主体实践来增进其对城市的文化认同构成城市更新的重点问题。文化赋能城市更新，能够将各种文化要素、文化服务与居民生活场景、生活方式相衔接，推动城市更新成果向居民文化福祉转换，提升城市文化的普惠性，重塑空间内的社会关系，促进共同的文化认知、社会情感与城市认同的形成。同时，通过市民文化、社区精神的引导，能够提升居民作为城市"主人翁"的地位、放大城市更新的人民性与公共参与性，营造为更多居民所共享的城市文化生态。

3. 文化赋能城市更新的机制与效应

从文化赋能城市更新不同逻辑来看，地方政府一直是城市更新的主导方，其次是社会资本以及本地居民，分别代表着政府（权力）、市场（资本）和社会（民众）力量。不同逻辑主导下的城市更新主体、目的、方式、经费来源、文化作用和主导功能等方面均存在差异，并随着城市更新的日益

第二章 文化赋能：新时期中国城市更新的本土化理论建构 059

深化而呈现由单一走向多元、由文化作为符号与工具向文化作为核心与目标转变、由追求经济效益最大化向追求综合效益最大化的价值取向转变等，体现出文化赋能城市更新随时代变迁而不断演进的特征（见图2-4）。

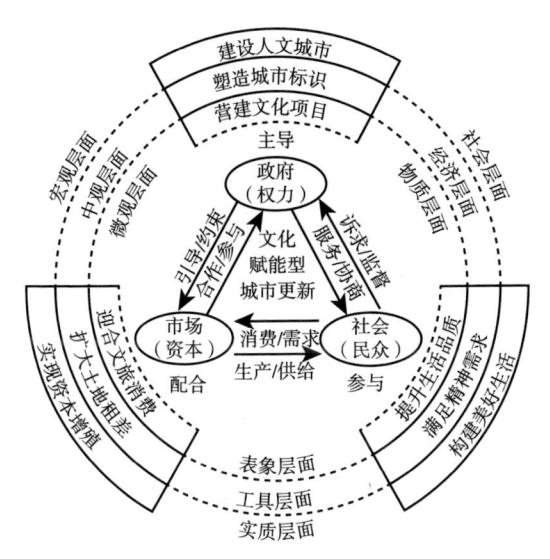

图2-4 文化赋能城市更新的主体与动力（笔者自绘）

具体来看，在文化介入城市更新的早期阶段，其方式相对表层化。政府作为城市更新的责任主体和土地开发权拥有者，从根本上渴望实现城市更新经济、社会和文化等综合效益的最大化。然而，由于城市更新经费收支平衡问题，在房地产市场快速发展背景下，城市政府倾向于将更新地块打包出让给开发商，以推倒重建的房地产开发形式完成更新。开发商为追求土地最高的经济价值，通常倾向于寻找并结合地方特有的天然禀赋或文化底蕴，开发具有文化属性的房地产项目。例如不少旧城区更新后新建的高档居住区，均采用富有地方文化印象的命名方式。文化的注入使传统居民区转变为动辄千万每套的别墅区、富人区或是承载高档消费的特色文化街区。从"租差"（rent gap）的视角理解，历史文化要素作为一种稀缺空间资源，与土地资源要素相叠加，通过扩大"潜在地租"形成可观的"租差"，在政府的推动下吸引资本向高"租差"空间流动。在政府和市场追逐和变现"租差"的过程中，文化多呈现为符号的拼贴与表皮的包装，其本质尚囿于服务于经济增长的工具，其目的在于实现空间生产与资本循环。

近年来，城市更新理念的进化、房地产市场增速的放缓、文化在城市发展中战略地位的上升，改变了将旧城区粗暴推倒重建的置换型更新模式，文化赋能型的城市更新在内涵上不断深化，路径逐渐增多，体现了主体价值取向的变化。人们对城市空间的青睐逐步转向对美和艺术的追求、对空间背后鲜活文化的情感共鸣、对个性化地方特色元素的追捧，以及对深度参与和互动的体验性需求。① 在"人民城市"建设的价值取向下，这些需求进一步要求地方政府、市场资本推动以城市文化保护、弘扬与传承为价值导向的展示/消费/休闲/体验空间的生产/再生产。在这一转变下，文化赋能城市更新的方式更加内核化、人本化，更加强调社会效益与经济效益的"双效统一"，而非单一谋求"租差"利益。在更新方式上，历史文化街区与文化旅游景区更加注重"主客共享"，创意产业园区更加注重"对外联通"，传统社区更加注重"场所精神""居民参与"，不仅满足了地方政府经营城市、资本可持续盈利的需求，也赋予地方居民更多的城市参与权与文化获得感，更加指向多位一体的谐振式共赢。

在多方主体的共同推动下，文化赋能型城市更新在激活、改善老化的城市功能与建筑景观，推动历史文化遗产复兴与多元利用，营造文化旅游与创意文化氛围，激发城市经济与空间活力等方面，体现出显著的经济效益与社会效益。首先，文化赋能通过保留修缮利用历史建筑、文物建筑，完善功能、优化空间和功能复合利用等方式，推动城市历史地区空间品质提高、人文价值提升、街区活力再生，打造具有标志特性、充满文化象征意义的"时空场所"，成为城市文化记忆价值传承的重要见证，彰显城市历史文化魅力。其次，文化赋能通过文化产业、旅游产业、创意产业的有机注入，将城市中不适应现代化城市社会生活的地区进行改造活化，有助于推动低效用

---

① 文林峰、杨保军：《全面实施城市更新行动 推动城市高质量发展：专访住房和城乡建设部总经济师杨保军》，《城乡建设》2021年第16期。

地复合利用和用途合理转换，提升存量空间的整体品质，实现产业"焕新"、土地结构优化、缓解土地供需矛盾等多重目标，重塑城市优质存量空间发展活力。最后，在存量挖潜的城市更新时代，通过文化的赋能，能够创造出有影响力、归属感和地域特色的文化空间形态，从城市人文价值这一维度推动居民形成与地方文化的积极情感联结，增强居民的文化归属感、获得感，增进居民本土文化认同，实现城市更新在打造诗意栖居、丰富人民精神世界的城市美好家园中的重要作用。

第三章 古都南京："文化立魂"语境下的城市更新实践探索

一 文化城市：全球层面城市发展的动力转型

文化是城市得以生存和发展的"软实力"，对于城市的可持续发展起着至关重要的作用。在全球化语境下，城市发展的核心内涵之一是该城市全球文化影响力的不断增长。作为一个关乎城市社会、经济、科教发展的重大议题，文化已成为世界范围内各大城市的优先战略事项。早在20世纪80年代，芝加哥城市社会学派的代表人物帕克基于对人类城市文化发展历史进程的研究，指出21世纪将是城市文化时代，并将迎接城市文化时代视作21世纪城市建设面临的重要任务。当下，城市进入21世纪已走过20余年的历程，其实践鲜明地印证了帕克的观点：文化已构成城市核心竞争力的重要来源与强大支撑，文化资源的有效开发与合理利用在城市发展中的作用日趋显性化与核心化。2022年，联合国教科文组织召开的世界文化政策与可持续发展会议进一步指出："文化蕴含着无穷无尽的意义和创造力，塑造了我们的归属感，释放了我们的想象力和创新力，激励我们致力于打造更加可持续的未来，以造福全人类。"[1] 可以说，作为当代城市复兴的一种消费、生产

---

[1] 《文化政策：1982至2022年国际辩论的核心内容》，https：//www.unesco.org/zh/articles/wenhuazhengce1982zhi2022nianguojibianlundehexinneirong? hub＝800。

和形象战略,① 文化建设已然被纳入城市发展的重要议程,② 构成城市价值的重要支撑。

1. 全球化与文化城市兴起

20世纪中晚期以来,"全球化"已成为描述社会生活不可或缺的重要概念之一。全球化带来各种跨国界经济过程,导致资金流、物流、人流、观光流等形态出现。③ 有学者因而提出:"全球化不再是一个单纯的经济、政治和社会学问题,它更是一个文化的问题"。④ 在全球化引发高度时空压缩的语境下,地理位置、区位条件及自然资源的重要性开始被地方形象、人文区位、美誉度等软性要素所取代,文化开始成为全球化时代的竞争优势所在。1998年,联合国教科文组织在斯德哥尔摩召开了"文化政策促进发展"政府间会议,会议从"将文化理解为发展的基础"这一前提出发,通过了《文化政策促进发展行动计划》,其中将"可持续发展和文化繁荣是相互依存的"作为原则之一,将"使文化政策成为发展战略的主要内容之一"作为重要任务。进入21世纪以来,在知识经济、后金融危机、后工业化等语境叠加下,全球化时代的区域竞争更进一步地从经济、技术竞争走向文化、创意竞争。政治学家约瑟夫·奈提出广为人知的"软实力"(soft power)概念,并将"文化吸引力"与"思想/意识感召力"(价值观)⑤ 作为这一概念构成的首要两个要素,指明只有通过文明、文化、价值观念等软实力的构

---

① 格雷姆·埃文斯:《文化规划:一种城市复兴?》,李建盛译,北京师范大学出版社,2022年,第2页。
② Franco Bianchini. Remaking European cities: the role of cultural policies, in: Michael Parkinson, Franco Bianchini, eds., *Cultural Policy and Urban Regeneration: The West European Experience*. Manchester: Manchester University Press, 1993.
③ 丝奇雅·沙森:《全球城市:纽约、伦敦、东京》,周振华等译,上海社会科学院出版社,2005年。
④ 包亚明:《译丛总序》,载于 Sharon Zukin《城市文化》,张廷佺、杨东霞、谈瀛洲译,上海教育出版社,2006年,第1页。
⑤ 张鸿雁:《网络社会视域下的全球城市理论反思与重构》,《探索与争鸣》2019年第5期。

建，才能使一国在国际舞台中立于不败之地。放眼世界大国，在面临全球化的资源流动与重组的当下，都极具默契地在 21 世纪初提出文化振兴和文化立国的国策，以保证在全球经济文化竞争中找到自己国家和民族的文化生态位与文化价值。如英国在 1997 年就成立了"创意产业特别工作组"，通过将创意经济上升为国家战略性经济产业之一，成为世界文化创意产业发展高地，也实现多个传统工业城市向世界创意之都的转型。

可以说，以文化比后劲、以文化论输赢、以文化定成败，已经成为世界范围内的普遍共识。正如有学者指出的，世纪之交文化的变革是当代最为重要的历史事件，[1] 全球范围的"文化立国"战略已构成提升国家软实力发展能级和参与全球产业分工的基本前提。作为国家软实力的主要构成部分，文化不仅成为国家可持续发展的直接动力，并且构成一个国家全球竞争力的集中表现，也在某种程度上成为民族国家应对全球化冲击的有力工具。作为理解全球体系结构与秩序的基本单位，"城市"也在这一宏观背景的变化中进入了"文化城市"发展阶段。在全球化所形塑的空间尺度下，生产性服务业的空间集聚与"发展的信息模式"得以出现，使得城市成为全球化效应集结的空间层次。[2] 由此，处于全球竞合体系中的城市就从关注经济增长和城市功能配置等硬实力资源争夺的阶段，迈入以文化为主题、以自身特色为基点实现差异化崛起的阶段。美国托尼·米尔所提出的"文化劳动的新国际分工"（New International Division of Cultural Labor）概念，明确指出在全球经济一体化、网络化和信息化时代，由于文化本身的均质性和"固有资源不依赖性"，任何具有唯一性和创新性的文化都具有全球竞争性，可以通过文化"嵌入"的方式在全球城市文化价值链中占有一席之地。[3] 在这种以文化劳动为核心枢纽的全球化新分工体系下，城市的价值不仅仅在于物质财

---

[1] 金元浦：《文化的繁荣是发展的最高目标》，《学术动态（北京）》2011 年第 33 期。
[2] Saskia Sassen. The city: its return as a lens for social theory. *City Culture & Society*, 2010, 1 (1): 3-11.
[3] 张鸿雁、房冠辛：《新型城镇化视野下的少数民族特色文化城市建设》，《民族研究》2014 年第 1 期。

富的积累与资源整合的能力,更取决于城市文化所能展现出的发展活力与潜力:拥有独特文化资源、强大文化影响力的城市可以直接参与世界竞争、介入全球文化价值链,形成国际范围内的文化影响力和辐射力。如将目光投诸法国巴黎、英国伦敦、瑞士日内瓦、日本东京等全球城市,其所形塑的文化发展格局直接构成了城市软实力乃至国家软实力的重要来源,有力地提升了城市乃至国家在全球文化版图中的话语权。

总体而言,在全球化、信息革命和新技术革命的冲击下,文化成为城市实现可持续发展、增强核心竞争力的不可或缺的动力与引擎,原本依托工业革命为背景产生的"功能城市"也必然地走向了以文化为城市发展核心诉求的"文化城市"。[1] 经济学家大卫·特罗斯比曾指出,文化对城市发展的价值是多元性的,文化资源、文化设施、文化产业、文化价值观认同乃至社会文化凝聚力都组成了这种多元性价值,而这无疑会形成对城市经济和社会发展的综合影响。[2] 文化,尤其是具有强大影响力的文化被广泛认为是城市实现物质基础、经济社会、空间环境等领域全面转型和可持续发展的重要资源。纵观21世纪以来的城市发展史,文化城市建设已经本质性地构成城市发展战略之一,成为提升城市幸福度、美誉度、影响力的重要途径,也是各个宣称致力于打造全球城市的鲜明注脚。从这个意义上而言,文化城市已经超越地域性城市以及一般性区域中心城市的概念和范畴,成为对内增进认同感与凝聚力,对外增强影响力、与其他文化互动,并介入全球文化分工与竞争的重要载体。

2. 文化城市建设的新动向

正如前文所述,在由知识经济驱动的世界城市网络中,城市不再是保持静态特征的制造业中心,这使得城市网络成为激发创新和灵感的有利渠道、

---

[1] 单霁翔:《从"功能城市"走向"文化城市"发展路径辨析》,《文艺研究》2007年第3期。

[2] David Throsby. Cultural capital and sustainability concepts in the economics of cultural heritage. *Contemporary Cinema*, 2012, 21 (2): 291-305.

促进和催化对内对外投资的重要工具。① 其中，文化网络是众多城市网络中"具有巨大增长空间的领域"，文化构成了城市竞争力的关键和重要指标。随着城市进入"文化城市"这一发展阶段，城市愈来愈以文化作为驱动力来推进发展，更加强调在发展过程中要以文化为手段组织城市的经济社会活动，进而满足人的全面发展需求。在全球化与世界级城市研究小组与网络（GaWC）对世界城市的标准认定中，有四条涉及了文化类指标，主要包括蜚声国际的文化机构、浓厚的文化气息、强大而有影响力的媒体、强大的体育社群等内容。② 可以说，文化已构成世界城市的标识，文化建设是传播地域文明、提升城市在全球城市网络体系中层级的重要路径。观之国际知名度与美誉度较高的城市，无一不将文化战略作为城市发展的核心战略，着力提升文化在城市发展中的分量。近年来，文化一直是各大城市建设的战略重点所在；特别是文化政策在疫情防控期间全球城市发展中所展现出的灵活及有效性，进一步提高了对文化创意产业在城市发展中重要性的认识。③ 各大城市围绕如何通过文化和创意更好地助力城市发展进行探索，更加关注文化政策的普惠性、灵活性、创新性，以回应后疫情时代的城市复苏、数字化转型等议题，形成了如下实践：

一是构建更具大众导向的城市文化规划。纽约、东京、新加坡等城市在新一轮城市文化规划中都将文化作为增加城市活力和提升生活品质的要素，倡导"文化链接社会""让艺术回归大众"等发展理念，以此增强全社会的文化氛围，为城市、文化、产业的融合发展提供支撑，为城市打造国际性的文化大都市提供可持续的内在动能。纽约在2017年发布了历史上第一个综合性的文化规划《创造纽约：一个为所有纽约人的文化规划》

---

① 《新兴世界城市：用文化连接世界"一带一路"背景下的世界城市文化交流与对话》，https://www.sohu.com/a/237073300_115362。
② 余梦秋：《世界文化名城 成都建设世界城市的重要路径》，《成都日报》2018年10月10日。
③ 李亚娟：《〈国际城市蓝皮书（2024）〉文化篇：城市在恢复性增长中的文化应对策略》，微信公众号"国际城市观察"，2024年9月10日。

（Create NYC：A Cultural Plan for All New Yorkers）。该规划提出建设更加包容、平等和有弹性的文化生态系统，将"确保所有人都能够参与""积极规划公正、公平的包容环境"等作为重要原则，并提出"确保社区文化得到支持，以使现有的社区文化得以繁荣发展"。① 东京在2022年发布的《东京文化战略2030》中将"营造人人都能近距离接触艺术、文化的环境，为人们的幸福做贡献""通过艺术、文化的力量，带给人们欢乐，并发现新的价值"等作为战略目标，并提出了"文化链接社会"项目，旨在通过艺术、文化的力量，建设富裕、包容的社会。② 在实践中，各地不断拓展城市文化活动的受众范围。新加坡提出全民艺术（Arts for All）计划，下设艺术邻里、艺术研究、银发艺术、街头艺术、艺术市集等多个子项目，其目的在于通过推动艺术家以及企业进入社区举办各类文化活动，使文化到达不同的社会阶层。③ 东京提出"艺术生活"项目，探索设立类似图书馆的机构，推动根植于东京的传统表演发展，设立当地居民能够体验的艺术文化项目，在都立文化设施内设立适应各年龄段的音乐工作坊，吸引不同喜好的民众参与。④

二是推动城市公共空间的文化导入。城市空间作为文化载体，能够直接面向大众进行沟通并产生情感互动。近年来，首尔、悉尼、纽约等城市均将提升城市公共空间的文化内涵与艺术氛围作为城市文化塑造的重点之一，激发居民对城市空间的文化感知和想象，以此作为丰富居民精神生活、体现城市人文关怀的重要方式。首尔在2016年提出"首尔是座美术馆"（Urban Art Project "Seoul is Museum"）项目，在市内的公共空间中增加雕塑、壁

---

① DCLA，Create NYC：A Cultural Plan for All New Yorkers，http://createnyc.org/en/home/.
② 《东京文化战略2030：文化跃动的大都市未来图景》，微信公众号"规划上海SUPDRI"，2024年8月21日。
③ 《新加坡，从"文化炎荒"到文旅胜地》，微信公众号"丈量城市"，2022年10月24日。
④ 《东京都：建设"充满活力的艺术和文化之城"》，https://m.thepaper.cn/baijiahao_22794625。

画、艺术装置、新媒体艺术、光电艺术等形式的艺术作品。[1] 悉尼将《城市公共艺术战略》作为《悉尼可持续发展2030》的一项关键行动，提出"在公共场所展示原住民的故事和传统""支持当地艺术家，用临时艺术项目激活城市空间"等建设原则。[2] 纽约每年夏天都会举办免费露天艺术节活动，利用全市户外公共空间，上演百余场免费演出，涉及音乐、舞蹈、戏剧等多个领域；同时，活动期间，纽约还在公园、海滨、露天市场等地免费播放近百场电影，并为民间艺人和民间艺术爱好者搭建才艺展示平台。新加坡结合市民经常光顾的图书馆、商场等公共场所，发展出17个文化节点，构建出覆盖市区的文化体验网络。[3]

　　三是提升城市文化产业的数智含量。随着世界范围内数字经济的快速崛起，数字文化产业已成为全球文化产业中增长最快的领域之一，为经济增长、就业创造和创新发展做出了重要贡献。在这一背景下，国外各大城市的文化产业均进入到数字化转型升级的新阶段，致力于构建开放共享、平等包容、互联互通、深度挖掘的数字文化体系。面对疫情的冲击，英国于2022年颁布最新版的《英国数字战略》（UK Digital Strategy），将"创意与知识产权"（IP）列为六大关键领域之一，突出对数字科技与创意内容的深度结合的重视。[4] 作为英国推动创意产业和数字科技发展的核心城市，伦敦将沉浸式体验作为创意研发的重点领域，成功打造了世界知名的沉浸式体验研发高地，[5] 其推出的沉浸式体验商业综合体、沉浸式体验演出等线下沉浸式体验产品成功构筑了城市新的文化引力点，成为城市流量的重要"入口"。《东京文化战略2030》中提出："推进东京都大约37万件重要收藏品的数字

---

[1] 郑金玲：《韩国公共艺术政策变迁》，https://www.163.com/dy/article/HGRLP9QA0534A312.html。

[2] 王帅：《历史文化遗产保护视野下的悉尼城市公共艺术及其政策研究》，上海大学博士学位论文，2021。

[3] 《新加坡，从"文化炎荒"到文旅胜地》，微信公众号"丈量城市"，2022年10月24日。

[4] 袁珩：《英国发布新版〈数字战略〉》，《科技中国》2022年第12期。

[5] 张振鹏：《数字文化产业的发展潮流与政策取向——基于美国、英国、日本和阿联酋的实践》，《新经济》2023年第3期。

化展示。积极使用尖端数字技术，提供新的展品观看方式。"同时，计划在未来3年内，设立总额50亿日元的数字文化发展基金，资助相关企业开展技术研发，并建设文化创意技术实验室，为企业提供技术支持和实验平台。① 首尔将元宇宙看作城市文旅发展的"新蓝海"，将"元宇宙首尔"（Metaverse Seoul）作为首尔2030年愿景目标的组成部分，将独具首尔特色的观光资源以元宇宙形式呈现。

四是推动城市文化活力向夜间延伸。近年来，在全球城市的示范作用以及居民文化消费潜力释放的背景下，"夜间文化经济"开始成为各大城市的发展重点与最具时空代表性的经济形式之一。近年来，不少国际城市将丰富夜间多元文化业态作为提升城市文化活力的重要路径，通过不断创新夜间文化经济发展格局，为促进城市经济繁荣发展、加强优质"精神食粮"供给作出贡献。悉尼创新性将提升城市的"夜晚功能"作为重要的发展方向，并提出了"全球夜间城市"的新概念。2020年，悉尼发布《悉尼24小时经济策略》，提出打造充满活力感、多元化、包容性和安全感的24小时经济中心，明确城市文化空间对夜间经济的承载作用。② 巴黎自2002年以来每年10月举办巴黎不眠夜（La Nuit Blanche，又称白昼之夜）活动，其理念是把艺术带出画廊和博物馆，回归城市，让每个人都能欣赏艺术并且感受艺术。以2019年的活动为例，活动下设艺术大游行、行走的艺术家、大穿越马拉松、环城灯光自行车道四大板块，致力于发挥艺术文化活动对城市夜间经济的带动作用。

五是不断加大对文化行业的支持力度。人才是城市文化发展的关键，近年来，国外各大城市都加大了对艺术家、文化工作者的支持力度，以此保证文化创意人才能够持续不断为城市文化繁荣作出贡献。《纽约文化规划2017》提出要解决文化人才对"可负担"空间的需求，在实践中通过扩大

---

① 《东京文化战略2030：文化跃动的大都市未来图景》，微信公众号"规划上海SUPDRI"，2024年8月23日。
② 前滩综研专报与简报研究室：《世界知名城市的夜经济》，《全球智库动态》2022年8月19日。

现有的文化设施、工作空间和经济适用住房的供应量,在解决文化人才可负担的空间需求方面取得重大进展。[1] 伦敦于 2018 年启动创意企业区计划,旨在帮助伦敦的艺术家和创意企业找到永久负担得起的工作空间,支持创业活动和企业成长,以及帮助当地人学习创意产业技能和提供就业途径。[2] 柏林于 2022 年宣布启动一项名为"重启经济"(Restart Economy)的投资计划,助力受新冠疫情影响最严重的旅游和文化产业的中小型企业。该计划将为相关企业提供 2.9 亿欧元的投资款,为艺术家提供 4000 万欧元的资助。该计划主要针对中小型企业,且部分手工业者和自由艺术家也将得到资助,旨在促进柏林旅游、餐饮、活动和创意产业的相关企业发展,将柏林重建为旅游目的地和会议之城。[3]

二 文化立魂:新时代中国城市的文化战略自觉

变迁中的时代语境和中国式现代化与新型城镇化的内生变革赋予了城市文化建设新的要求和新的目标。不论是百年未有之大变局下全球化新分工与竞争态势的形成,还是国家层面对坚持中国特色社会主义文化发展道路、建设社会主义文化强国作出的重大部署,都表明应当以文化构筑当代中国城市之魂,走文化自信自强的城市发展之路。这不仅是建设社会主义现代化城市的必然选择和核心着力点所在,也是在城市发展中增强人民精神力量、促进人的全面发展的应有之义。在我国加快建设社会主义文化强国的时代征程中,不断增强中华文化国际影响力、提高文化软实力、增强文化自信与民族自信亦构成中国式现代化与城市化的关键任务。激活文化在城市发展中的灵

---

[1] DCLA, *Create NYC*: *A Cultural Plan for All New Yorkers*. see: http://createnyc.org/en/home/.

[2] 吴晨:《伦敦——一个世界城市的复兴》,微信公众号"北京规划自然资源",2021年1月6日。

[3] 姚秋昕编译《德国柏林市将投资 2.9 亿欧元振兴文化产业》,国家大剧院官方网站,2022 年 5 月 27 日,https://www.ncpa-classic.com/2022/05/27/ARTIPre9ejgYRHwqRbiOuzQu220527.shtml。

魂引领作用，不仅能够以城市文化实践生动书写以文立魂、以文化城的价值追求，更能够为城市发展注入源源不断的文化伟力，从而在全球文化格局的解构与重塑之中确立中国城市坐标、发出文化强音。

1. "文化立魂"的价值意蕴

对城市文明和文化多样性的充分肯定是马克思主义文化观的重要特点：马克思将城市视为现代文明的起源，恩格斯则高度肯定巴黎、伦敦、维也纳等城市的文化建设成就。① 党的十八大以来，以习近平同志为核心的党中央一直高度重视文化建设，其中，城市文化建设是习近平总书记重点关注的对象之一，关于城市文化的重要论述也构成了习近平文化思想的重要组成部分。2014 年 2 月，习近平总书记在北京考察时指出，"历史文化是城市的灵魂"；② 2015 年 12 月，习近平总书记在中央城市工作会议上的讲话中指出，"城市是一个民族文化和情感记忆的载体，历史文化是城市魅力之关键"；③ 2019 年 11 月，习近平总书记在上海考察时指出，"文化是城市的灵魂。城市历史文化遗存是前人智慧的积淀，是城市内涵、品质、特色的重要标志"；④ 2024 年 2 月，习近平总书记在天津考察时指出，"以文化人、以文惠民、以文润城、以文兴业，展现城市文化特色和精神气质，是传承发展城市文化、培育滋养城市文明的目的所在。"⑤ 这些论述鲜明地提出了"文化是城市的灵魂"这一科学论断，为新时代中国城市的建设与发展明确了价值引领与实践要义，有助于推动中国城市走出一条守正创新、文化自信自强的可持续发展之路。其价值意蕴可以从以下三方面进行理解。

---

① 徐锦江：《贯彻落实习近平文化思想，当前城市文化建设的重点是什么？》，《上观新闻》2023 年 11 月 27 日。
② 臧春蕾：《把根留住 让叶长青》，《人民日报》2015 年 1 月 22 日，第 6 版。
③ 付高生：《充分认识和自觉顺应城市发展规律——读习近平总书记〈做好城市工作的基本思路〉》，《学习时报》2024 年 4 月 10 日。
④ 李朝：《让历史文化遗存保护融入城市更新》，《光明日报》2024 年 1 月 23 日，第 6 版。
⑤ 《在"书香"中赓续城市文脉》，《天津日报》2025 年 1 月 5 日。

首先,"文化立魂"构成建设社会主义文化强国的城市应有之作为。党的十八大报告从中国特色社会主义事业发展的全局出发,提出"扎实推进社会主义文化强国建设"的奋斗目标;党的十九大报告指出,"文化是一个国家、一个民族的灵魂。文化兴国运兴,文化强民族强""要坚持中国特色社会主义文化发展道路,激发全民族文化创新创造活力,建设社会主义文化强国";党的二十大报告从全面建设社会主义现代化国家的任务出发,提出"围绕举旗帜、聚民心、育新人、兴文化、展形象建设社会主义文化强国",并将社会主义文化视作"实现中华民族伟大复兴的精神力量"。而城市是各种社会文化活动最重要的物质空间载体,也是最重要的文化产出机器。[1] 在以社会主义文化强国建设推进中华民族伟大复兴的新时代目标下,一批中国城市的"文化崛起"应当构成其重要支撑;这就需要通过文化的引领与驱动,一方面增强城市凝聚力、认同感,让人民在享受城市生活中不断增强文化获得感与满足感;另一方面增强辐射力、影响力,让一批中国城市成为充满独特魅力和吸引力之城,成为拥有开放格局和国际视野的文化之都。

其次,"文化立魂"是增强城市可持续发展能力的必然要求。2015 年召开的中央城市工作会议指出,"城市发展需要依靠改革、科技、文化三轮驱动,增强城市持续发展能力"。在前一阶段的快速城镇化进程中,中国城市建设在取得了突破性进展的同时,也出现了以"千城一面"为代表的同质化现象与特色化危机:从城市物质空间上来看,密集的高层建筑、大规模的片区开发成为普遍景象,导致城市风貌、环境景观趋同,而"望得见山水,记得住乡愁"的集体记忆空间则面临被"水泥森林"解构的风险;从城市发展路径上来看,"一哄而上"地建设创意园区与千篇一律地"复制"文旅街区,其中不乏重复建设与同质竞争现象,指涉了城市文化个性的贫乏与文化根脉的断裂。"文化立魂"的城市发展观,更加强调走"文化传承创新"的城镇化道路。一座城市的优秀传统文化蕴含着丰富的文化自信资源,也是

---

[1] 陈凌云:《"城市文化与国际文化大都市建设——深入学习贯彻习近平文化思想研讨会"会议综述》,《上海文化》2024 年第 2 期。

与其他城市进行比较时的独特优势。将文化视作城市的灵魂，须在保护传承城市优秀传统文化的基础上，把城市建设成为历史底蕴深厚、时代特色鲜明的人文魅力场域；同时，通过创新为优秀传统文化不断赋予新的时代内涵和现代表达形式，积极推动其转化为强大的现实生产力，真正使城市最基本、最独特的文化基因成为当代城市建设的重要动能。这构成当前与未来一段时间内我国城市建设的重中之重。

最后，"文化立魂"是城市打造居民共有精神家园的题中应有之义。城市的最高本质在于提供一种"有价值、有意义、有梦想的生活方式"。[①] 党的十九大报告提出，新时代我国社会主要矛盾已经转化为"人民日益增长的美好生活需要和不平衡不充分的发展之间的矛盾"，"满足人民过上美好生活的新期待，必须提供丰富的精神食粮"。近年来，我国城市文化建设取得了巨大成就，文化体制改革也取得了较大进展，但不能忽视的是，城市文化建设还存在诸如历史文化遗产与城市当代发展交融不足、公共文化空间与居民日常生活贴近不够、文化产业与城市在地性元素结合不紧等问题，制约了居民文化获得感与认同感的提升。随着居民对精神维度的美好生活更加向往，更加追求共享文化发展成果，优质文化产品的丰富程度很大程度上关乎居民精神生活的水平与质量、关乎个体发展的深度与厚度。"文化立魂"强调城市发展必须以弘扬中华文化精神、反映中国人审美追求、彰显本土地域特色为原则，其核心目标在于让文化发展更好地适应人民日益增长的美好生活需要，让居民精神文化生活更丰富，文化获得感、幸福感更充实。在这一价值导向下，城市应当充分发挥作为"文化磁体"与"文化容器"的功能，为人民群众的美好生活需要积蓄强劲而持久的动能，推动更多优秀的文化产品、服务、场景在城市中不断产生与升级，让精神食粮更广泛、更有效地惠及人民群众，使城市成为为居民提供情感寄托、主体态度和生活方式的精神家园。

2. "文化立魂"的实践遵循

从本质来看，"文化是城市的灵魂"强调的是城市的文化形态与精神功

[①] 刘士林：《城市的意义和价值在哪里?》，《大众日报》2014年10月5日，第9版。

能成为推动城市发展的主要力量与核心机制，这既符合当今世界城市化进程的内在逻辑，也是实现可持续发展的历史必然。① 在以文化构成城市灵魂的新时代语境下，对城市发展和实力的衡量已经越发具有文化的意涵：既要关注城市传统文脉与当代文化的有机拼贴，也要实现城市外在形象与内在精神的融合统一。在实践中，应当遵循系统性、协同性、特色性和发展性的原则，才能体现"文化立魂"的内在要义与实践要求。具体而言，主要包括以下几个方面。

一要遵循系统性原则。文化是一个多层面、多方位、多内容交织在一起的复合体，② 孤立的、不连贯的单一文化要素的堆砌并不能代表文化的整体。从这一理解出发，城市文化本质上表现为一个系统性概念：城市文化既包括城市地理风貌、文化景观等物质文化，也有表现在城市形象、行为规范、管理规章等方面的行为文化，更涵盖内化于居民心中的精神风尚、价值观念、道德理念等观念文化；③ 不同层面的文化要素在系统的影响和作用下产生聚合效应，形塑了层次丰富、有机联系的城市文化。由此，系统性原则是关于城市文化系统构成和运作特征的描述和规律总结，即在充分认识到城市文化各组成部分之间的内在有机联系的基础上，系统构建城市文化的整体意义。践行"以文立魂"的城市发展理念，要立足于各要素的有机整合与互动互哺筑牢城市文化建构之基。如：在文旅融合的时代背景下，城市优秀传统文化作为一种深层次的底蕴支撑着城市文化魅力的彰显，也是城市旅游"流量"的核心入口，城市的文化引力和旅游引力之间存在典型的互渗互促关系。这意味着，各要素融合所形塑的系统性带动效应将为城市文化的构建提供持续动能，构成城市文化实现结构与组织创新的重要支撑。

二要遵循协同性原则。基于马克思主义的整体性社会结构观，社会协同

---

① 周建明：《文化城市建设 理论·方法·技术·实践》，中国建筑工业出版社，2023年，第11页。
② 于珍彦、武杰：《文化构成和文化传承的系统研究》，《系统科学学报》2007年第1期。
③ 罗纪宁、侯青：《城市文化系统结构与城市文化品牌定位》，《城市观察》2015年第6期。

理论进一步提出通过社会各方面的协同作用,能够实现社会结构和功能的有序,实现社会整体的全面进步。① 作为马克思主义理论本土化的成果,我国"五位一体"总体布局强调了经济建设、政治建设、文化建设、社会建设、生态文明建设五个方面中国特色社会主义事业的协同发展,厘清了社会发展、文化发展、人的发展和自然发展之间的内在联系,是唯物辩证法发展观的具体体现。在这一理论观照下,文化建设必须与经济建设、政治建设、社会建设、生态文明建设形成谐振式发展,才能实现文化建设效能的最大化。践行"以文立魂"的城市发展理念,要认识到城市文化对经济的渗透作用,通过城市文化的建构使经济获得新的发展形态和动力;要发挥城市文化在传递城市民主理念、塑造良好政府形象上的作用,以城市文化治理增进地方认同感;要把城市文化建设的触角深入到社会治理精细化水平与美誉度的提升之中,整合和消除社会发展中的多元板块结构;要探索与生态文明建设相适应的城市文化提升路径,将城市生态文化自信纳入城市文化建设的整体视域之中。

三要遵循特色性原则。全球化的时空效应在相当程度上促进甚至导致了文化的同质化,城市文化特色危机已成为一个普遍性的世界问题。从海德格尔的"栖居场所"到舒尔茨"场所精神",从段义孚的"地方感"到欧登博格的"第三场所",② 无不揭示出城市文化的特色性在形塑居民情感共鸣和身份认同、构筑城市文化竞争策略中的巨大作用。在我国,城市文化的特色性以及与之相关的认同性构建已成为新型城镇化建设的一个重要议题,指涉了凸显地方特色文化、丰富人的精神世界的理论意蕴与实践关怀。践行"以文立魂"的城市发展理念,其重要的一点便是坚守特色性的原则,即在全球化背景下以城市文化个性化解居民的文化认同感危机,塑造城市面向国际社会竞合的特色能力。要基于特色文化资源构建城市文化形象,有效地将城市特有的人文景观、历史遗迹、文化遗产、形象要素等转化为可感知、可阅读、可意象、可增

---

① 王明安:《论马克思主义创始人奠定了社会协同学的理论基础》,《系统科学学报》2014年第3期。
② 陆邵明:《场所叙事及其对于城市文化特色与认同性建构探索》,《人文地理》2013年第3期。

值的城市文化资本；要依托地域文化元素持续深化打造城市文化 IP，在创造城市文化吸引力、提升城市"流量"与"留量"中发挥带动性作用；要培育和塑造独有的城市精神，推动其成为联系城市全体居民的共同文化纽带。

四要遵循发展性原则。"文化是民族生存和发展的重要力量。人类社会每一次跃进，人类文明每一次升华，无不伴随着文化的历史性进步。"[1] 文化作为宝贵的思想库和智慧源，并不是一种静态的历史存在，而是不断与时代发展相融相生的动态过程。[2] 从这一认知出发，城市文化不仅是历史的积淀，也是时代的创造，是一定时期的人们作为实践主体在特定的城市时空条件下创造出来的产物。因此，城市文化既根植于一座城市的历史文脉之中，又在城市的当代文化实践中不断被创造、不断再生产，更对城市的未来发展走向具有一定的影响。践行"文化立魂"的城市发展理念需要从变化发展的时空环境出发，有选择地对传统文化要素进行调适和创新、对新形成的文化要素进行采借和整合。要面向历史，依托城市文化基因的表达与再生构建城市文化软实力；要面向当下，推动城市文化建设与"新时代"的实践需求相契合，在与时俱进的历史进程中不断推动城市文化要素的迭代与更新；要面向未来，以数字化思维看待城市文化建设，探索一条跨时空、跨场景下的城市文化建设之路。

三 古都南京：城市发展与城市更新的文化追求

南京是中国四大古都之一、首批国家历史文化名城，是中华文明的重要发祥地。南京有50万年的人类活动史、6000年的人类文明史、约3100年的建城史和450年的建都史，为中华民族奉献了六朝文化、南唐文化、明文化、民国文化等具有开创意义的文明体系，是中国历史发展变迁的重要见证地。作为古都城市，南京拥有悠久的历史脉络、多样的传统文化、丰富的历史遗存，如

---

[1] 习近平：《在文艺工作座谈会上的讲话》，《求是》2024年第20期。
[2] 陈乙华、曹劲松：《优秀传统文化时代创生的机理与路径》，《南京社会科学》2021年第10期。

何在保护的基础上推动地方文化的传承与复兴，发挥文化资源作为城市高质量发展的战略资源，推动优秀传统文化资源与城市当代发展相融合一直是南京城市建设的重中之重。同时，作为城镇化起步早、发展快的地区，南京2023年常住人口城镇化率已高达87.20%（见图3-1），城市发展模式逐渐从依赖增量扩张转向存量空间挖潜，如何通过城市更新实现存量空间的资产盘活、产业升级与品质提升、社会与经济效益的双增长是当下南京城市建设的重点议题。在这样的双重语境叠加下，近年来，南京围绕"文化是城市的灵魂"这一理念积极探索创新，发挥文化在城市更新中的动能作用，通过文化赋能城市更新，发挥好城市更新在提升城市功能品质、满足居民更多美好生活需要、实现城市转型升级中的作用。可以说，南京的城市更新与文化发展在当下形成了历史性交汇并迸发出新兴活力，为研究文化赋能城市更新提供了典型样本。

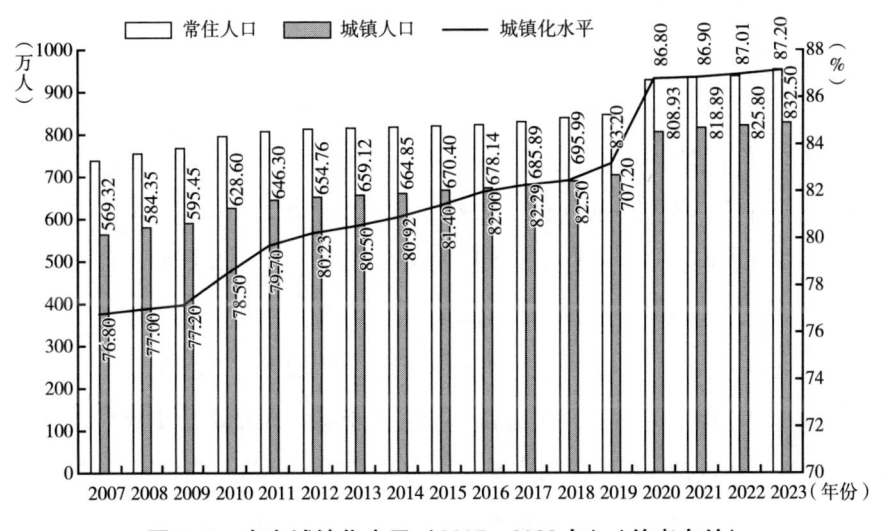

图3-1 南京城镇化水平（2007—2023年）（笔者自绘）

数据来源：南京市统计局网站。

1. 作为古都的南京：城市发展的文化追求

作为古都城市，南京文脉底蕴深厚、文化资源集聚、历史积淀厚重。南京的城市建设一直将保护和发扬古都历史文化、彰显文化魅力作为贯穿城市发展的重要问题。特别是近年来，随着城市发展进入以"高质量"为特征的内涵式发展阶段，在深入思索文化在高质量发展中的作用、定位的基础上，南京进一步将文化作为城市高质量发展的巨大驱动力，注重文化从整体上对城市发展的价值引领和内在驱动作用，[①] 积极放大文化的跨界带动效应，体现了文化古都在当代城市建设中的文化追求。

以文塑城：不断凸显古都文化底色。习近平总书记曾指出，"一个城市的历史遗迹、文化古迹、人文底蕴，是城市生命的一部分。文化底蕴毁掉了，城市建得再新再好，也是缺乏生命力的"。[②] 古今中外的城市发展表明，凡是具有可持续发展能力的城市，都是具有文化特色的城市，都以其特有的文化成为城市生活的核心力量与价值。[③] 作为文化古都，南京一直致力于发挥城市作为"文化容器"的功能，在城市建设中延续本土特色、塑造文化魅力，不断增强城市文化贮存能力，推动古都城市焕发新生。目前，南京拥有全国重点文物保护单位49处、省级文物保护单位109处、市级文物保护单位358处、一般不可移动文物1588处；世界遗产1项（明孝陵及其附属明代功臣墓）；划定历史文化街区11片、历史风貌区28片、一般历史地段38片。近年来，南京积极构建"古都为核、江河融汇、城丘绿间、多心辉映"的空间格局，重点强化对六朝、南唐、明代及近代等重要历史时期的都城与城市遗迹的保护，强化"龙蟠虎踞、环套并置"的空间意象，并积极推动重要遗存面向公众开放。维护并保持好老城地区"近墙低、远墙高，周边低、中心高，南部低、北部高"的空间形态，对城南历史城区、明故宫历史城区、鼓楼—清凉山历史城区、北京东路历史城区进行传统格局与历史风貌的整体性保护，完成所有历史文化街区和历史风貌区的保护规划编制并实施更新工作，推动南京老城地区成为彰显古都历史文化氛围和特色的标

---

① 《群众杂志社》调研组：《人文经济焕发"天下文枢"新气韵》，《群众》2024年第20期。
② 《求是》杂志科教编辑部、中共北京市东城区委联合调研组：《北京东城：以文化浸润城市》，《求是》2021年第19期。
③ 张鸿雁：《城市文化资本与文化软实力——特色文化城市研究》，江苏凤凰教育出版社，2019年。

志性空间。从而，推动城市文化贮存能力的进一步"扩容"，为古都南京不断增添更多的"文化注脚"。

以文强产：不断擦亮古都时代亮色。历史文化是古都城市的"根"与"魂"，也是城市更好走向未来的有效载体。马克斯·韦伯曾提出这一观点："如果我们能从经济发展史中学到什么，那就是文化会使局面几乎完全不一样。我们应从更广泛的经济繁荣的决定因素来理解文化的作用。"[1] 随着城市发展由单一物质资源转向为精神和物质资源双重驱动，文化不仅仅是单单作为一个新要素加入，[2] 而是成为支撑城市发展的新质生产力。对于古都城市而言，积极探索最具优势、最具特色的文化资源的活化利用创新模式，加强各类历史文化资源与城市现代功能的有机整合，为城市现代发展注入优秀传统文化的蓬勃力量已成为普遍共识。这不仅有助于不断拓展城市发展的文化支撑，也是古都优秀文化资源实现自主创新与时代新生的重要体现。近年来，南京围绕文化资源的保护传承与活化利用持续发力，力求将丰厚的文化资源转化为产业发展、经济增长的新动力。积极活化城市历史场景，深挖文旅资源，推进颐和路、熙南里、老门东、浦口火车站等历史街区的保护利用，夫子庙—秦淮风光带、熙南里历史文化休闲街区获评国家级夜间文旅消费集聚区，推动古都文化魅力融入主客共享的文旅场景，为文旅经济发展提供文化内容与精神滋养。同时，作为城镇化走在前列的城市，南京的老城区内遗留了大量利用效率不高的工业用地。近年来，南京通过文创产业的有机注入，将城市中不适应现代化城市社会生活的工业遗产，培育为更具活力的文化新业态发展空间，既有效传承了城市工业文化，也实现了存量空间的活力再造，更加彰显了当代南京优秀传统文化与城市发展的交汇融合。

以文悦民：不断增进古都人文本色。莎士比亚说："城市即人。"人是城市的核心要素，城市文化是人们社会实践的产物。古都城市集中了众多的遗产

---

[1] 塞缪尔·亨廷顿、劳伦斯·哈里森主编：《文化的重要作用：价值观如何影响人类的进步》，程克雄译，新华出版社，2010年，第47页。

[2] 郭万超：《论新质生产力生成的文化动因——构建新质生产力文化理论的基本框架》，《山东大学学报》（哲学社会科学版）2024年第4期。

性文化资源，是世世代代的居民在古都城市漫长的发展过程中创造出来的文化成果，充盈着人文关怀和情感共鸣，在很大程度上注解了古都城市的人间烟火与市井风情。因此，延续城市的情感价值、让居民"以城为家"不仅是古都城市走内涵式发展道路的应有之义，亦是古都城市推动文化繁荣、获取更持久生命力的必然之举。近年来，南京将文化民生视为发展的重中之重，着力为居民提供美好多样的文化生活体验。在基本建成四级公共文化服务设施网络的基础上，截至2023年6月南京还打造了"一区一书城"综合文化体验中心，建成"梧桐语"小型城市文化客厅50处，建成24小时自助图书馆88个、少儿图书室（阅读空间）102个、新型阅读空间240多处、"南京市图书漂流文化驿站"500个、"转角·遇见"小微文化空间100个，44个场所获评"江苏省最美公共文化空间"，[①] 实现了优质公共文化服务空间"直达基层"。同时，还通过南京森林音乐会、南京文化艺术节、咪豆音乐节、"幸福南京人"百场公益演出、"遇见"街头音乐汇等文化活动的持续开展，让文化艺术与居民日常生活深度融合。2022年，由国家市场监管总局组织开展的2021年全国公共服务质量监测中，南京以总体满意度83.85分，排名全国第一；其中，"公共文化"得分达85.03分，居全国被监测城市首位。[②] 南京通过将城市文化资源与居民日常生活深度融合，推动城市人文底蕴与人文关怀随处可见、随时可感，积极守护好居民的城市归属感与认同感。

2. 从"重物"到"重文"：南京城市更新的历程演进

作为高城镇化地区，经过40多年的改革与发展，南京的城市建成区面积从1978年的116平方千米拓展至2019年的823平方千米，城市空间发展也由初期在老城内填充补齐到建立"多心开敞、轴向组团、拥江发展"的大都市发展格局。[③] 在这一过程中，旧城地区的城市更新与新城的开发拓展

[①] 资料由中共南京市委宣传部提供。
[②] 资料来源：http://www.njsw.gov.cn/sjb/yqjj/202204/t20220425_3351328.html。
[③] 南京市规划和自然资源局、南京市城市规划编制研究中心：《南京城市更新规划建设实践探索》，中国建筑工业出版社，2022年，第30页。

一直是重要的空间发展手段。在"文化立魂"的城市发展宏观语境下，可以发现，城市更新逐渐从拆除重建走向有机渐进式更新，从更加关注物质层面的"破旧立新"转向更加关注文化内涵的"循古而新"。总体来看，改革开放以来南京的城市更新大体经历了以下几个阶段。

第一阶段：解困性旧城形体改造（1978—1992年）。1978年召开的党的十一届三中全会开启了改革开放和社会主义现代化建设新时期，也带来南京城市建设、旧城改造的新阶段。自1978年起，南京市政府出台了一系列政策推动城市住宅建设，如在1983年发布了《南京市人民政府关于加快城市住宅建设的暂行规定》，提出"实行改造旧城与开发新区相结合，以改造旧城为主的方针"，并初步划定了40个改造片区。在这些城市政策的引导下，南京在这一时期内先后改造了绣花巷、张府园、榕庄街、芦席营、龙池庵、如意里、中山东路南侧等96个旧城改造片区。这一时期也对旧城内的基础设施进行了改善，拓宽了雨花路等道路，建设并改造了电力、煤气、自来水等公共设施，并开始迁出旧城内污染严重的企业。后期则进一步将商业街市的复苏纳入其中。这一时期城市更新的出发点在于增强旧城的服务功能，其中缓解多年积压下来的住房短缺问题是重中之重，多采取"填平补齐""拆一建多"的方式尽最大可能地增加新住宅。从城市更新的内涵出发，这一时期尚处于旧城的"形体改造"阶段，其目的在于扭转"先生产后生活"下的城市空间格局，弥补前一时期城市住宅与市政设施的"欠账"，具有强烈的"解危""纾困"色彩。

第二阶段：大规模旧城再开发（1992—2011年）。在产业结构调整、土地有偿使用制度确立、住房制度改革、国有企业改革等多重政策的叠加影响下，南京城市建设进入高速发展期，在城市更新上即表现为高强度、大规模的旧城再开发。在"退二进三"的城市经济发展思路下，旧城内工业企业用地大部分转化为住宅用地和其他第三产业用地，旧城中心区逐渐成为高档居住、办公、购物、商务服务中心。旧城的土地利用结构与城市功能实现了重置与转换，形成了以第三产业为主导的经济格局，产业活力得以再造，旧城物质环境也得到了较大改善。但这一时期更新模式倾向于以"垂直"发展来获取空间收益,新街口地区的商业建筑容量和旧城住宅片区的建设密度过高,既对城市基础设施建设造成了较大压力,也在老城区形成了大量高层建筑的集聚,对环境风貌的保护造成了较大影响。虽然这一时期制定了《老城保护与更新规划》,但对非文物历史建筑保护的界定过于简单,未能落实1991年版名城保护规划中提出的"历史文化保护地段"的整体性、系统性保护,多采取"非保即拆"的更新方式,导致老城南地区遭到大规模的破坏性拆除。① 同时,这一时期也见证了南京老城地区居民的大规模"外迁",原有社区网络的断裂、社会资本的切割,也对老城文化赖以生存的社会土壤造成了不可磨灭的伤害。

第三阶段:协商式、渐进式的有机更新(2011年至今)。党的十八大以来,南京坚持以人民为中心,人民城市人民建、人民城市为人民的理念,深入推动有温度的城市更新,重点围绕历史地段、城镇低效用地再开发、老旧小区改造、居住类地段、环境综合整治等方面,积极探索"留改拆"的协商式、渐进式的城市有机更新模式,将城市更新作为重塑空间功能、激发生机活力、优化宜居品质、实现高质量可持续内涵式发展的重要手段。老城地区的更新由"拆改留"转向"留改拆",将"留"下历史文化遗产、城市文脉记忆放在了优先位置。历史地段的保护更新从"点"状建筑的保护与再利用拓展到街巷肌理、空间结构的整体性保护更新,更加关注老城居民对城市更新的诉求,推动有机更新、持续更新与城市现代化进程谐振式发展(见图3-2、图3-3)。特别是2021年南京入选全国首批城市更新试点城市后,通过浦口火车站、小西湖、石榴新村等示范项目的实施,实现了历史文化保护、城市功能提升和居民生活改善的有机统一,积累了一批在全省乃至全国可复制的经验和做法。2022年,南京印发了《南京市城市更新试点实施方案》,提出"妥善处理好保留城市记忆和彰显城市当代风范的关系";2023年南京印发《南京市城市更新办法》,其中

---

① 南京市规划和自然资源局、南京市城市规划编制研究中心:《南京城市更新规划建设实践探索》,中国建筑工业出版社,2022年,第35—47页。

明确将"城市更新"定义为"对存量用地、存量建筑开展的优化空间形态、完善片区功能、增强安全韧性、改善居住条件、提升环境品质、保护传承历史文化、促进经济社会发展的活动",并提出"坚持'留改拆'的城市更新优先序,充分发掘更新区域的自然、历史文化遗产资源,实现绿色低碳发展。"

图3-2 南京四大历史城区之一城南历史城区地区更新前用地性质(笔者自绘)

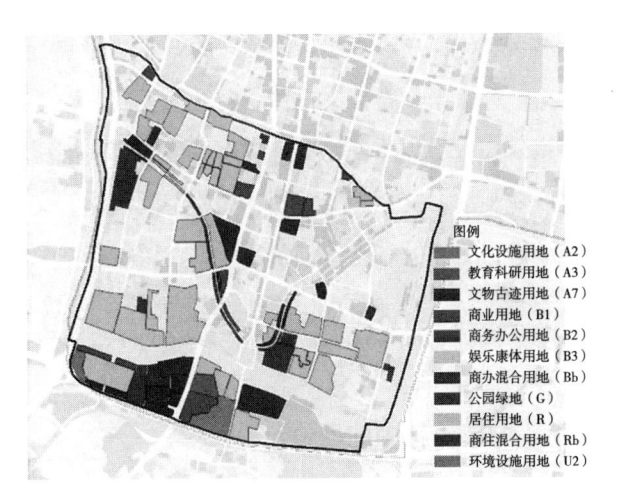

图3-3 南京四大历史城区之一城南历史城区地区更新后用地性质(笔者自绘)

可以说，近年来南京城市更新致力于全方位、立体化提升城市功能品质，注重城市文脉传承、城市肌理延续和历史风貌保持，从而推进城市功能提升、生活品质改善与历史文化保护的协调发展。在这一轮以精细化、民本化为特征的城市更新中，文化作为南京城市更新的动能作用日益凸显：通过在城市更新中推动历史建筑的功能合理与可持续利用，营造具有本土特色的文化场景；推动历史文化街区成为具有城市公共空间价值的"情境式文化街区"，打造主客共享的城市文化新地标；推动小微空间改造升级为小型城市文化客厅，营建居民家门口的特色文化驿站等方式，南京从历史文化资源的"双创"发展、文化创意产业的空间植入、文化服务资源的全面盘活等多个维度出发推动城市更新的本土化创新实践，充分激活城市更新的文化动力因，让城市的文化品质可感知，居民的文化需求可满足，大众的文化乡愁可依托。

四 南京样本：文化赋能城市更新的典型案例

作为六朝古都、十朝都会，国家首批历史文化名城，南京拥有相当丰富的城市历史文化遗存、区域性的大型公共文化设施和当代文化积淀，具备通过文化引领提升城市文化品质、满足居民更多美好生活需要、实现城市转型升级的实力与动力。近年来，把握文化传承、城市发展、民生改善、服务优化的契合点，南京以更有历史厚度、更有文化温度的方式推动老城地区的更新改造，从文化产业驱动、文化特色重塑、文旅空间营建、文化服务导入等多个维度出发推动城市更新的本土化创新实践，在留住老城烟火气、人情味的同时激发了城市新活力、塑造了城市新面貌，真正"使历史和当代相得益彰"。

1. 文化在南京城市更新中的地位上升

从上文对南京城市更新的历程分析可以看出，近年来，文化在南京城市更新中的地位出现了本质性的上升：文化作为一股重要动能向城市更新的注入，能够实现城市空间的活力重构与价值跃升，实现地方文脉的保护传承与创新发展，实现居民美好生活与精神富裕的提升，有助于南京在中国式现代化进程中走出一条经济价值、人文品质、宜居环境、民生福祉等谐振式提升的城市更新之路。这具体表现在以下三个方面。

一是在更新目标上，文化作为核心目标的地位不断凸显。前一阶段城市更新的目标更多在于谋求空间价值的最大化，即将三类居住用地与零星的工业用地进行整体拆迁，转变为更高土地租差的居住用地和商业用地。而随着"以人为本"尤其是"人民城市"理念的不断深入，城市更新的目标开始转向人民生活条件改善、公共服务短板补足、安全风险消除、地方文化塑造等更具有居民感受度的方面，其中对文化的保护传承与弘扬被反复强调，构成这一轮城市更新的重点所在。如《南京市城市更新行动计划（2024—2026年）》提出，"推动城市空间结构优化、功能布局完善、生态系统修复、人居环境改善、文化保护传承，全面展现城市更新行动价值，奋力推进中国式现代化南京新实践"；2025年南京市政府工作报告提出"传承城市历史文脉"的重点工作，其中包括"加强老城整体保护，推动荷花塘、颐和路、百子亭、梅园新村等历史文化街区、风貌区保护复兴。"有效激发文化创新创造活力，将文化使命贯穿于城市更新的全过程，已成为南京城市更新的根本遵循。在经济目标的追求方面，也不同于早期通过土地性质置换获得的一次性财政收入，政府更加重视可持续的运营来获取长久的收益。其中，文旅营销与"筑巢引凤"式的园区打造构成获得这种空间长久收益的重要手段，而这两种方式得以实现的重要因素就在于南京老城地区丰富的历史文化积淀和长久的地区文化认同。

二是在更新方式上，更加注重文脉传承的"小规模、渐进式"有机更新。如前文所述，2000年前后20年间是南京老城大规模快速化的更新改造时期，在更新方式上基本采取"房拆人走"的拆除重建模式，这种更新方式一定程度上能够快速改变地方整体形象，但是也在很大程度上造成了文脉和人脉的断裂。随后地方政府与社会各界普遍认识到重塑人地关系才是历史底蕴深厚地区再生的关键因素，在实践中逐步形成了"共建共享共商"理念下的多元产权主体参与、小规模有机更新模式。如小西湖等地区的更新从空间肌理、更新意愿、产权关系出发,采取更加尊重居民意愿、更加精细化的院落式更新实施单元。这不仅有效支持了居民在共同的规则框架下展开具有多样性的更新行动,更为传统院落与风貌的统一保护提供了基本保障。①

三是在更新导向上,历史文化要素保护利用更加注重整体性、原真性的地方场所营造。南京城市更新过程中历史文化保护利用也呈现明显的阶段演变特征,既有相对早期的基于建筑符号仿古的夫子庙重建;也有注重物质空间再生与文旅活力再造的老门东街区保护。近年来,秉持"文化是城市的灵魂"这一理念,南京更多地关注到地方性场所的营造,避免碎片化、单体化、表层化的保护,通过传统格局、街巷肌理、历史风貌和空间尺度的精心修补与保护,构建"点(历史文化资源)""线(历史文化街区)""面(历史城区)"相互衔接融合的魅力空间体系。在提升空间品质的同时,通过文化活动、文化服务的导入,增进人与地方、人与人之间的情感联系与认同,不断强化文化要素在凝聚居民中的作用,营建具有集体价值的地方场所。如位于外秦淮河与明城区交会的南京第一棉纺织厂,通过对老厂区的保护与修缮,充分利用其大跨度、大层高的空间特征,注入运动文化,将其打造成为青年人集聚的时尚街区。又如小西湖地区通过居民的共同参与,在重塑社区内生网络的同时,也成为南京地方精神的标志性场所,其更新改造项目在 2022 年获得联合国教科文组织的"亚太地区文化遗产保护奖"。

2. 文化构筑南京城市更新的新兴动能

南京的城市更新与文化资源表现出了较强的时空关联:从空间脉络来看,南京的待更新地块与文化资源存在明显的空间重叠与相关性(见图 3-4、图 3-5)。如对南京城市更新的重点地区、四大历史城区之一的城南

---

① 胡航军、张京祥:《基于集体行动理论的城市更新困境解析与治理路径》,《城市发展研究》2022 年第 10 期。

历史城区的分析可见，2001—2023 年，南京老城南涉及城市更新地块 93 个，占地面积达到 220.30 公顷，达到整个历史城区面积的 32%；93 个更新改造地块中，有 35 个地块位于历史文化街区、历史风貌区、一般历史地段内，占比达到 28%；除此之外另有 55 个地块位于这三类区域的 500 米范围内。换言之，2001—2023 年的 93 个城市更新地块，有 97%的地块在空间维度与各类文化资源具有较强的相关性（见图 3-6、图 3-7）。其实，对于我国大量城市而言，老城地区既是城市文化资源的空间密集区，也是区位条件优越但面临结构性老化典型旧城区域，且面临协调推进历史文化保护传承与老城更新改造的

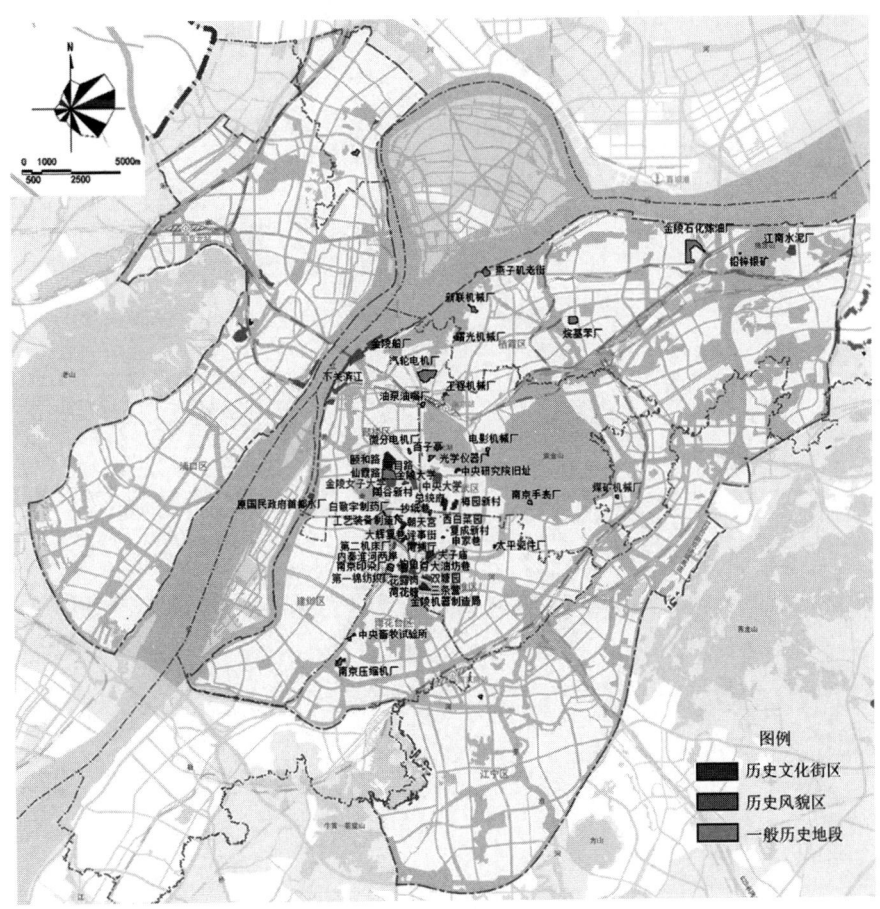

图 3-4　南京中心城区历史文化街区、历史风貌区、
一般历史地段空间分布（笔者自绘）

问题，对于古都城市南京而言，这一问题则更加显性化。从时间脉络来看，南京的城市更新历程体现了文化在城市更新中的作用与地位不断上升。自1978年以来，南京就开始了以提升老城服务能力与解决住房短缺问题为主要目标的旧城

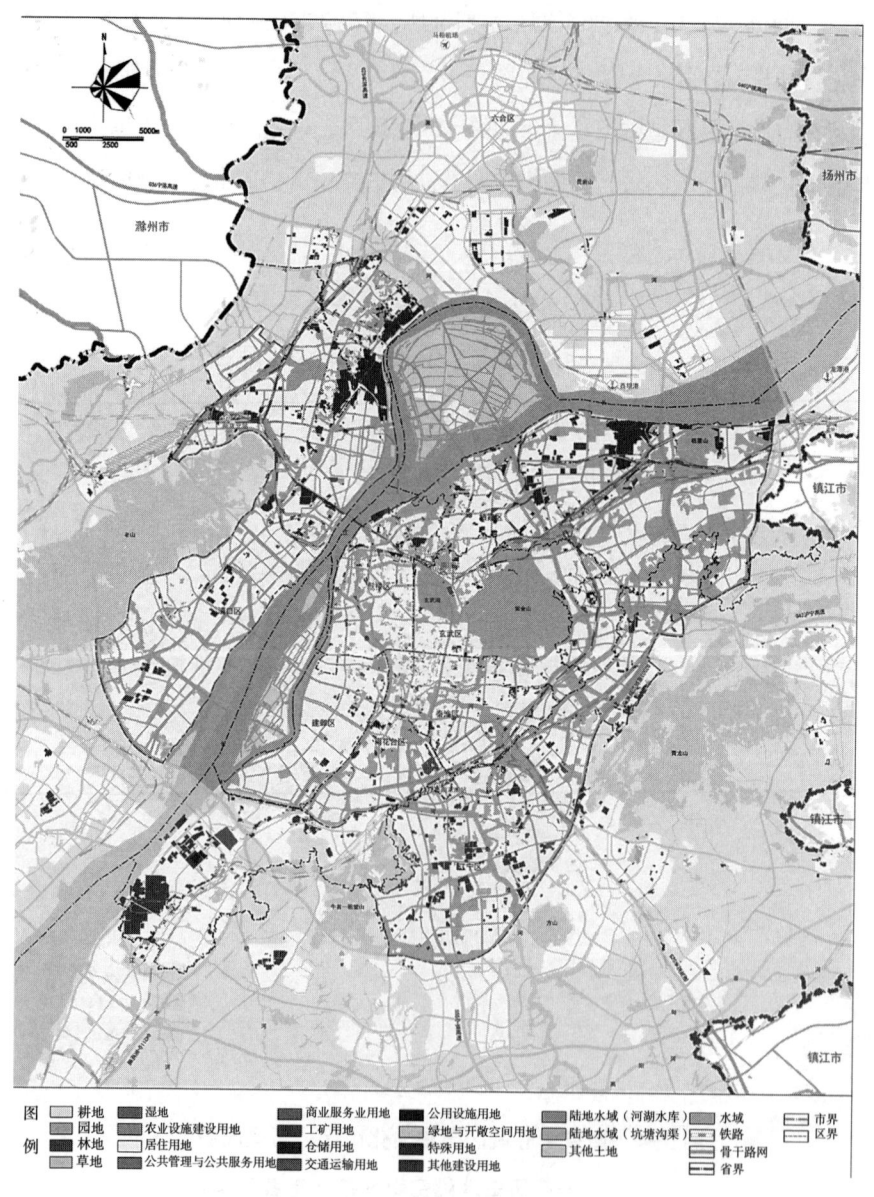

图 3-5　南京中心城区更新潜力空间分布（笔者自绘）

第三章　古都南京："文化立魂"语境下的城市更新实践探索　089

改造。其中，增强老城服务功能主要体现在将商业恢复与旅游开发相结合，完善对内与对外的服务功能。标志性的事件是1984年启动的夫子庙建筑群的重建和修复，推动了夫子庙地区重新成为南京重要的商业休闲和文化旅游中心，并使老城地区城市面貌发生了较大的变化。21世纪后，南京老城加快了更新改造步伐。如以城南历史城区为例，2001—2005年、2006—2010年、2011—2015年、2016—2023年更新改造地块的数量占比为32%、46%、17%和4%，面积占比为32%、48%、9%和12%。可以看出，2001—2010年是城南历史城区实施更新改造的高峰期，这一时期基本采取"房拆人走"的拆除重建模式（图3-8）。虽然通过兴建大量文旅街区快速改变了地方整体形象，但也在一定程度上造成了文脉和人脉的断裂。

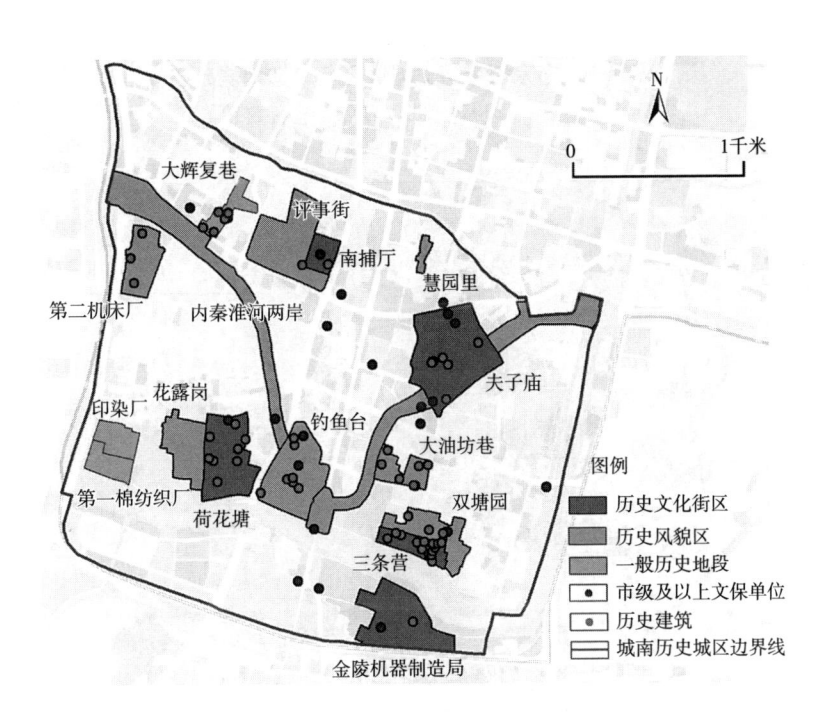

图 3-6　南京城南历史城区的历史文化要素空间分布（笔者自绘）

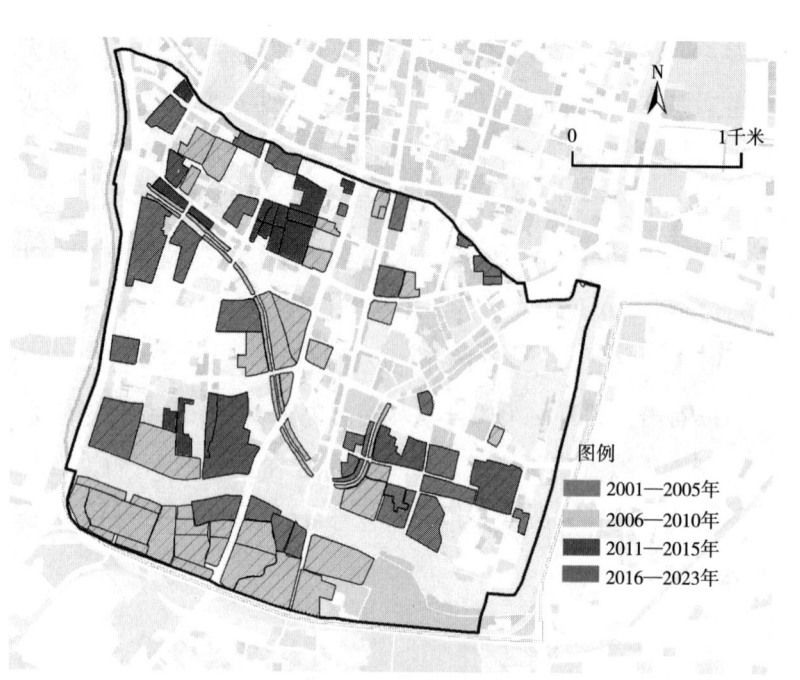

图 3-7　南京城南历史城区更新改造地块分布
（2001—2023 年）（笔者自绘）

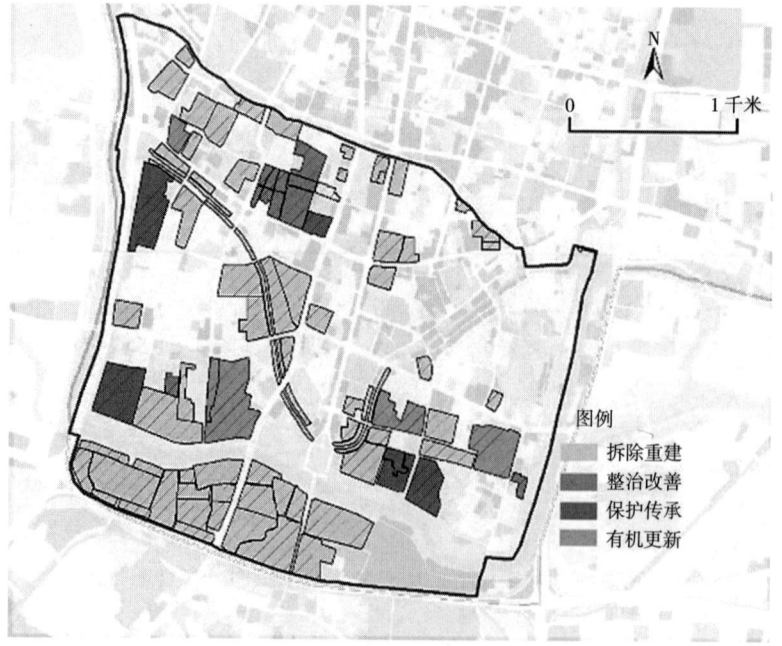

图 3-8　南京城南历史城区更新改造地块的
更新方式（笔者自绘）

2011年以后，南京老城逐步转向有机更新模式，更多关注地方性场所的营造，试图通过地方性物质符号的保护传承、现代文化业态的有机植入、社区居民的共商共建共享等方式，在提升空间品质的同时，增进人与地方、人与人之间的情感联系与认同。总体而言，南京城市更新实践展现了不同阶段文化要素与城市更新的关系演替，为研究文化赋能城市更新提供了相对完整的观察样本。

基于城市更新与文化资源较强的时空关联，南京近年来通过各类文化资源的创造性转化与创新性发展，积极为城市更新提供文化潜能与动能。这既是探索可持续的城市更新模式的题中应有之义，也是推动城市文化传承与创新发展的重要举措。同时，随着南京城市更新的背景、目标、方式及文化要素在城市更新中发挥作用的改变，文化赋能城市更新的路径与模式也随之发生演进与迭代。基于南京城市更新案例，可将文化赋能路径划分为历史符号重现型、文旅消费驱动型、创意园区植入型、人文家园营建型、文化福祉浸润型与共同缔造牵引型六种路径模式，分别从历史文脉、文旅融合、文创产业、在地文化、文化服务、文化治理等不同维度释放了文化在城市更新中的效能。需要指出的是，在实践中，多以一种模式为主导或多种模式叠加，实现对城市更新改造的文化赋能。具体来看：

一是通过地方文脉的赋能，基于历史符号的重现推动城市文化可感知。即通过具有标识性的历史符号拼贴再现旧城文脉，以具有场所精神的空间营建打造城市文化名片、增强文化辨识度，从"千城一面"同质化危机走向"一城千面"可持续经营（见第四章）。

二是通过文旅融合的赋能，基于文旅消费的驱动实现历史地段新生长。即在尊重待更新历史地段文化原真性、地方性的基础上，营造文旅新场景、新业态、新消费，对不适应当代城市发展的文化存量资源进行活化利用与转化，推动城市历史地区古为今用、有机生长，推动城市更新更具内生造血能力（见第五章）。

三是通过文创产业的赋能，基于创意园区的植入激发工业遗产新活力。

即通过文化产业的整体性导入，重置旧城空间的功能业态，推动占据优势区位、空间使用效率较低的工业存量资源实现价值重构，推动文化内核转化为城市产业的重要支撑，为城市高质量发展提供更多文化"新质"动能（见第六章）。

四是通过在地文化的赋能，基于人文家园的营建引领老城生活新风尚。即在老城传统社区更新中充分发挥在地文化所具有的根植性认同作用，既为居民开展城市更新集体行动提供内驱力，也推动具有社会与心理意义的地方性空间的再生产，让城市更新承载诗意栖居与人文生活（见第七章）。

五是通过文化服务的赋能，基于文化福祉的浸润推动文化民生可依托。即利用好居民"身边"的小微闲置空间，通过公共文化服务的柔性介入，大力推进与现代文明生活直接相关的公共文化空间拓展与服务创新，为提升人民群众的文化福祉提供更为有利的条件，更好对接文化、社交等精神层次的民生诉求（见第八章）。

六是通过文化治理的赋能，基于共同缔造的发生实现自主更新可持续。即发挥文化在凝聚共识、增进居民社区归属感、提升公共事务参与感中的作用，通过党建引领、文化涵养、赋能居民等文化治理手段，激发居民的文化认同、增进居民的文化自信、提升居民的文化资本，不断增进居民与社区、城市的深度情感链接，形成以共同缔造为主要特征的自主更新模式（见第九章）。

总体而言，当前城市发展正从功能城市向文化城市转变，文化构成引领城市发展的持久动力：一个城市综合竞争力的强弱，不仅取决于其创新能力的高低，深层次上更取决于其文化动力的强弱。近年来，文化在南京城市更新中发挥了日益强大的动能作用，也推动了南京城市更新更具效能：文化动能的注入，解决了存量空间低效、衰退乃至破败等问题，补齐了基础设施和公共服务设施的短板，更好兼顾了老城地区功能完善和品质提升、人民群众幸福感和获得感提升、历史文化传承、城市发展转型与创新驱动、城市治理现代化等多维度目标，使城市更新更具可持续的本土生长力与价值引领力。

在此过程中，赋能城市更新的文化要素、文化手段不断丰富与拓展，从多个维度推动了"人民城市"理念下城市更新的本土化创新实践；文化赋能城市更新的目标不断向综合性、可持续跃升，体现了文化在城市更新中的蓬勃张力与无限生机（见表3-1）。

表3-1 文化赋能城市更新的不同维度与模式（以南京为例）

维度	地方文脉赋能	文旅融合赋能	文创产业赋能	在地文化赋能	文化服务赋能	文化治理赋能
模式	历史符号重现型	文旅消费驱动型	创意园区植入型	人文家园营建型	文化福祉浸润型	共同缔造牵引型
更新主体	政府、国有资本	政府、国有资本、商业资本	政府、国有资本、商业资本	政府、国有资本、居民、社会组织	政府、社会组织	政府、国有资本、居民、社会组织
更新目的	美化物质空间；再现地方记忆	拓展消费空间；满足怀旧审美	转换存量功能；发展文化创意产业	改善生活条件；营建城市人文社区	挖潜小微空间；提供"身边的"公共文化服务	激发自主更新
更新方式	复建仿古建筑群；历史文化空间的整体仿真；地方性文化符号的空间介入	通过复原传统民居建筑风貌、有机织补街巷格局营造文旅场景；导入文博展示、休闲餐饮、艺文展演、时尚餐吧、国潮文创等文旅业态；定期举办文旅节庆活动	改造原有厂房，营造工业文化氛围；结合园区定位，引入差异化文创业态；延伸发展公益阅读、潮流酷玩、时尚餐饮等新型消费业态，融入城市生活	原址优化提升，注重宜居性的改善；空间肌理的延续，打造主客共享的人文场所；延续社会网络，居民自主选择"去"与"留"；促进居民日常生活与街区的经营活动的共生共荣	盘活闲置的名人故居、历史建筑、游园绿地等资源；复合利用既有文化旅游设施、社区服务中心等空间；实现公共文化服务向社区、景区、街区的有效嵌入	原址优化提升；党建引领，运用好议事协商等参与平台；营造文化空间、开展文化活动，增进地区认同与凝聚力，积极为居民/商户赋能，搭建多方协作平台，提供"公助自更新"模式

续表

维度	地方文脉赋能	文旅融合赋能	文创产业赋能	在地文化赋能	文化服务赋能	文化治理赋能
经费来源	地方财政	地方财政、社会资本	地方财政、社会资本	地方财政、居民自筹	地方财政、社会资本	地方财政、居民/商户自筹
文化主要作用	作为老城文化形象符号	作为老城经济增长触媒	作为空间功能转换工具	作为人文家园黏合基础	作为美好生活活力引擎	作为自主更新内生动力
主导功能	景区旅游	文旅消费	创意孵化、就业带动	提升城市宜居性	改善公共服务	促进多元参与
效益侧重	经济效益	经济效益	经济效益	社会效益	社会效益	社会效益
空间分布	老城历史文化遗存	老城传统民居区,留存有"点"状历史文化遗存	老城工业遗产	老城传统民居区,留存有"点"状历史文化遗存	老城景区、历史街区周边闲置中的小微空间	老城传统民居区、街区
南京代表案例	夫子庙、浦口火车站	老门东、熙南里、颐和路	悦动·新门西、晨光1865科技创意产业园、国创园	小西湖、荷花塘	"转角·遇见"系列空间、"梧桐语"系列空间	朝天宫八巷、虎踞北路4号、石榴新村

第四章 地方文脉赋能：
"夫子庙"历史符号重现型的更新实践

一 地方文脉赋能：让城市更新更显文化底蕴

西方学者曾指出，"当代旧城更新往往依靠对怀旧情结的唤起"。[①] 在我国，城市更新也越发注重通过延续历史文脉和彰显文化底蕴来守护好城市的"根"与"魂"。在前一阶段的快速城镇化浪潮中，我国城市文脉曾面临大规模拆建潮对文化空间的挤压与全球化对文化价值消解的双重压力。因此，地域特色的延续与文化内涵的塑造成为新一轮城市更新的重点。历史文化是城市的灵魂，正如习近平总书记强调的，"传承历史文脉，处理好城市改造开发和历史文化遗产保护利用的关系，切实做到在保护中发展、在发展中保护"。[②] 作为集中展现城市历史文化的载体，历史街区的保护与活化既保存了城市的历史记忆，也有效延续并激活了城市独特的文化基因，为城市发展提供了深层次的精神支撑。

[①] Yonk Sook Lee, and B. S. A. Yeoh. Introduction: Globalisation and the politics of forgetting. *Urban Studies*, 2004, 41 (12): 2295-2301.
[②] 《习近平在北京考察时强调立足优势 深化改革 勇于开拓 在建设首善之区上不断取得新成绩》，《人民日报》2014年2月27日，第1版。

1. 传统拆建式更新带来地方文脉的消解

"大拆大建"式更新是中国快速城镇化时期的非常态现象。这一粗放式的更新策略，忽视了城市深厚的历史积淀、独特的文化特色及珍贵的集体记忆，尤其在历史街区中，有的拆旧建新、有形无魂，有的随意装扮、风格不搭，[1]导致城市文脉的断裂甚至丧失，对地方文脉的传承造成了深远且不可逆的伤害，还衍生了新的社会问题，主要表现在以下几方面。

一是城市文脉的核心价值遭受侵蚀。作为城市发展的灵魂与根基，城市文脉的核心价值深刻体现在其所承载的历史底蕴、文化特色与地域精神中。在"大拆大建"的城市更新模式中，很多城市采取了"古城重建"的方式，据不完全统计，仅2012年国内就有不少于30座城市斥巨资进行了"古城重建"，导致许多具有重要历史意义和文化价值的建筑和区域被无情拆除或改造，蕴含其中的核心价值遭受了前所未有的冲击。2019年，住房和城乡建设部、国家文物局联合下发通知，对在古城内大拆大建、拆真建假、大搞房地产开发等，导致历史文化遗存被严重破坏、历史文化价值受到严重影响的聊城市、大同市、洛阳市、韩城市、哈尔滨市等进行了通报批评。[2] 这种大拆大建不仅严重破坏了古城原有的历史建筑群落、街巷布局及文化传统，更削弱了城市的文化根基，动摇了居民对城市的文化认同与情感归属。而且，更新后所采用的统一的建筑风格和城市设计，虽看似整齐划一，实则导致了城市风貌的同质化，削弱了城市的独特个性与魅力，使城市失去了应有的文化内涵和历史价值。二是城市文脉的传承基础遭到破坏。实现城市历史文脉的延续，不是用不同的商品来吸引人，也不是简单地重建，而是要让它与日常生活发生联系，恢复其社会功能。[3] 但大拆大建之下，旧城区的拆迁和新

---

[1] 浙江宣传：《老街的"理想图景"如何绘就》，https://zjnews.zjol.com.cn/zjxc/202403/t20240303_26687523.shtml。

[2] 《住房和城乡建设部 国家文物局关于部分保护不力国家历史文化名城的通报》，《城市规划通讯》2019年第7期。

[3] 袁瑾：《城市更新，别丢了文脉》，《光明日报》2019年7月17日，第13版。

建往往伴随着居民的搬迁和社区的重组，这一过程无疑打破了原有的社区结构与邻里关系，使得传统生活方式与习俗逐渐淡出了人们的视野，甚至面临消失。如1949—2003年，北京市旧城区的胡同数量从3073条减少至1559条，胡同的大面积消失，不但影响了居民的生活方式和社区关系，也使得许多与之相关的文化特征随之消失，导致地方文化的传承链断裂。三是城市文脉的传承载体遭到破坏。历史建筑、传统街区、文化遗产等是城市历史与文化的直观体现，承载着丰富的文化记忆和历史信息，传承着城市文脉。但"大拆大建"式的城市更新导致众多具有极高历史价值与文化意义的建筑与街区被拆除或改造，与之紧密相连的传统技艺、民俗活动等也逐渐消亡，造成城市历史记忆的模糊与历史脉络的中断。

近年来，中央、省、市各级部门高度重视文化遗产的保护利用，从空间管控、建筑整治、功能发展与协同管理等多个维度，出台了一系列法律法规及政府文件，以加强文化遗产保护的制度建设。如中共中央办公厅、国务院办公厅印发的《关于在城乡建设中加强历史文化保护传承的意见》中明确指出，在城市更新中禁止大拆大建、拆真建假、以假乱真，住房和城乡建设部发布的《关于在实施城市更新行动中防止大拆大建问题的通知》中也明确提出："坚持应留尽留，全力保留城市记忆"。这对推动文化遗产保护从被动的"不敢破坏""不能破坏"向主动的"不想破坏"转变，[1] 促进城市更新与地方文脉保护传承的融合发展、繁荣城市文化生态，具有举足轻重的意义。

2. 有机式更新强调地方文脉的复归复兴

历史文脉是一个地域历史遗留下来的文化精髓以及历史渊源，它既承载着历史的延续脉络，也体现了历史与文化的积累与沉淀。随着城市化的不断推进，城市更新的概念和实践也在不断演变：从最初的物质环境改善，到后

---

[1] 王优玲：《如何系统完整建立城乡历史文化保护传承体系——专家学者解读〈关于在城乡建设中加强历史文化保护传承的意见〉》，《新华每日电讯》2021年9月7日，第7版。

来的社会经济复兴,再到当前的历史文脉传承,保持城市的历史连续性和文化多样性成为城市更新重要的关注点。

从国际上来看,西方国家在城市更新历程中最大的变革在于从推土机运动到文化再生理念的转变,① 在城市更新的持续探索进程中,人们越发认识到,历史文化正扮演着一种崭新且重要的角色,引领着城市发展的新方向。20世纪30年代,作为文化重要组成部分的建筑遗产首先进入了城市更新的内容范畴。作为城市规划纲领性文件的《雅典宪章》,强调在城市更新过程中,应综合考虑居住、工作、游息与交通四大功能活动的需求,指出"现代城市的混乱是机械时代无计划和无秩序的发展造成的"。"有历史价值的古建筑均应妥为保存,不可加以破坏。"② 这为城市更新中的建筑遗产保护提供了重要的指导理念。1964年召开的第二届历史古迹建筑师及技师国际会议第8号决议提出了历史中心的保护及复兴问题,成了国际古迹遗址理事会制订一系列关于历史城镇保护的国际文件的起点。③ 20世纪80年代后期,发达资本主义国家的城市发展模式出现了从地产导向到文化导向的转型,④ 城市更新从物质导向进入文化导向的新阶段,强调通过文化因素来重塑旧有建筑的使用功能,实现城市更新与文化遗产保护的双重目标。进入21世纪,城市更新理论将人作为共生的聚焦点,秉持着城市更新的人民立场,关注居民的日常生活,注重可持续发展、人与社区的参与。2016年,联合国人居署发布了《新城市议程》,强调了"所有人的城市"这一基本理念,指出"文化和文化多元性是人类精神给养的来源,并为推动城市、人类住区和公民可持续发展作出重要贡献""我们的共同愿景是人人共享城市",⑤ 支持利用文化遗产促进城市可持续发展。可以说,文化遗产保护与历史文化复兴

---

① 徐琴:《城市更新中的文化传承与文化再生》,《中国名城》2009年第1期。
② 《雅典宪章》,《城市发展研究》2007年第5期。
③ 林源、孟玉:《〈华盛顿宪〉的终结与新生——〈关于历史城市、城镇和城区的维护与管理的瓦莱塔原则〉解读》,《城市规划》2016年第3期。
④ 黄晴、王佃利:《城市更新的文化导向:理论内涵、实践模式及其经验启示》,《城市发展研究》2018年第10期。
⑤ 《新城市议程》,《城市规划》2016年第12期。

已成为国际社会城市更新的重要关注点，对推进城市更新的可持续性发挥了重要作用。

城市有机更新是顺应城市肌理、尊重城市秩序与规律、保留乡愁记忆和人文特色的内在要求。1994年，吴良镛院士在《北京旧城与菊儿胡同》一书中提出了"有机更新"理论，为我国历史街区的保护更新研究提供了重要的理论支撑。进入21世纪后，以王澍为代表的建筑规划师们开始挖掘中国传统文化中的精髓和魅力，根植于文化历史背景下的设计。[1] 近年来，习近平总书记在中央城镇化工作会议、中央城市工作会议，以及多地考察调研中，多次强调要在城市规划中加强历史文化遗产的保护、要延续历史文脉。习近平总书记在广州考察时指出："城市规划和建设要高度重视历史文化保护，不急功近利，不大拆大建。……更多采用微改造这种'绣花'功夫，注重文明传承、文化延续，"[2] 在主持召开推进长三角一体化发展座谈会时指出，"不能一律大拆大建，要注意保护好历史文化和城市风貌，避免'千城一面、万楼一貌'"。[3] 国家部委等也纷纷制定出台了相关的政策文件，如2021年，中共中央办公厅、国务院办公厅印发了《关于在城乡建设中加强历史文化保护传承的意见》，这是城乡历史文化保护传承工作中重要的顶层设计和纲领性文件，该意见提出对历史文化遗产的保护传承要做到空间全覆盖、要素全覆盖，为城市有机更新进程中如何精准守护历史文脉、实现城市发展与文化传承的和谐共生提供了根本遵循。随着小规模、有机式更新理念的深入人心，我国在城市更新中持续强化历史文化传承，将其置于优先位置，并致力于实现保护与发展的有机统一。以老城全面整体保护推动城市更新已成为普遍实践：文物保护管理被纳入城市更新规划编制和实施，历史文化遗产保护对象现场调查评估被纳入城市更新基础数据调查工作，以

---

[1] 刘明珠、朱华锋、陈周翔：《地域文化视角下的旧城改造——以南京老门东为例》，《艺海》2020年第5期。
[2] 《习近平在广东考察时强调：高举新时代改革开放旗帜 把改革开放不断推向深入》，《人民日报》2018年10月26日，第1版。
[3] 《习近平在扎实推进长三角一体化发展座谈会上强调紧扣一体化和高质量抓好重点工作 推动长三角一体化发展不断取得成效》，《人民日报》2020年8月23日，第1版。

"留改"先行与活化利用推动适应性更新，以"绣花"功夫与工匠精神推动精细化更新，推动老城地区点状保护与整体保护相结合，构建了"点（历史文化资源）""线（历史文化街区）""面（历史城区）"相互衔接融合的保护格局。截至 2024 年 8 月，全国共划定了历史文化保护街区 1200 片，确定了历史保护建筑 6.72 万处。①

3. 历史街区更新从静态保护到动态活化

作为文物和历史建筑最为集中的区域，历史街区不仅是地方文脉最形象、最生动的外在表现，也是城市文化共时融合和历史传承最直观、最典型的场景写照。随着城市更新的不断深入，单一且静态的历史文物保护、历史街区保护，虽然能够较好地保留历史街区的原始风貌，但由于缺乏动态调整、居民参与度低等，历史街区存在与城市发展割裂、无法充分反映社区居民的真实意愿和利益、无法满足现代城市发展需求等问题。这种冷冻式保护模式的典型案例包括 1994 年以前的北京南锣鼓巷街区、1996 年以前的广州沙面老城区、1998 年前的西安老城区、2000 年以前的杭州老城区，以及 2008 年以前的常州青果巷街区等。② 1979 年，《巴拉宪章》首次提出了"活化利用"这一概念，规定"一个地点的新用途应当对原来有意义的构件和用途只作最小限度的改变；应当尊重原来的情感联系和意义；那些有助于保持其文化意义的实践才是恰当的。"③ 此后，西方社会对城市更新中历史街区的举措，开始向"共生"转向，强调文化遗产与城市环境和谐共生、保护城市历史文脉与植入的业态和谐共生的更新策略应运而生。如国际古迹遗址理事会于 1987 年通过的《保护历史城镇与城区宪章》（华盛顿宪章），明确规定，城镇和城区的保护、保存和修复及其发展并和谐地适

---

① 丁怡婷：《我国已认定历史建筑六点七二万处》，《人民日报》2024 年 8 月 26 日，第 12 版。
② 王颖：《历史街区保护更新实施状况的研究与评价——以云南历史街区为例》，东南大学博士学位论文，2014。
③ 郭立新、孙慧译：《巴拉宪章 国际古迹遗址理事会澳大利亚委员会关于保护具有文化意义地点的宪章》，《长江文化论丛》2006 年第 1 期。

应现代生活所需的各种步骤。普通城市社区的文化价值得到了重视，标志着历史街区保护与传承走出了博物馆式的文物保护模式，以"更好用"促"更可持续的保"，[①] 城市文化的再生和永续发展成了历史街区更新的重要路径。

在我国，新时代的城市更新将传承历史文脉、活化历史街区作为提升城市品质的重要举措。《"十四五"新型城镇化实施方案》明确提出，坚持走以人为本、四化同步、优化布局、生态文明、文化传承的中国特色新型城镇化道路。2023年，住房和城乡建设部出台的《关于扎实有序推进城市更新工作的通知》将坚持"留改拆"并举、以保留利用提升为主，加强历史文化保护传承作为城市更新的底线要求之一。各地也将文脉传承作为提升城市品质的关键举措，如南京出台的《南京市城市品质提升三年行动计划（2016—2018年）》明确将"历史文化彰显"作为提升城市品质的七项重点工作任务之一，要求实施"城市修补、有机更新"，恢复老城功能和活力。可见，文化传承已成为城市更新的重要维度，历史街区的活化利用是其中的有力手段。据统计，仅2023年7月—2024年7月，全国共实施城市更新项目超过6.6万个，其中活化利用300多片历史文化街区、1800多个历史建筑。将文化价值纳入城市更新全流程，通过开辟新的文化空间，为人们进行公共活动与社会互动提供了重要场所，成为诸多历史街区开辟新型文化空间的重要路径。如北京石景山区模式口历史文化街区于2016年启动更新，在保护修缮法海寺、承恩寺等众多历史遗迹的同时，打造了多个京西特色文化小微展馆、营造了多组商业文化体验院落，赋予了城市更加生动的生活与生产场景，已实现30个主力院落、百余家沿街商铺开业、步瀛斋等知名品牌入驻，2023年游客接待量超过400万人次。[②] 同时，通过举办各种形式的文化活动以提升个性特色的体验感，成为激活街区活力、丰富居民精神文化

[①] 张杰、李旻华：《面向高质量发展的历史街区保护与更新方法研究》，《当代建筑》2024年第5期。

[②] 《北京石景山："五个坚持"打造老街更新"模式口模式"》，《中国改革报》2024年7月15日，第4版。

生活、传承和弘扬历史文化、实现城市品质整体提升的重要手段。如常德市柳叶湖区河街把功能化、场景化、特色化等融入街区文化活动，把静态的文化变为动态的体验，人流量逐年攀升，2024年河街总客流量达1000万人次，同比增长138%。①

二 "夫子庙"地区的历史沿革与更新历程

夫子庙历史街区，坐落于南京城南秦淮河畔（见图4-1），是南京老城更新的典型空间之一。古代夫子庙地区的发展因"秦淮河—夫子庙—贡院"三者关系而逐步形成，历经宋至明清的科举文教辉煌、民国时期的文化中心变迁、新中国成立后的商业娱乐中心复苏与曲折，直至改革开放后的全面复兴，夫子庙历史街区通过持续更新与转型，成功地将历史文化传承与现代城市发展相结合，实现了文化、经济、社会的协调发展。

1. "夫子庙"地区的历史沿革

夫子庙形成于北宋，不仅是儒家教育的中心，更是科举考试的重要场所，为南京的文化繁荣奠定了基础。宋仁宗景祐元年（1034），迁江宁府学于城南秦淮河北岸，按"前庙后学"的统一形制与学宫同时兴建，供学子祭祀孔子，时称"文宣王庙"，因世人尊称孔丘为夫子，故俗称"夫子庙"。② 南宋时期，建康府作为"陪京"，担任着"典教重任""变秦淮之地为邹鲁之乡可必也"，③ 府学受到了统治者的重视。依托秦淮河水系，夫子庙地区形成了"庙学市共生"格局，科举士子与商贸群体共同塑造了早期街区肌理。绍兴年间，毁于战火的夫子庙得到重建；乾道四年（1168），在

---

① 刘涛、龙文泱：《湖南文旅如何迈上万亿台阶——2024年经济社会发展系列述评之十》，《湖南日报》2025年1月15日，第8版。
② 秦淮区地方志办公室：《从史海书山到桨声灯影——秦淮地方志工作与秦淮文化》，《江苏地方志》2011年第6期。
③ （宋）周应合纂《景定建康志》卷28《儒学志一·置教授》，南京出版社，2009年，第754页。

图 4-1 夫子庙地区范围卫星影像（笔者自绘）

夫子庙东北利涉桥和文德桥区域内兴建贡院；[1] 咸淳三年（1267），在青溪之南重建贡院294间，进一步丰富了这一学术圣地的功能。元至正二十五年（1365），改集庆路学为国子学，继续传承着学术的薪火。明清时期，夫子庙地区是南京作为我国科举文化中心的重要见证，孔庙、学宫、贡院三大建筑群巍然屹立，成为全国知名的科举文教中心。明代的贡院为"天下贡举首"，明万历年间修建了"天下文枢"牌坊。从永乐年间起，江南贡院与北京的顺天贡院并称"南闱""北闱"。清代，苏皖两省乡试在此举行，学宫内有秦大士所书的"东南第一学"门坊，可见当时文化之繁荣。康熙年间，两江总督傅拉塔、江苏巡抚张伯行先后增修了江南贡院，号舍"递增至万有三千"。[2] 雍正年间，两江总督查弼纳对左右经房等进行了修缮。道光年

---

[1]《三、中国历史上有影响的孔庙》，《南方文物》2002年第4期。
[2] 杨新华、夏维中等：《南京历代碑刻集成》，上海书画出版社，2011年。

间，两江总督璧昌、江苏学政张芾重修了贡院，并进行了扩建。咸丰年间，曾国藩、李鸿章相继重修扩建了江南贡院，增设了号舍等设施。① 据统计，至清光绪年间，江南贡院号舍多达 20646 间，② 是全国最大的科举考场，可容纳 2 万多名考生同时考试。自我国科举制度建成至废除期间，全国共考选出的状元有 800 多位，进士 10 万余人，举人上百万人。仅清朝一代，有 58 名状元经过江南贡院选拔后考中，占全国状元总数一半以上，而且明清时期全国有一半以上的命官出自南京贡院。从江南贡院走出了众多有影响力的人才，如"桐城派"创始人方苞、明代风流才子唐伯虎、"扬州八怪"之一郑板桥、诗书画三绝大家秦大士、清末状元张謇等均在此考取过功名，林则徐与左宗棠等名臣在江南贡院担任过监临官，吴承恩、吴敬梓、陈独秀等皆为江南贡院的考生。

夫子庙地区"因水兴市，依河成居"。夫子庙商业文化的发展渊源深远，其历史可追溯至魏晋时期。六朝时期，城南的秦淮河区域逐渐发展成为手工作坊与居民聚居区，逐水而居的百姓在"小江"③ 边开店经营，是最早的"商业街"。④ 这一时期，王谢等众多显赫的世家大族定居于此，使得该地区茶楼、酒楼林立，呈现一派盛世繁华景象，为夫子庙美食街的形成奠定了深厚的历史基础。五代十国时期拓昇州城，淮水一段今"十里秦淮"被筑入城内。明清时期，贡院作为科举考试的重要场所，吸引了来自全国各地的考生。夫子庙地区不仅聚集了大量的考生和学者，还吸引了众多商人、手工艺人等，促进了饭店、酒家、茶肆、字画、出版等相关服务业的发展。清朝《儒林外史》中描写当时的夫子庙"大街小巷，合共起来，大小酒楼有六七百座，茶社有一千余处。"⑤ 经过"因水兴市、依河成居"，到孔庙引领、文化繁荣，再到贡院兴起、科举带动这三个发展阶段的演变，夫子庙历

---

① 夏维中、张铁宝、王刚等：《南京通史清代卷》，商务印书馆，2021 年。
② 也有记载为 20644 间。
③ 淮河水面宽阔，称为"淮水"或"小江"。
④ 姚雪青：《南京夫子庙步行街——传承历史文化，释放消费活力》，《人民日报》2024 年 5 月 22 日，第 19 版。
⑤ （清）吴敬梓：《儒林外史》，广东新世纪出版有限公司，2022 年，第 197 页。

史街区成为一个集文化、教育、商业和居住于一体的综合性区域。

进入近代，夫子庙地区的历史文化与经济功能经历了显著的变化。曾经作为文教中心的夫子庙，随着科举制度的废除和社会结构的深刻变迁，其文化的核心地位逐渐动摇，物质空间也从文化中心向市场转变。文庙广场与学宫甬道渐为摊贩所占，"摊贩林立，建棚炫卖，百艺杂陈，鱼龙曼衍"。① 1917年，《江南贡院处分法》出台，1918年，贡院的大部分号舍被拆除，仅保留了明远楼、飞虹桥、明清碑刻等少数文物。在此期间，夫子庙地区的商业氛围越发浓厚，不仅开辟了市场，新增了老万全、大集成、六华春、太平洋、首都、小巴黎等40余家饭菜馆，建有雪园、大富贵、中海戏、椿和等茶社，还建成了首都电影院、上海商业储蓄银行、南京市民银行、中央银行业务楼等一批现代建筑。中华民国政府致力于将夫子庙地区打造成大众娱乐中心，以及推行"教化"的理想场所。如1915年，决定将贡院"宜照前议，速辟市场""周围缭以铁栏加以点缀，藉副保存古物之心，兼为市民游息之所"。② 此后又决定在夫子庙前修建广场，在贡院街修建秦淮公园作为市民游览休闲中心，1929年辟建了白鹭洲公园。与此同时，夫子庙地区部分公共空间的功能也被重新调整。如孔子庙变为了第六师的政治训练处，崇圣祠改为了建新茶社，尊经阁明伦堂及左右舍改为了夫子庙小学。③ 在政府的规划与改造下，民国时期的夫子庙已不再因文繁盛，而以商业发展为重，而且街区的功能重心向公共服务转变，由"孔庙—学宫—祠堂"构成的神圣空间被"机关—学校—图书馆"等一系列现代机构所取代。④ 这一时期，由于战乱频繁，夫子庙地区多次遭受破坏，诸多古建筑损毁严重。尤其是日寇侵占南京期间，夫子庙大成殿、奎星阁等建筑群被焚毁，仅余一座聚星亭，对夫子庙历史街区的建筑空间肌理和古都文脉传承造成了重大损失。

---

① 南京市秦淮区地方志编纂委员会：《秦淮区志》，方志出版社，2003年，第219页。
② 《南京之贡院》，《申报》，1915年3月19日，第15120号。
③ 秦广宏、陈铭、吴梦菲、查婉玲编著：《南京市立图书馆的前世今生》，南京出版社，2022年，第66页。
④ 刘炜：《国民政府对南京夫子庙地区的改造（1927—1937）——空间治理中的国家与社会》，《近代中国》第二十辑，2010年。

2. "夫子庙"地区的更新历程

新中国成立至改革开放前,夫子庙历史街区作为商业娱乐中心逐步复苏,但发展过程中仍面临诸多挑战。新中国成立初期,南京被定位为生产性城市,1956年绘成的《南京市城市初步规划草图(初稿)》将夫子庙定位为传统的商业、娱乐中心。在市级规划中,夫子庙地区逐渐成为南京市民重要的商业娱乐中心,花鸟鱼虫市场、古玩市场等相继兴起,为市民提供了丰富的购物和娱乐选择。与此同时,夫子庙地区的历史遗存得到了初步保护和利用。如1949年11月,在夫子庙建立了市第三人民文化馆(1955年改名为秦淮区文化馆),1955年和1961年,先后建立了人民游乐场和区图书馆。夫子庙古建筑群也开始得到修缮和维护,历史风貌逐步恢复。然而,"文化大革命"期间,夫子庙地区遭受了严重的冲击和破坏,许多古建筑和文物被毁坏或拆除,传统文化活动也被禁止或取消,文化特征逐渐消失。

20世纪80年代,夫子庙历史街区开始了城市更新与文化遗产保护并行的探索实践。在南京获批成为"城市经济体制综合改革试点"的政策语境下,1983年,国务院批复通过的《南京市城市总体规划》明确了南京作为"著名古都"的城市定位。这一顶层设计直接推动了夫子庙片区的更新进程:1984年,南京市政府开始启动夫子庙建筑群的修缮工程,将夫子庙定义为"商业副中心";时任市长张耀华提出了两年内夫子庙地区城市建设有明显改观的工作目标;次年,秦淮区委、区政府作出了《加快夫子庙重点建设,逐步建成商业文化中心的决定》,提出进行夫子庙历史街区的更新改造。在具体实施层面,按照明清时期建筑形制,复建了文庙、学宫、江南贡院等标志性古建筑群,整修了李香君宅院及清代棋峰试馆等历史遗存,建设了刘禹锡的怀古诗碑等文化景观,打造了河房,同时对贡院街、贡院西街等传统街巷实施风貌整治。截至1988年,共建有90余幢明清风格的仿古建筑,初步再现了"青砖小瓦马头墙、回廊挂落花格窗"的传统空间意象。功能布局上引入了博物馆、历史陈列馆等文化设施,建成了东市、西市等商业街区,初步形成了"庙市街景合一"的空间格局。但由于这一时期的城市更新工作过于重视物质空间的改造，而对历史文化遗产保护意义的认识和保护措施都还处于相对较低水平，片区内原有的明清建筑、沿河的河厅河房均被拆除；[1] 过于重视经济发展，导致在复建过程中出现了"商业包围历史"的状况。当时的夫子庙历史街区一度成为花鸟鱼虫市场、古玩市场与小商品市场的代名词。

进入新世纪，随着旅游业的蓬勃发展和南京城市形象的提升，夫子庙地区的更新进入了景区品质提升期。这一时期的更新重心主要聚焦于景区扩容升级，以及文化内涵的深度挖掘：通过景区扩容、环境整治、服务提升等系统性举措，牌坊复建、周边街巷搬迁升级等陆续开展，景区空间的文化叙事能力显著提升。2001年，南京夫子庙被国家旅游局命名为全国首批4A级旅游景区；2008年，"夫子庙—秦淮河风光带"成功获评国家5A级旅游景区。然而，在"退二进三"城市空间重构政策的引导下，这一时期的夫子庙地区仍然面临商业扩张与文化传承的深层博弈。《南京市商业网点规划（2015—2030年）》将夫子庙定为市级商业副中心之一；瞻园商城改造、永安商城拓建、钞库街旅游商贸项目等项目也在这一时期启动，商业功能得到了进一步强化。尽管政府加大了对文化内涵的挖掘和展示力度，但对历史符号内涵解读的系统性不足，符号挖掘力度趋于"表层化"，且未形成符号之间的有效串联，在一定程度上限制了夫子庙地区文化魅力的彰显，传统空间的文化感染力与当代城市发展需求之间尚存在张力。

党的十八大以来，习近平总书记站在留住文化根脉、增强文化自信的高度，就保护传承历史文化遗产作出了一系列重要论述，[2] 为历史街区的更新指明了方向。在这一宏观背景下，夫子庙历史街区更新更加注重自身文化

---

[1] 李欣路、孙世界：《基于典型事件的南京老城南更新与保护演变历程研究》，载于中国城市规划学会、东莞市人民政府《持续发展 理性规划——2017中国城市规划年会论文集（02 城市更新）》。

[2] 姚远：《在保护中发展 在发展中保护——学习习近平总书记关于文化遗产保护传承的重要论述》，《学习时报》2023年6月26日，第5版。

内涵和地方性特征的挖掘与提升，更加注重对历史符号的深层次、系统化表达。其中"天下文枢"文化定位的实体化呈现，科举博物馆不仅系统梳理了千年科举文明脉络，更以创新展陈方式激活历史场景，成为夫子庙历史街区的新文化符号。地方文脉对夫子庙更新的赋能作用进一步彰显，各类历史符号的情境化再现，实现了文化符号从平面解读到沉浸体验的跨越，为夫子庙注入了新的文化魅力。一方面，文化遗产的保护力度持续加大，如江南贡院碑、江南贡院遗存明远楼、飞虹桥等被列为省级文物保护单位，得到了更为妥善的保护与修缮；另一方面，政府开始对一些商业设施进行拆迁，为还原"天下文枢"场所精神的纯粹性夯实了基础。如2013年，拆除了夫子庙综合楼、地下商场等。与此同时，夫子庙街区的业态调整也是这一时期更新的重点。通过"空间重塑—功能置换—产业迭代"等策略，引入了文化创意产业等新兴产业，加强了对传统产业的改造，贡院西街、大石坝街、龙门街陆续改造翻新，实现了从"空间改造"到"文化再生产"的范式转型。

三 "夫子庙"历史符号重现型的更新实践

"一切文化成就，诸如语言、神话、艺术和科学，都是所谓人类符号活动的结果"。[①] 符号，作为文化资本的重要表现形式，发挥了资本再累积的重要功能。历史符号作为可解码、可移植的文化基因库，蕴含着丰富且多元的赋能潜能，其赋能逻辑已超越简单的形态复现，转向多维度的价值再生产。在城市更新中，历史符号的重现已成为不可或缺的重要模式之一。观之夫子庙历史街区的更新历程，其显著的特征即通过大量运用地方文化元素，构建序列性历史符号，推动旧城空间意象更新与地方文脉回归，在承载集体记忆在地性重构的同时实现空间资本的价值转换。

---

① 庄锡昌、顾晓鸣、顾云深：《多维视野中的文化理论》，浙江人民出版社，1987年，第253页。

1. 历史符号重现型更新模式的内涵

符号是人类文化形成的重要基础。符号学萌芽于古希腊时期，符号一词来源于拉丁文的 symbolum，思想家奥古斯汀提出了"符号是这样一种东西，它使我们想到在这个东西加诸感觉的印象之外的某种东西"① 的著名理论。20 世纪初，瑞士语言学家费尔迪南·德·索绪尔将符号定义为由"能指"与"所指"构成的二元关系，美国哲学家皮尔斯提出了符号是一个由"再现体—对象—解释项"构成的三元关系理论，并指出"一切思想都处于符号之中。"② 这一实用主义模式的符号学理论成为当代符号学的重要理论基础。20 世纪 60 年代，以罗兰·巴特为代表的学者将符号学引入社会学、传播学、美学等领域，将研究对象拓展至具有"语言"特征的符号系统，③ 揭示了符号在文化、社会和意识形态中的重要作用。20 世纪六七十年代，以"文本"与"符号域"为核心的文化符号学诞生，认为符号域包括文化背景、文化空间、文化环境、历史、观念、习俗等，符号存在和运作的空间和机制，符号体系以有序的层级性共存于符号空间内，信息在不可逆转的传递过程中实现了增值。④ 我国对符号的研究起步相对较晚。1926 年，赵元任在《符号学大纲》一文中提出了"符号学"一词，指出"符号这东西是很老的了，但拿一切的符号当一种题目来研究它的种种性质跟用法的原则，这事情还没有人做过。"⑤ 这是符号学一词首次在中国出现，但符号学并没有就此引起中国理论界的关注。直至 1978 年，方昌杰翻译了利科对法国哲学的介绍文章，符号学才再次以中文的形式重现。21 世纪以来，符号学形成了跨

---

① 俞建章、叶舒宪：《符号：语言与艺术》，上海人民出版社，1988 年，第 12 页。
② 赵星植：《皮尔斯的三元模式在传播学中的意义》，《中外文化与文论》2015 年第 3 期。
③ 周常春、唐雪琼：《符号学方法和内容分析法在旅游手册研究中的应用》，《生态经济》2005 年第 6 期。
④ 郑文东：《文化符号域理论研究》，武汉大学出版社，2007 年，第 8 页。
⑤ 赵元任：《赵元任语言文学论集》，吴宗济、赵新那编，商务印书馆，2002 年，第 178 页。

地域、跨理论、跨学科的新运动模式,① 广泛运用于历史学、社会学、建筑学、语言学、人类学等多个学科。符号学通过对历史现象意义的深入解读、对文化现象的分析以及对历史与形式界限的打通,在历史遗存保护与利用中发挥了重要作用。

在历史文化符号学与社会文化符号学双重观照下,以固有的历史建筑、街区、老字号商铺、传统民俗等为代表的历史符号,以其深刻、普世、共生和兼容的文化内涵,在现代化城市建设中拥有无可替代的积极作用。② 符号作为人类文明演进的物质化注脚,承载着思想流变与文化层积的历时性信息,构建了多维度的历史认知坐标,丰富了人们对历史的认知维度。符号作为"携带着意义的感知",③ 承载着传递地方文化、赓续历史基因的功能,是集体记忆的具象化存在,是一种价值认同,是寄寓着城市发展潜质的"集体无意识"。④ 符号作为差异化的城市独特标识,以简约而富有张力的表征方式,形塑了城市品牌与形象,拓展了文明互鉴的认知界面。并且,符号作为文化资本的重要表现形式,发挥了资本再累积的功能,显现了生产性特质,通过符号价值的创造性转化、创新性发展,实现城市资源的能级跃迁与发展动能转换。

历史符号重现已成为城市更新的普遍做法,通过建立"符号考古—元素萃取—场景重构"的叙事链条,将历史街区所承载的文脉信息符号化,使之成为感知地方文化的象征载体,已成为旧城空间重构的主导逻辑之一。就其内涵而言,历史符号重现是指通过对传统文化符号的提取与仿真,以及具有标识性的历史符号拼贴,营建具有集体记忆价值与锚点效应的文化空间与场景,推动旧城空间意象更新与地方文脉回归,激活文化符号的流量吸附

---

① 赵星植:《21世纪以来重要符号学新流派的发展趋势》,《西南民族大学学报》(人文社科版)2019年第8期。
② 杨英法、张骥:《城市现代化建设中历史文化符号保护与经营滚动推进机制的构建》,《社会科学家》2017年第12期。
③ 赵毅衡:《符号学原理与推演》,南京大学出版社,2016年,第116页。
④ 李晓彩、赵献涛:《解析历史符号对城市文化品位的祛魅与返魅——以邯郸市为例》,《石家庄学院学报》2012年第2期。

效应，助力旧城复兴。以历史符号的重现带动旧城地区更新，能够通过传统符号的谱系化整理与当代转译，重塑空间意象的认知图式；通过情感认同的再生产机制，增进城市空间与广大居民的情感联系，在实现旧城空间特色与文化个性彰显的同时重塑流量汇聚的节点价值。

2. 路径一：强化历史符号标识性，重现集体记忆

城市记忆理论认为，城市空间中历史建筑的当代价值不仅是物质形态的存续，更是承载着城市历史和文化记忆的符号。建筑作为人类文化的重要载体，是各个历史时期人类文明进程的折射体，充分展示着城市演化和发展的历史。[1] 复建历史街区的标志性建筑，提取标志性历史符号，不仅仅是重建一个物理实体，推动物质空间的快速更新，也是社会建构的过程，是对历史文化的重新认识和解读，有利于唤醒人们对历史街区文化的记忆，实现空间与记忆的双重再生。夫子庙地区作为江南文教中心，街区文化资源丰富，直至1980年代，仍保留有夫子庙、李香君故居、明远楼、飞虹桥以及南京邮电局旧址等5处文保建筑。夫子庙历史街区的持续更新（见表4-1），以"符号标识性强化—集体记忆唤醒—空间价值再生"为策略：按中国传统建筑形制复建了文庙、学宫、江南贡院等古建筑群，重构了"庙市同构"的传统空间肌理；按传统庙会格局复建了东市、西市等，恢复了传统市集的文化基因；依据明清建筑特点，修复了秦淮河两岸河厅河房，重现了"青砖小瓦马头墙、回廊挂落花格窗"[2] 的空间意象，再现了明清时期江南重镇的街市风貌。而且，复建过程中特别注重历史建筑的细节复原，如大成殿的斗拱、梁架、彩绘等，均严格按照历史资料进行修复，力求做到原汁原味（见图4-2）。夫子庙历史街区强化标志性符号，将空间更新转化为文化解码与再编码过程；激活了集体记忆的认知图示，为形成空间认同的再生产机制提供了载体。

---

[1] 周玮、朱云峰：《近20年城市记忆研究综述》，《城市问题》2015年第3期。
[2] 孙世界：《演变与再生 改革开放以来的南京老城更新》，东南大学出版社，2021年，第148页。

表 4-1　夫子庙历史街区部分历史符号的更新情况

具体符号	更新时间	更新前	更新后
江南贡院（中国科举博物馆）	1989 年	1918 年贡院考场被拆除，辟为市场，并保留明远楼、至今堂、衡鉴堂等中轴线上的主体建筑及贡院碑刻、部分号舍。1997 年仅存明远楼、贡院碑刻及飞虹桥	1989 年江南贡院历史陈列馆正式对外开放；2012 年启动南京中国科举博物馆建设，并于 2017 年正式开馆
大成殿	1984 年	1937 年被日军焚毁	1986 年对外开放
棂星门	1983 年	因石柱风化，于解放初期拆除	1984 年竣工
聚星亭	1983 年	"文化大革命"时期被拆除	1984 年竣工
李香君故居	1986 年	原为清末袁姓道台故宅，具有秦淮河房的典型特征且保存完好	辟为李香君故居陈列馆，并题名"媚香楼"
学宫（泮宫）	1987 年	新中国成立后辟为人民游乐场	1997 年学宫的历史遗存建筑有明德堂、青云楼、崇圣祠，其余均为原址重建
"天下文枢"牌坊	1988 年	民国初期辟文庙广场时被拆除	1988 年竣工
乌衣巷	1995 年	王导、王敦、谢安、纪瞻的府邸均在此；明清时期曾被列入石城四十景之一；民国后仅在文德桥南岸至东花园存有一条名为乌衣巷的巷陌	兴建王谢故居陈列馆，并于 1997 年开放

注：根据《秦淮区志》等相关资料整理。

图 4-2　夫子庙标识性历史符号空间（李惠芬、吴小宝摄）

文化符号是文化传承和表达的重要载体。自古以来，夫子庙地区就是我国重要的文教中心之一，同时也是居东南各省之冠的文教建筑群，明清时期更是达到了巅峰，其文化符号的提取与展示对传承历史文脉具有重要意义。科举与儒学是夫子庙最重要的文化符号，石碑、匾额、碑刻等文物，明德堂、尊经阁等单体建筑，既是我国科举文化的见证，也是儒家文化发展演变的珍贵记录，这些符号对凸显地区特色、实现历史文化的延续和创新具有重要的意义。夫子庙历史街区在标识性符号的价值转换中，重点构建了科举与儒学的双核驱动机制，搭建了科举文化与儒学文化阐释的立体矩阵：通过"天下文枢"牌坊与江南贡院的符号重置、科举文化中轴线的空间叙事重构；科举博物馆的沉浸式展陈设计、祭孔大典等儒学文化活动，以时空折叠演绎的方式实现了标识性文化符号的具身化传播。如在中国科举博物馆举办的 2024 年全国室外射箭锦标赛，实现了古代科举中的武举文化与现代体育的融合，创造了传统符号的当代表达范式，吸引了全国 33 支代表队共 368 名运动员参赛。再如由中国侨联主办，江苏省侨联、南京市侨联共同承办的 2024"中国寻根之旅"冬令营江苏南京"遗韵金陵"主题营，吸引了来自美国、南非的 40 名领队和海外华裔青少年参加，这不仅是一次文化体验，更是儒学"礼""仁"等核心价值的现代实践，既有助于彰显夫子庙儒学文化符号的影响力，也有利于帮助海外华裔青少年增强对中华文化的认同感与归属感，为标识性符号在增强文化认同的同时完成符号资本的价值外溢搭建了传播平台。

景观符号是人文历史中情感表达的重要媒介，在夫子庙历史街区更新中扮演了至关重要的角色。近年来，夫子庙历史街区加大了对秦淮河的治理力度，以"城河共生"为景观叙事逻辑基点，通过清理河道垃圾、改善水质等措施，重塑了"桨声灯影"的诗意意象，成为集体记忆的重要象征载体。如在街巷景观设计中，运用新中式风格对街区建筑的立面、铺装形式等进行了设计改造，在生态景观中植入文化记忆的历时性维度，让游客在行走中完成对夫子庙历史街区标识性符号的解码、转译。而且，随着十里秦淮水上游览景观带的恢复，新旧景观元素和谐共生的画面再次呈现在公众面前，共同塑造了独具特色的城市风貌。

历史街区是培育城市文脉的原生性基因,[①] 夫子庙历史街区古建筑群的复建与保护,展现了传统儒学礼教和中庸伦理的建制之美;"十里秦淮""城河相依"景观格局的优化与重构,体现了自然风光与人文景观的完美结合,为世人打造了一幅幅令人叹为观止的历史画卷。1991年,夫子庙及秦淮风光带在首届"中国旅游胜地40佳"评选活动中荣膺"新建的以人文景观为主的旅游胜地"称号。2016年,南京夫子庙入选江苏省首批历史文化街区。2018年,夫子庙步行街入选商务部步行街改造提升工作试点。2020年以来,夫子庙—秦淮风光带连续获评全国示范步行街、国家级夜间文旅消费集聚区、国家级旅游休闲街区、国家级文化产业示范园区4项"国字号"荣誉。可见,在历史街区更新进程中,夫子庙历史街区通过标识性符号的强化,完成了从省级历史文化街区到国家级示范区的身份转换,从商业空间改造到文旅融合发展的功能拓展,从物质环境更新到文化生态系统重构的内涵深化,为其他历史街区更新提供了可复制的经验借鉴。

3.路径二:强化历史符号序列性,建构感知空间

空间句法理论认为,空间结构是人们感知和理解空间的重要途径,反映了特定的社会文化意愿或文化特异性。夫子庙历史街区在长期的历史发展与演变中,通过历史文化空间的整体仿真、文化符号与商业元素的融合、文化活动的举办与品牌塑造等举措,构建了"庙市合一"这一独特的文化标识系统,这是历史文化符号序列性表达的典型体现。这一符号建构不是单一符号的呈现,而是多个符号的组合与串联,通过将历史文化符号融入城市空间以形成序列性的意义表达,提升了人们触摸城市文脉的行动力;通过将"庙市合一"文化标识系统升维为可感知的文化认知图谱,实现了从物理空间向意义场的范式跃迁。

---

① 任吉东:《历史文化街区:传承城市文脉的原生性基因》,《光明日报》2021年1月4日,第6版。

夫子庙不仅是祭祀孔子的场所，也是古代科举考试的中心，具有深厚的文化底蕴和历史价值。明清时期，大量学子云集江南贡院参加科举考试，促进了周边商业的繁荣，为学子、商贾服务的酒店、茶社、客栈、书坊等云集于此，如书坊主要集中在国子监附近与三山街，尤其是状元境一带，由此形成了这一地区庙市合一、文商交融的格局。夫子庙地区多次被毁和重建，每一次重建都伴随着新的商业和文化元素的融入。改革开放以来，国家旅游局和南京市人民政府对夫子庙秦淮风光带进行了整饬和修复，逐步恢复了明清时期江南街市市肆的风貌。这一过程中，夫子庙不仅恢复了其作为孔庙和学宫的功能，还进一步强化了其作为商业中心的地位。21世纪以来，在景区扩容等节点性事件的带动下，夫子庙通过推动江南贡院、李香君故居等主要历史建筑的修缮保护，不断扩充如科举博物馆等各种刻印城市文脉信息的历史符号，恢复乌衣巷、贡院街等传统街巷肌理，形成了"文博体验—老字号消费—特色美食社交"的功能序列，构建了历史空间认知的连续性界面。换言之，夫子庙历史街区逐渐实现了从单一复刻历史建筑符号向历史文化空间整体仿真的转变，复现了明清时期的"庙市同构"原型；更通过空间句法的参数化调适，构建了易于感知、易于传播的"庙市合一"文化标识系统，成功实现了从历史文化空间向现代旅游目的地的转型。

夫子庙历史街区呈现的"庙市合一"特色，是空间艺术与科举儒学文化的合一。20世纪70年代，法国社会学家亨利·列斐伏尔在其著作《空间的生产》中首次提出了"空间生产"的概念，建构了"社会—空间—历史"三位一体的空间辩证法，指出空间与功能和结构密切地联系在一起，将对"空间"的关注从"空间中"转向"空间"本身，空间是通过一系列的社会实践而被生产和再生产，是一种社会建构，而不是一个静态的、被动的容器，空间"除了作为容器保存那些填充物之外没有其他用途，是一个致命的错误"。[①] 儒学是夫子庙文化街区的核心文化符号，在空间布局上以孔庙（大成殿）为核心，周围汇聚了学宫、科举博物馆（贡院）等一系列文教建

---

① 亨利·列斐伏尔：《空间的生产》，刘怀玉等译，商务印书馆，2021年，第138页。

筑，共同营造了"天下文枢"的儒学氛围。这种布局不仅体现了儒家文化的深厚底蕴，还通过建筑空间的合理规划，形成了一个集教育、文化、旅游于一体的综合性文化区域，科举制度催生的周期性人流集聚形塑了"神圣空间世俗化"的动态平衡机制。"庙市合一"是科举文化与商业文化的合一，历史上围绕孔庙和贡院形成了繁华的商业街区，更新后的夫子庙历史街区，在儒家礼制建筑的轴线控制与商业街巷网格延展的基础上，以儒家礼制建筑的庄严轴线（夫子庙）为统领，以江南贡院及科举博物馆为叙事重心，周边街巷网络（贡院街、贡院西街、大石坝街）分别承载了文博体验、传统商业、美食社交的特色功能，形成了"儒学礼制核心引领，科举文化重点展示，多元功能网格延展"的清晰空间体系、文脉与商脉共同发展的空间格局。"庙市合一"是高雅文化与大众文化的合一，夫子庙历史街区先雅后俗、雅俗并融，更新前的夫子庙地区是南京市井文化的代表之一，更新后的夫子庙一方面通过举办秦淮灯会、夫子庙中秋诗会、状元大讲堂等活动，打造"桨声灯影里的'大咖故事荟'"等文化品牌，展示了深厚的文化底蕴；另一方面，街区不断融入现代时尚元素，培育了秦淮礼物、夜泊秦淮等"新锐网红"流量品牌，丰富了街区的业态，创造了文化记忆再生产的弹性场域。

"庙市合一"的夫子庙历史街区，彰显着文化底蕴，揭示了商业趋势并引领了潮流风尚，是"时间+空间+情感"的特定文化空间，序列性历史符号的打造，使历史文脉转化为了可量化的文化资本，夫子庙历史街区也成了南京的人文经济名片。数据显示，2023年，以夫子庙步行街为核心的夫子庙—秦淮风光带总客流量超5000万人次、总营收近40亿元，[①] 其中画舫收入近2.2亿元。"秦淮礼物"旗舰店提炼了秦淮风光、秦淮灯彩、科举文化等文化符号，推出了9000余款文创产品，深受游客喜欢。夫子庙历史街区坚持文化赋能，如每年9月28日孔子诞辰日，孔子后裔在大成殿齐聚一堂，

---

① 姚雪青：《南京夫子庙步行街——传承历史文化，释放消费活力》，《人民日报》2024年5月22日，第19版。

祭奠至圣先师，传承千年文脉；每年 9 月新生开学，夫子庙小学会举办"开笔礼"仪式，① 即对传统教育文化的一种现代传承；截至 2024 年 5 月，国家一级馆——中国科举博物馆参观人数已超过 700 万人次，不仅为公众提供了深入了解中国科举制度及其文化影响的平台，也成了传承与弘扬优秀传统文化的重要阵地。夫子庙历史街区坚持空间的生产，自 2020 年启动"秦淮有戏"小剧场群建设以来，目前秦淮区已建成 23 个小剧场空间，2024 年，"秦淮有戏"微短剧中心落户于夫子庙历史街区，聚焦"微短剧+文旅""微短剧+消费""微短剧+生活"等模块，② 将历史街区转化为文化 IP 的"孵化器"，有效提升了街区的空间生产效能。坚持旅游赋能，推出了沉浸式文旅体验创新项目，实现"建筑可阅读、街道可观赏、故事可体验"的深度感知模式。如"秦淮·戏院里"以奇市、灯山、幻戏为场景意象与文娱主题，打造了沉浸式实景娱乐、沉浸式古风市集、沉浸式主题街区、沉浸式酒店、沉浸式影院等多种沉浸业态，其中奇市营造了不同主题的古风市集、国潮市集、匠人市集，幻戏以明朝古画《上元灯彩图》为理念，是中国首个 5A 景区室内大型沉浸式实景娱乐项目，营造了"人在戏中游"的沉浸氛围；沉浸式剧本游戏《跟着诗人游秦淮》，以"剧情+景点"解谜方式体验沉浸式研学游，让游客在游戏中感知科举与儒学文化、深化感知空间。

4. 路径三：强化历史符号亲切感，激发文化认同

历史符号作为文化记忆的载体，既涵盖古建筑、文物古迹等物质文化符号，也包含传统节日、民俗活动等非物质文化符号，承载着特定历史时期的文化基因与集体记忆。非物质文化遗产作为人们传承文化的重要方式，不仅贴近他们的身心和生活，更承载着人民群众的日常习俗、民族记忆与文化情感，是城市集体记忆的重要组成部分。近年来，夫子庙历史街区持续推动非

---

① 李子俊：《夫子庙入选首批国家级旅游休闲街区文化赋能，老牌景区劲吹古韵新风》，《南京日报》2022 年 1 月 21 日，第 A9 版。

② 葛阳、田诗雨：《"秦淮有戏"，这里有剧》，《南京日报》2024 年 10 月 18 日，第 A6 版。

遗、传统老字号等特色鲜明的地方文化符号的空间介入，将非物质文化遗产这一"活态基因"转化为可感知、可参与的文化体验，构建起传统与现代交融的文化认同体系，有效提升了历史空间的文化亲近感，促进了"符号活化—体验升级—产业创新"的良性循环。

夫子庙历史街区将非遗所承载的文脉有机融入街区更新与风貌展示，形成了"展演研创"四位一体的活化模式，有效提升了非遗符号的传承力。2022年，"南京非遗进夫子庙"入选首批江苏省20个"无限定空间非遗进景区"示范项目，夫子庙景区内的秦淮·非遗馆是该理念的重要实践场所。无限定空间非遗进景区突破了传统博物馆的静态陈列模式，既为地方性文化符号的空间介入提供了载体，也为游客提供了一个了解和体验非遗的平台。夫子庙景区内的秦淮·非遗馆集南京非物质文化遗产展示展销、互动体验、传承交流、活化利用于一体，展示了剪纸、绳结、脸谱等135项非遗项目，其中列入人类口头和非物质遗产代表作的42项，列入国家级、省市区级非物质文化遗产代表性项目名录的93项，拥有国家级、省级、市区级合作传承人近300人。① 这种"可触摸、可体验的历史"使非遗项目的文化解码效率不断提高。文化符号的现代转译成为街区更新的核心策略。夫子庙将秦淮灯彩的传承积极融入时代语境，如2024年春节期间，夫子庙琵琶街设置了《英雄联盟手游》主题街区，将秦淮灯彩与《英雄联盟手游》IP结合，开展了Coser巡游和非遗大师互动体验，创新了秦淮灯彩体验，仅春节期间，夫子庙景区就接待了游客364.4万人次。

老字号振兴工程构建美食类非遗的叙事新范式。夫子庙历史街区在更新中强调恢复老字号经营特色，导入本土小吃、地方美食、非遗手工艺等地方性文化符号，形成与传统互动的文化体验。建立了秦淮小吃专家库，开展了秦淮小吃技能竞赛等活动，扶持老字号品牌做大做强，成为传承弘扬南京文化的重要力量。推动非遗、老字号等与影视、文旅等行业充分结合，用数字

---

① 秦萱、李有明、田诗雨：《南京文化新地标、非遗体验新空间秦淮·非遗馆开馆迎客》，《南京日报》2021年6月13日，第A2版。

化的形式呈现给公众，焕发了传统文化的活力。2024年，国家广电总局发布了《开展"跟着微短剧去旅行"创作计划的通知》，提出"创作播出100部'跟着微短剧去旅行'"主题优秀微短剧，塑造一批古今辉映、联通中外的文化标识和符号通过微短剧全球传播，形成一批可复制可推广的"微短剧+文旅"融合促进消费的新模式①的发展目标，为历史街区创新符号生产方式提供了政策指引。以南京美食为主线的微短剧《美食来敲门》，采取"影视+美食+地标"的立体叙事，在夫子庙、秦淮河等多处取景，秦淮八绝、绣球豆腐等秦淮传统特色菜成为该微短剧的重要内容，开播后分别登上了抖音热榜、抖音影视榜、爱奇艺飙升榜、猫眼剧集角色热度榜等多个榜单，为夫子庙非遗活化提供了新路径。

　　文化节庆的迭代升级彰显了品牌辐射力。夫子庙庙会自北宋景祐元年（1034）建文庙开始，至今已有千年的历史；1984年首办的秦淮灯会，也已连续40届，其不仅成为一项重要的民俗活动，更被文化和旅游部评为"2019非遗与旅游融合"十大优秀案例之首。南京民间流传有"过年不到夫子庙观灯，等于没有过年；到夫子庙不买盏灯，等于没过好年"的俗语。秦淮灯会等历史符号的再现、非遗市集等活动的举办，搭建了记忆与空间的桥梁，实现了传统文化与现代生活的紧密结合。南京积极发挥秦淮灯彩等非遗的品牌影响力，通过"科技+文旅"的融合路径，不仅吸引了大量游客前来观赏和参与，更通过创新的展示方式和互动体验，让传统文化焕发出了新的生机与活力。2024"点亮中国灯"——龙年灯会灯彩迎新春全国主会场暨第38届中国·秦淮灯会亮灯仪式在夫子庙白鹭洲公园举办，全国15个省市35项省级以上灯会灯彩项目共150余件作品共同在南京呈现。新华网发布的大数据显示，夫子庙景区位列"国内知名景区热度TOP10"榜首，体现了夫子庙的非遗在弘扬传统文化、促进社会文化交流方面的深远影响。

---

① 国家广播电视总局办公厅：《国家广播电视总局办公厅关于开展"跟着微短剧去旅行"创作计划的通知》（广电办发〔2024〕11号），https://www.nrta.gov.cn/art/2024/1/12/art_113_66599.html。

四 启示与思考

1."夫子庙"历史符号重现型更新模式的启示

夫子庙历史街区更新体现了历史符号在重组旧城空间文化意涵中的重要作用,使其从文化遗存损毁较重的城中闹市转变为"最能彰显古城深厚文化底蕴、最能代表南京历史文化名城特质"的空间文化标识。以历史符号的重现带动旧城更新,通过营建具有集体记忆价值的文化空间与场景,有利于增进城市空间与广大居民的情感联系,在实现旧城空间特色与文化个性彰显的同时重塑流量汇聚的节点价值。夫子庙历史街区在40余年的更新历程中,也曾出现过断面式复古、碎片化拼贴、过度商业化开发等问题,历史符号的重现从相对表层化转向了内核化、人本化,通过地方文脉的全方位彰显成为南京的城市文化客厅。从中我们可以得出如下启示。

一是平衡好历史符号信息真实性与风貌完整性的关系。实现历史文化遗产保护与城市文脉传承,构建街区风貌的历史符号真实性和完整性的共生体系,既是对历史的尊重,也是保证城市文化记忆得以延续的关键。丰富的历史场景,不仅有助于"让城市留下记忆、让人们记住乡愁",而且有助于借助文化的吸引力,促进旧城复兴。提取、重现、再塑历史文化符号,要通过保留、修缮、利用历史建筑等文化遗存,构建具有标志特性的"时空场所",确保历史文化符号的准确表达,使其在传承中既不丢失原有内涵,又能完整呈现街区的整体风貌,成为城市文化记忆价值传承的重要见证。

二是平衡好历史符号信息原真性与时代创新性的关系。历史文脉的延续与发展是一个动态过程,它根植于过去、指向未来。在城市更新中保护弘扬历史文化,提取最具特色、最具代表性的历史街区文化符号,要深入理解符号的原始语境及其在新语境中的演变,尽可能地保留文化遗产的原真性,避免因现代化改造而丧失历史价值。同时,还需要从发展性视角关注符号信息，提炼的历史文化符号要具有时代创新性，在传统与现代、文化精神与产业发展中实现有机融合，增强文化遗产与当代文化建设成果之间的空间联系，以适应现代社会的发展需求、适应群众对美好生活的期待。

三是平衡好历史符号信息特色性与多元性的关系。街区的文化标识并非单一存在，而是由丰富多样的文化元素共同构成的符号集。重现街区历史文化符号，打造特色历史街区，应采取差异化的视角，从多元文化符号中选择最具代表性的特色符号，以反映街区的独特魅力。这不仅有助于避免街区陷入无差别的模仿和复制、陷入"千街一面、万巷一貌"的现象，还能为推动历史街区的可持续发展奠定坚实的基础。应凸显国家历史文化名城的空间标识性与文化纯粹性。推动其结合城市更新工作构建"点（历史文化资源）""线（历史文化街区）""面（历史城区）"相互衔接融合的空间体系，走更具辨识度的更新之路。

四是平衡好历史符号信息人文价值与经济价值的关系。历史文化符号不仅具有经济价值，更是街区人文精神的体现。在当前的城市更新中，部分表层化、模式化、符号化、工具化导入文旅、创意功能的做法，存在断面式复古、同质化复制和碎片化拼贴现象，过度商业化开发使具有文化原真性的地方性商业被国际化、连锁型的品牌商业取代，在一定程度上造成了对历史文化空间的破坏。历史文化符号承载着丰富的历史、文化和身份认同，重现历史文化符号，在将其融入现代生产、发挥经济价值的同时，应以地域特色与文化个性提升空间流量与留量，更好发挥其内在的人文价值，这不仅是对历史与文化的尊重，更是为了传承精神、延续文脉、增强文化凝聚力。

2. 进一步的思考

历史文脉传承是城市时空系统的动态调适过程，既是对过去空间的尊重与承接，也是对未来空间动态发展与布局创新的启示，需强调循古而新的原则。观之近年来我国各地的实践，推动大拆大建向精细化、人性化、生态化转变，让沉淀为独特记忆与标识的历史文化得到有效传承，已成为各地共同遵守的原则。对城市而言，文脉是城市人群的共同体验，塑造着该城市的生存发展体系。① 地方文脉赋能城市更新，强调通过历史文化遗产的保护利用，更好地满足当代城市发展的需求以及当代城市居民的需求，在"传承过去"中找到当代城市文化建设的切入点。

同时，也应该注意到，城市文脉是指城市在历史发展过程中形成的独特文化、建筑、社会习俗等元素的总和，随着时代的变迁和社会的发展，历史文脉不断地被赋予新的内涵和意义，具有不同的赋能潜能。在不断地与当下的社会现实互动中，历史文脉的赋能不仅体现在文化、艺术、教育等领域的再诠释中，也体现在政策制定、城市规划以及社会价值观的重构中。城市更新中的历史文脉赋能，通过历史文化资源的保护传承与创新发展为当代城市发展提供新兴要素，有利于实现老城区改造提升与保护历史遗迹、延续城市文脉的有机统一，推动城市更新更具人文气蕴。

---

① 孟延春：《城市更新中守护城市文脉》，《郑州日报》2021年10月25日，第8版。

第五章 文旅融合赋能：
"老门东"文旅消费驱动型的更新实践

一 文旅融合赋能：让城市更新撬动内需潜力

随着城市更新行动上升为国家战略，如何走更可持续、更有温度的城市更新之路，发挥好城市更新在城镇化"下半场"中推动城市高质量发展的作用，成为各城市面临的普遍议题。文旅融合作为盘活存量、创造内需、激发活力的新兴增长点，正成为引导并驱动内涵式城市更新的重要动能。文化和旅游部印发的《"十四五"文化和旅游发展规划》明确提出：鼓励在城市更新中发展文化旅游休闲街区，盘活文化遗产资源；文化和旅游部印发的《国内旅游提升计划（2023—2025年）》进一步强调，要实施文旅产业赋能城市更新行动。值得注意的是，在住建部发布的《城市更新典型案例名单（第一批）》中，有近半数的案例经验涉及文旅融合对城市更新的积极赋能作用，这充分说明文旅融合已成为我国推动城市更新向纵深发展的关键破题点。

1. 文旅消费构筑城市内需增长点

近年来，随着经济高质量发展和居民收入水平的提升，文化消费呈现了结构性跃升。文旅消费作为其重要载体，以体验文化活动、欣赏文化景观、参与文化娱乐等方式进行的消费模式，从最初面向精英的教育旅行逐渐演变为大众化的休闲方式，内化为人们满足精神需求的一种行为方式与生活方式。据统计，文化产业增加值占 GDP 比重由 2004 年的 2.13% 提高到 2022 年的 4.46%；文化新业态发展迅猛，其营业收入占全部文化及相关产业营业收入比重由 2012 年的 8.3% 提高到 2022 年的 30.3%。[1] 文化旅游发展迅猛，2023 年国内出游人次 48.9 亿，是全球最大国内旅游市场；国内游客出游总花费 4.91 万亿元，比上年增加 2.87 万亿元；人均旅游消费 1004.6 元，同比增长 19.56%，[2] 彰显了强劲的内需驱动势能。并且，文旅消费具有显著的乘数效应，正成为扩大内需的重要领域。研究表明，随着文旅消费需求的不断释放、文旅产业的持续升级，旅游业每收入 1 元可带动相关产业收入 4.3 元，[3] 这表明文旅消费具有明显的溢出效应，能有效带动零售、餐饮、住宿等相关产业的发展，已成为优化产业结构、创造就业机会的重要推手。

内需是我国经济发展的基本动力，习近平总书记在 2022 年的中央经济工作会议上指出："消费日益成为拉动经济增长的基础性力量。要增强消费能力，改善消费条件，创新消费场景，使消费潜力充分释放出来。"[4] 2023 年召开的中央经济工作会议进一步强调："培育壮大新型消费，大力发展数字消费、绿色消费、健康消费，积极培育智能家居、文娱旅游、体育赛事、'国货潮品'等新的消费增长点。"[5] 政策层面持续释放制度红利，2024 年，国家发展和改革委员会、文化和旅游部等五部门联合印发《关于打造消费新场景培育消费新增长点的措施》，提出六大消费新场景、17 条重点任务，对于充分挖掘消费潜力、提升供给质量、加速释放消费需求具有重要意义。

当前，文旅消费已突破单一产业边界，正演变为城市经济发展系统解决

---

[1] 《人民文化生活日益丰富 文化强国建设加力提速——新中国 75 年经济社会发展成就系列报告之二十一》，《中国信息报》2024 年 9 月 26 日，第 3 版。

[2] 根据《中国统计年鉴 2024》计算得出。

[3] 王珂：《推动旅游高质量发展迈上新台阶》，《人民日报》（海外版）2024 年 5 月 17 日，第 4 版。

[4] 习近平：《当前经济工作的几个重大问题》，《求是》2023 年第 4 期。

[5] 《中央经济工作会议在北京举行》，《人民日报》2023 年 12 月 13 日，第 1 版。

方案的重要内容,也成为城市更新的新动能。随着文旅供给侧结构性改革与扩大内需协同发力,通过重构消费空间、优化产业生态、激活文化资本,融合传统文化与现代时尚、现代科技与文化创意的文旅消费需求集中释放,已成为推动城市能级跃迁、驱动城市经济高质量发展的重要因素之一。

2. 中心城区成为文旅消费新空间

美国学者刘易斯·芒福德将城市视为"文化容器",认为城市不仅仅是"建筑物的群集",[1] 城市本身也"是可消费的"。[2] 在消费社会,随着时代的变化,城市所内含的各种文化元素、文化符号嵌入城市更新网络,在空间的生产中不断被重新解读、传承与创新,互嵌发展资源、互植服务内容、互导客群流量,[3] 中心城区正成为文旅消费新空间。

在存量更新时代,中心城区正从传统功能载体转型为文旅消费的超级体验场。作为城市文化基因的密集承载区,中心城区通过空间重构实现了"历史记忆活化—消费场景再造"双重价值跃升。在历史文化空间再造方面,中心城区凭借其文化资源富集优势,正在探索"微更新+深运营"的创新路径,在做好传统格局、街巷肌理、历史风貌和空间尺度的精心修补与保护的基础上,构建具有本土文化韵味、集体记忆价值的城市文旅空间,合理规划博物馆、历史遗迹、文化街区等文化元素所在的区域,以文化主题为线索串联起不同的文化点,形成以点带面的旅游空间。如江苏始终将历史文化保护放在城市更新的首位,推动各市将"文化保护优先"写入城市更新规划,并将其与文旅产业规划进行有效衔接,以提升中心城区空间的文旅场域价值。适应城市漫步(city walk)潮流,中心城区通过"毛细血管式"空间织补激活文旅消费网络,依托地标性文旅空间策划推出各类"微旅行活

---

[1] 刘易斯·芒福德:《城市发展史——起源、演变和前景》,宋俊岭、倪文彦译,中国建筑工业出版社,2005年,第91页。

[2] 刘易斯·芒福德:《城市发展史——起源、演变和前景》,宋俊岭、倪文彦译,中国建筑工业出版社,2005年,第557页。

[3] 李道今:《推动文商旅深度融合 激发消费新活力》,《中国旅游报》2023年4月21日,第3版。

动"，以文旅空间动线促进旧城地区的人气集聚。如青岛依托商务楼宇、产业园区、博物馆等场所打造的"青文驿"，构建了集微演艺、艺术展厅、文创市集等于一体的空间，为年轻人及游客带来了"快充式"文化体验；广州在滨江沿岸、都市商圈等区域打造的"花城市民文化空间"等，融图书阅读、艺术普及、培训展览、轻食餐饮等于一体。这些空间将公共文化场馆与市民生活深度融合，以"标志性场所+毛细血管式"的空间组织模式，将历史文化转化为可体验的消费符号、将公共空间升级为可驻留的社交节点、将存量载体重构为可增值的体验经济平台，在吸引客流、带动人气以及反哺社区业态可持续经营上发挥着巨大作用，推动中心城区持续释放着引领城市能级跃迁的文旅新动能。

城市空间不断打破传统思维，通过多维度的场景重构激活存量空间价值。近年来，公园城市成为城市旅游的重要发展方向。2018年2月，习近平总书记在成都视察时首次提出了公园城市的理念，[1] 这一理念有效打破了景区与街区的界限，为城市空间创新、推动景城一体融合发展指明了新的方向。近年来，人们的旅游思维也随之发生了重大变化，游客的兴趣点逐渐从单纯的观光打卡转向深度体验，旅游的选择倾向从跟随导游前往景区向前往陌生城市感受风土人情转变，"城市就是一座大景区"正从观念变为现实。[2] 在这一趋势下，中心城区正成为"可阅读、可体验、可共生"的文旅消费新空间，"当地文化特色符号"成为吸引游客多次游玩文旅城市或愿意向他人推荐该城市最主要的原因，占比超过24%。[3] 以北京为例，其旅游休闲带主要集中在中心城区，尤其是东城区与朝阳区交界处，显示出明显向城市中心区域集中的趋势。[4] 与此同时，随着游客对旅

---

[1] 张炜、王明峰、周小苑：《三级绿道体系加快建设 成都：公园城市画卷徐徐展开》，《人民日报》2019年4月8日，第1版。
[2] 刘佳璇：《当城市成为景区》，《瞭望东方周刊》2024年第4期。
[3] 北京市科学技术研究院课题组：《"重新发现"宝藏城市——我国城市文旅可持续发展研究报告》，《光明日报》2024年5月2日，第5版。
[4] Mingyu Zhao and Jiangguo Liu. Study on Spatial Structure Characteristics of the Tourism and Leisure Industry. *Sustainability*, 2021, 13 (23).

游产品的品质化、个性化需求不断提升，历史文脉在数字技术的加持下转化为可交互的消费符号，强调"入景"而非"看景"的沉浸式体验等成为文旅消费的新潮流。以 2023 年公布的全国首批智慧旅游沉浸式体验新空间培育试点项目名单为例（共 24 家），其中文博场馆与旅游景区占比较高，达 45.8%；休闲街区占比为 20.8%；工业遗产、产业园区、主题公园与度假区占比为 37.5%（其中一个试点项目的依托载体为"旅游景区、工业遗产"两类）。这些项目将城市文化、历史文化等要素与创新场景、互动技术相融合，使城市本身成为一种独特的"大景区"，既让游客在互动体验中满足了精神需求，也让其在深度参与中增强了对城市、景区的认同度。

城市更新正从"物理改造"向"价值共生"转变，"主客共享"成为文旅消费空间共生新范式。近年来，"旅游生活化"特点日趋显著，旅游者游览活动正从注重与目的地标志性景观的浅层接触越来越多地向深度融入目的地日常生活、体验当地生活风情转变，[1]"把优质旅游产品和消费场景相融合，以满足本地居民和外来游客不同需求为导向"[2] 的"主客共享"文旅新空间，实现了"游客凝视"与"在地生活"的深层互动，成为拓展文旅产业的新发展模式。如山东、江苏等地"十四五"规划均将构建"主客共享"的文化和旅游新空间作为工作重点；上海市政府提出了"近悦远来、主客共享"的理念，游客与市民共同构建了生活消费新环境。"主客共享"型文旅新空间建设中，城市空间既是旅游目的地，精准对接了游客对目的地城市美好生活的体验需求，如埃及亚历山大图书馆、美国西雅图中央图书馆等均是世界著名的游客打卡点；也是居民日常生活的场所，提升了本地居民的生活质感，实现了本地居民与外来游客的双赢，为城市文旅发展注入了新的活力与魅力。

---

[1] 李萌：《从"蝴蝶结阳台"现象看主客共建共享旅游空间》，《中国旅游报》2021 年 6 月 24 日，第 3 版。

[2] 郭歌：《"探寻河南文旅发展新路径"系列报道之一：文旅融合新空间 主客共享新生活》，《河南日报》2024 年 6 月 27 日，第 5 版。

3. 在城市更新中对接文旅新需求

城市是人民的城市，随着城镇化水平的大幅提升，越来越多的人居住和生活在城市，城市居民对优美环境、健康生活、文体休闲等方面的要求日益提高。[①]《"十四五"文化和旅游发展规划》要求："鼓励在城市更新中发展文化旅游休闲街区，盘活文化遗产资源。""在城市更新、社区建设、美丽乡村建设中充分预留文化和旅游空间。"[②]《国务院办公厅关于进一步盘活存量资产扩大有效投资的意见》提出："依法依规合理调整规划用途和开发强度，开发用于创新研发、卫生健康、养老托育、体育健身、休闲旅游、社区服务或作为保障性租赁住房等新功能"。[③] 国家发展和改革委员会等部门印发《关于打造消费新场景培育消费新增长点的措施》提出："鼓励利用老旧厂房、城市公园、草坪广场等开放空间打造创意市集、露营休闲区。"[④] 这些政策的出台为文化和旅游业赋能存量空间的创新发展指明了方向。在实践中，文旅融合以多业态联动模式重塑存量空间的产业活力，变"存量"为"增量"，既有助于实现城市文脉延续与旅游活力提升，又能实现城市传统文化价值的时代赋新，成为各地推动城市更新以更好地产出经济与社会效益的重要手段。

以高质量文旅产品供给激活历史街区文化价值已成为我国城市更新的重要实施路径。各级政府在理顺地方文化传承与文旅业态创新关系的基础上，结合地方具体实际与目标人群，因地制宜地推出各类文旅产品，在呼应城市发展诉求下推动历史街区价值"变现"；放大历史街区的人文区位价值，综合演艺、文创、非遗、音乐、小剧场等多种元素，在呼应市民新兴消费方式诉求下提升文旅产品的供给能力。如苏州以"修旧如旧、活化利用、文旅

[①] 李爱民、翟翊辰：《多方发力释放新型城镇化内需潜力》，《中国经济时报》2024年7月2日，第2版。

[②] 《"十四五"文化和旅游发展规划》，《中国文化报》2021年6月3日，第2版。

[③] 《国务院办公厅关于进一步盘活存量资产扩大有效投资的意见》，《中华人民共和国国务院公报》2022年第17期。

[④] 国家发展和改革委员会等：《关于打造消费新场景培育消费新增长点的措施》，发改就业〔2024〕840号。

融合"的理念推进平江历史街区保护更新工程，在分类施策的基础上推动历史建筑焕发新活力：针对国家、省级和重点市级文物保护单位，在修缮改造的基础上打造为侧重公益性的文化展示传承空间；针对控保建筑、历史建筑等，结合周边文旅功能的整体设计差异化打造主题书房、文化沙龙、遗产教育等文旅空间，从而有效推动历史建筑、历史街区经由更新成为"城市会客厅"，成功入选城市更新典型案例经验做法（第一批）。又如重庆市地产集团通过盘活立德乐洋行仓库等文物建筑资产，以投资、建设、招商、运营一体化的模式赋能城市更新，打造了重庆开埠遗址公园。该公园开园后短短3个月，就接待游客逾150万人次，成功入选"2023国资国企高质量发展精选案例"，展示了如何通过盘活文物建筑资产释放改革转型新动能。

传统商圈改造正通过政策引导与市场响应形成"商文旅体"融合新范式。北京在2024年4月出台了《促进多元消费业态融合高质量发展行动方案》，提出了"加快推动消费新地标建设和老旧消费设施改造升级，力争培育10个以上多元消费融合新项目，推出10个以上商文旅体融合发展示范商圈"的目标。[①]《上海市城市更新行动方案（2023—2025年）》提出：盘活存量资源，推动3个以上市、区级传统商圈改造升级。《青岛市城市更新专项规划（2021—2035年）》提出：鼓励功能混合，"发展新场景、新消费，结合个性化需求丰富体验类业态，将传统商圈打造成为品牌集聚、供给丰富、功能完善的重要消费承载地"。[②] 在实践中，很多城市立足于大量占据老城优势区位、具有深厚历史底蕴、居民情感认同度高的传统商圈，以"情感联结+业态重组+技术赋能"的协同创新为更新逻辑，推动传统商圈向文旅消费转型，促进传统商圈经济复苏。如北京的前门商圈，改造升级后以"老字号+国潮"为特色，其中全国首家汉文化美食剧场——宫宴，一层展览区定期推出传统文化展览，二三层餐饮区食客可身着汉服沉浸式体验宫廷

---

① 北京市商务局等：《关于印发〈促进多元消费业态融合高质量发展行动方案〉的通知》，《北京市人民政府公报》2024年第23期。
② 《青岛市城市更新专项规划（2021—2035年）》，http：//www.qingdao.gov.cn/zwgk/xxgk/zygh/ywfl/ghgl/202303/P020230310367978943801.pdf。

食礼文化，餐位基本要提前一周预约；专注四合院文化的漫心酒店，与宫宴、唐山皮影戏等进行合作，吃住游一体化，①吸引了大批外地游客到访。长沙的超级文和友，以文化情结回归为特色，还原了1980年代老长沙的市井生活，形成了年代文化遗产以供给引导消费的传承新模式；创新空间形态，让场景体验为餐饮服务，打造了"文化IP+美食体验+文创消费+艺术欣赏"的新文旅生产空间，成为长沙的文化名片。

文旅融合赋能城市更新，能够发挥好文旅消费在盘活存量、创造内需、吸引流量中的多元作用，将城市中不适应现代化城市社会生活的地区进行改造活化，融入城市当代发展需求。同时，聚焦于"体验感""获得感""幸福感""归属感"，通过催生新场景、新业态、新消费推动旧城空间可感、可读、可游、可消费，实现了文化与空间、生产与生活、历史与当下的融合，既有利于推动城市更新更具内生造血能力，也有利于推动城市文化服务的不断拓展与升级。

二 "老门东"地区的历史沿革与更新背景

位于南京城南的老门东历史街区（见图5-1）是南京历史发展的"活"的见证，承载着城市的历史记忆，在长期的发展变迁中，呈现了历史脉络的延续性、空间形态的稳定性与市井文化的代表性等特征。随着城市化进程的加速，老门东地区开始了较大规模的城市更新，进入21世纪，老门东地区的更新模式逐渐从"拆、改、留"转向"留、改、拆"，从单一的物质空间更新转向注重历史文化资源保护与利用。更新后的老门东成为集历史文化、休闲娱乐、旅游景观、商体联动、文化生产于一体的文化街区，是我国历史街区更新中"文旅消费驱动型"的典型代表。

---

① 蒋若静：《前门商圈提质升级 推动文商旅融合创新着汉服沉浸式打卡宫廷食礼文化》，《北京青年报》2022年8月3日，第A4版。

图 5-1　老门东地区卫星影像（笔者自绘）

1. "老门东"地区的历史沿革

老门东的形成与发展可追溯至三国时期，为孙吴丹阳郡治所在地，太守吕范坐镇建业（今南京），奠定了该地区街巷式布局的空间形态。此后，历经东晋、南北朝、明代等时期的演变，老门东逐渐成为南京城南的商业与居住中心，其历史脉络呈现显著的延续性。最金陵是城南，最城南是门东。老门东是南京市井文化的代表，作为南京传统民居的聚集地，从明代的繁华市井到近代的"城中村"景象，老门东见证了南京城市的社会变迁与文化传承，体现了空间形态沉积性的特征。

东晋、南北朝时期，由于移民人口的迁入，老门东地区成为上流阶层的集聚之地。据记载，西晋时期的周处就居住于此，现仍有"周处读书台"遗存；孙吴张昭旧居位于今江宁路北端的老虎头，[①]"娄湖者，吴张娄侯昭所开也……其坡陀处为南冈，六朝士大夫萃聚之所……稍东为同夏里，梁武

---

① 原指娄湖，后讹传为老虎头。

帝生于斯"。[①] 门东地区作为老城南的一部分，是城市商业网的重要组成部分。南朝时期，仅秦淮河两岸就分布了 100 多个大小市集。南唐时期，作为都城的江宁府，商业发达，秦淮河两岸临街设有商肆。自元代起，"匠户"主要集中在集庆路以内的秦淮河沿岸，使秦淮河具有了生产功能，[②] 位于秦淮河边的门东地区，成为匠户的主要聚居地之一。

明代是老门东空间格局定型的关键时间。《南都繁会景物图》绘有 4 条河流、9 条道路、5 座桥梁、30 余栋建筑、109 种店牌招幌，各种人物 1000 余个，展示了金陵城南里坊街巷纵横的空间布局。门东地区三街六巷，纵横交错。明朝初年，老门东一带是守城兵卒的重要驻扎地，至今仍留有边营、中营、军师巷等地名；同时，城南沿秦淮河一带也是明朝功臣宿将集中分布的贵族区，其范围自东水关西达武定桥，转南门而西至饮虹、上浮二桥，复东折至三坊巷、贡院。[③] 如明初信国公汤和就久居信府河、英国公张辅居住在膺福街。[④] 一些大商人也居住在此一带，如江南首富沈万三居住在与剪子巷平行的马道街。上流阶层的集聚推动了商业与手工业的发展，纺织业、手工作坊等日益兴盛，门东地区成了商贸与手工业的集散地、居民集聚的主要区域之一，箍桶巷、剪子巷等地名也表明该地区是手工业者的主要聚居地。

清末民初，老门东等城南地区逐渐成为以居住功能为主的民居集结地。在社会结构方面，该区域呈现"平民化"与"精英遗存"并置的复合特征。虽然晚清时期著名的富商蒋寿山（外号蒋百万）、太平天国时期中国唯一的女状元傅善祥、太平天国英王陈玉成等也曾在此居住，但这一时期居民仍以平民为主，形成了相对封闭的社会网络和生活方式。古井、

---

① （清末民初）陈作霖、（民国）陈诒绂：《金陵琐志九种（上）》，南京出版社，2008 年，第 111 页。
② 阳建强：《秦淮门东门西地区历史风貌的保护与延续》，《现代城市研究》2003 年第 2 期。
③ 南京市地方志编纂委员会：《南京人口志》，学林出版社，2001 年，第 73 页。
④ 膺福街，原名英府街，后两江总督李鸿章取"膺祥得福"的寓意，改名为膺福街。

老树、官沟、石板路等古老遗存,表明这里曾是世世代代、土生土长的南京贫民的聚居之处。① 在建筑风格上,以青砖、小瓦、封火墙(马头墙)组成的砖木结构,集中体现了南京老城南传统民居的风貌。截至20世纪90年代,门东地区尚保留一百多处明清老宅,半数以上为三进穿堂庭院式民居,也有少数为多路三、四、五进古民居群。② 在空间—社会—文化的三维互动中,老门东为市井文化的传承和延续奠定了基础。

2. "老门东"地区的更新背景

进入近代社会以来,随着城市中心北移、社会生产方式变革,以及战争的破坏等,老门东的商业逐渐衰退,局部空间被占用,但整体空间形态依旧得以保留。新中国成立初期至改革开放初期,南京出台的《南京地区区域规划》(1960年)、《南京市轮廓规划》(1975年)等文件提出了老城南建设与更新的方向。这一时期的门东地区,主要充当了"城建保障"的角色,以"填补式"为建设路径,其空间形态并未被破坏。

1978—2000年,门东地区进入了以物质更新为主导的城市更新期。在清末民初到改革开放近百年的历史进程中,老城南几乎进入了停滞区,呈现了人口密度高,但老民居破败不堪、旧院落杂乱无章、现代公共设施缺失等问题。据统计,旧门东地区居住区的建筑密度高达60%,人均居住建筑面积不足6平方米,户均居住面积不到20平方米。③ "居民主要为国企普通工人(占47%)、一般服务人员及外来务工人员,失业、待业居民近10%,知识分子不足10%",④ 老城人口密集、居住条件差等已无法满足居民生活水平日益提高的要求。为优化城市功能,作为城市发展的调节机制,南京的老城更新也进入了以物质条件改善为主的时期,具体实践表现为大规模地推倒

---

① 稽刊:《老门东,重拾金陵记忆(上)》,微信公众号"江苏省科协",2020年9月2日。
② 杨永泉:《老门东的那些人文轶事(上)》,《南京史志》2019年第2期。
③ 李振、管雪松:《历史文化街区改造现状研究——以南京老门东为例》,《大众文艺》2019年第5期。
④ 周岚:《历史文化名城的积极保护和整体创造》,科学出版社,2011年,第4页。

重建和基础设施建设。政府在开展大规模更新的同时，也关注了历史遗产保护，1992 年修编的《南京历史文化名城保护规划》，明确将门东、门西、大百花巷、金沙井、南捕厅确定为 5 片传统民居保护区；1998 年编制了《门东门西地区保护与更新综合规划研究》。这些规划的出台为城市更新中如何保护历史文化遗产提供了政策支持。

2001—2010 年，门东地区的城市更新进入了保护与开发的博弈期。在城市化快速推进的热潮中，门东地区的发展仍然远远落后于城市的发展，据统计，老城南的房屋大多已经破旧不堪，在 5 处地块 1348 处公房中，严重损坏房占 69.1%，险房占 2.5%，90%以上的居民家中无独立厨房、卫生间，几乎没有现代化的市政设施。[1] 依据"一疏散三集中"的城市建设方针，在商业开发成为 21 世纪初推动城市更新重要力量的路径下，2001 年，"南京旧城改造一号工程"——"门东地区旧城改造规划设计方案"启动，计划通过商业开发的方式将整个门东 43 公顷的历史街区全部推平，并要求在三年至四年间"全地区的旧城改造任务全部完成"。[2] 随着社会的发展，人们的历史文化保护意识逐渐觉醒、历史文化价值逐渐得到社会关注；同时，中华人民共和国第十届运动会对基础设施建设与城市形象塑造的要求，使得老城南以商业开发为路径的城市更新方式引发了广泛的争议。为应对老城南的历史文化保护与改造问题，2002 年出台的《南京历史文化名城保护规划》与 2003 年编制的《南京老城保护与更新规划》将"门东"纳入历史文化保护区，但在更新实践中，门东的历史文化仍然遭到了破坏，梁白泉等多位学者呼吁尽快停止破坏性的"旧城改造"行为，吴良镛等多位学者联名致信国务院请求停止对老城南的拆迁行动。为平衡经济发展与历史文化保护，政府开始探索保护与开发相结合的更新模式。2005 年开展了"南京城南老城区历史街区调查研究"，2006 年编制了《南京门东"南门老街"复兴规划》，探索以渐进式、小规模为特征的"镶牙式"更新理念，强调在保护历

---

[1] 周岚：《历史文化名城的积极保护和整体创造》，科学出版社，2011 年，第 4 页。
[2] 胡恒：《庶民的胜利——浅析 2001—2010 年南京老门东的三次规划方案》，《新建筑》2017 年第 5 期。

史文化的基础上进行合理开发。然而，在实际操作中仍面临诸多挑战，只注重保护个体的文物建筑，而缺少对整体街巷肌理、原住民的重视。2009年，门东残留的几处明清文保建筑被破坏，相关专家再次发出了停止拆迁老城南的呼吁；政府部门也及时调整了更新策略，要求老城更新中避免大拆大建，这为保护城市肌理、延续城市空间脉络提供了制度保障。

老门东空间形态呈现了长期的稳定性。尽管历经战乱与变迁，老门东地区的空间形态在一定程度上仍得到保持。从三国时期的街巷式布局，到明代里坊街巷的纵横交错，再到近代以来的衰败与保留，老门东的空间形态始终承载着南京城市发展的历史记忆。为充分激活老门东承载的城市记忆，2011年以来，老门东进入了以文化旅游驱动更新的阶段。作为老门东保护更新的依据，《南京老城南历史城区保护规划与城市设计》于2011年开始实施，该规划开始更多关注地方性场所的营造，力求通过地方性物质符号的保护传承、现代文化产业业态的有机植入等方式，将门东地区打造成集历史文化、休闲娱乐、旅游景观于一体的文化街区。门东地区这一强调"将文化内涵注入旅游产品，在历史和现在、内涵和载体、文化和项目天然耦合中促进城市现代化建设与历史文化传统有机衔接"[1] 的更新实践，营造了业态多样性、旅游体验性、文化表演性、商业展示性的历史街区氛围，在空间品质的提升中增进了人与地方、人与人之间的情感联系。2020年，南京市规划和自然资源局公布了门东东延地块整治更新修建性详细规划设计方案，在新的方案中要求在保护历史肌理和街巷的前提下引入住宿、餐饮、零售等业态，为门东历史街区在保留传统特色的基础上进行以文旅模式带动更新夯实了基础。

三 "老门东"文旅消费驱动型的更新实践

在新型城镇化与消费升级双重驱动下，文旅消费导向的城市更新已升维

---

[1] 何森：《再造"老城南"：旧城更新与社会空间变迁》，中国社会科学出版社，2019年，第188页。

为国家空间治理的战略工具之一。文旅消费驱动型的城市更新，通过场景更新重塑历史叙事空间、业态融合形成符号消费体系、共生发展构建文化展示系统等方式，实践着文化资本的空间再生产。老门东历史街区是我国文旅消费驱动型更新模式的典型代表。该街区通过符号化再生产，将场所精神转化为了体验经济的载体、传统街巷空间提升为了文化消费场域，实现了"文化资源与旅游经济""地方社会文化价值与历史文化价值"[①]的融合，成为南京以城市更新践行人文经济的新样本。可以说，随着更新路径的不断优化与升级，老门东文旅消费驱动型的更新实践，越发指向商业开发、业态更新与文脉传承的协调发展，打通了历史街区、开放式景区与周边社区的三区融合路径，实现了文化价值、社会价值与经济价值的三重提升。

1. 文旅消费驱动型更新模式的内涵

随着文化消费时代的来临和文化经济的快速发展，文化旅游成为城市更新的重要推动力。文旅已成为城市象征经济（symbolic economy）的一部分，其不仅是文化空间和消费服务的再生产，而且是城市更新再生、经济复苏、意象重塑、地方认同的策略。[②] 国际现代建筑协会于 1933 年制定的《雅典宪章》，将游憩与居住、工作、交通并列为现代城市设计的基本分类，指出城市规划的目的是保障居住、工作、游息与交通四大功能活动的正常进行，提出应建立居住、工作和游息各地区间的关系，[③] 这为文旅作为城市更新的路径之一提供了理论根基。随着文化消费时代的来临和人文经济的快速发展，文旅产业与城市更新紧密关联，依托于现代服务业的城市更新代表了世界发展的潮流与方向。[④]

[①] 吴晓庆、张京祥：《从新天地到老门东——城市更新中历史文化价值的异化与回归》，《现代城市研究》2015 年第 3 期。

[②] 谢涤湘：《城市更新背景下的文化旅游发展研究——以广州为例》，《城市观察》2014 年第 1 期。

[③] 《雅典宪章》，《城市发展研究》2007 年第 5 期。

[④] 汪霏霏：《人民城市理念下文旅产业赋能城市更新的机理和路径研究》，《东岳论丛》2023 年第 5 期。

"场景理论"认为,城市空间是汇集各种消费符号的文化价值混合体,场景通过多个审美维度传递文化价值取向,吸引特定群体参与消费对城市发展的重要性开始逐渐超越生产,作为文化活动的载体设施及由此带来的愉悦消费实践驱动着城市的发展。① 文化消费作为人们为了满足自身的精神文化需求而对文化产品和服务进行的消费行为,它不仅是一种经济行为,推动了城市更新和老城活化;更是一种社会文化现象,既激活了文化生产主体的积极性,又重塑了文化消费主体的自主性,② 反映了一个社会的文化价值观和消费观念。在城市发展中,历史街区更新不仅需要保护历史建筑和风貌,还需要融入现代文化消费需求,通过"符号解码—意义再生产"提升街区的活力和吸引力,进而驱动城市经济转型与社会认同重构。在新的时代背景下,多个地区开展了文旅产业引导下的城市更新实践,通过保护街区肌理风貌、挖掘地方特色文化、引进新的产业业态等举措,实现了旧空间的生产性转化,推动文化场所向文旅场景转型,形成了成都宽窄巷子、福州三坊七巷等诸多成功案例,赋能了城市更新。这一文旅消费驱动型的更新模式,不仅保护了文脉,拓展了文旅融合新空间,实现了在地文化的互动性保护,③ 还为城市空间规划注入了新的活力,已成为推动现代城市综合发展的重要维度和关键力量。

在政策与技术赋能下,文旅消费驱动型更新作为一种"文化供给侧改革"与"消费需求升级"的双向互动,是以文化价值再生为核心,通过"空间活化—场景赋能—意义再生产"的递进机制,实现地方性文化的互动性保护与创新性传承的更新路径。具体而言,一方面,积极挖掘地方文化资源和优势,通过文旅消费场景打造盘活旧城腾退空间,使之成为兼具文化体验、休闲娱乐、时尚餐饮、特色零售等多元功能的活力空间,满足居民与游客的"人本需求";另一方面,超越物理空间改造,通过技术赋能构建虚实

---

① 吴军、夏建中、特里·克拉克:《场景理论与城市发展——芝加哥学派城市研究新理论范式》,《中国名城》2013年第12期。
② 向勇:《促进文化消费高质量发展的路径与举措》,《人民论坛》2024年第16期。
③ 宋洋洋:《培育新业态新场景 推动产业转型升级》,《中国旅游报》2023年12月26日,第3版。

交融的文化感知系统，通过叙事重构激活文化记忆的当代价值，将历史空间从"空间生产"转向"意义再生产"，实现历史存量的创造性转化与城市发展动能的系统性升级。

换言之，文旅消费驱动型更新本质上是一种以文化价值再生为核心，建构空间活化、场景赋能与意义再生产的联动机制。文旅消费驱动的历史街区，作为功能活化后的物质空间，将历史记忆转化为了可传播的文化资本，既回应了人本主义空间消费的诉求，又重塑了城市公共空间的场所精神；作为意义升维后的文化生产场域，释放了存量空间的文化潜能，深化了游客的文化体验感知，推动了文化遗产在当代语境中的主体性建构。这一更新范式，促进了地方文化的互动性保护与创新性传承，推动历史街区在空间增值、文化传承与社群受益中实现可持续发展，是兼具理论创新与实践价值的城市更新路径。

2. 路径一：情感共鸣，以怀旧文旅消费驱动场景更新

随着社会的发展和现代化进程的推进，人们越来越渴望通过文旅体验来探寻情感共鸣和文化认同。场景理论认为，场景是文化价值被镶嵌在不同设施上的组合，是各种消费实践所形成的具有符号意义的空间。[①] 无场景即无体验，不同场景下演绎着多元化体验，深深影响着生活在本地的居民和外来游客，塑造着现代社会生活秩序。[②] 历史街区凭借其深厚的文化底蕴，通过营造传统生产生活方式的集中展示地与怀旧体验场景，再现了特定时期的城市场景及附着于其上的生活文化与商业形态，在时空维度上形成了唤起群体共鸣的同源情感锚定点，[③] 获得了广泛的受众基础和较高的认可度。

历史街区的空间更新逐渐突破物理环境整治的单一维度，转向以文化消

[①] 吴军、夏建中、特里·克拉克：《场景理论与城市发展——芝加哥学派城市研究新理论范式》，《中国名城》2013年第12期。

[②] 陈献春等：《关于构建文旅新场景、深化文旅融合发展的研究》，《中国旅游报》2020年1月7日，第3版。

[③] 宋洋洋：《文旅融合视角下旅游对城市更新的作用》，《旅游学刊》2024年第3期。

费为纽带的情感价值再生产。怀旧文化是旅游体验的重要组成部分，是消费者通过回忆过去的美好时光或特定事件，产生情感共鸣并驱动消费行为的现象。文旅消费驱动型的历史街区，深度挖掘各种符号所蕴含的价值，以文化为生产要素，以消费为导向，[1] 通过媒介怀旧与文化记忆的结合，构建怀旧空间，建立历史信息与游客需求之间的连接，形成了"商家—业态—游客"互促上升的"螺旋效应"。[2] 老门东历史街区深度解码本地文化符号，"城南旧市"成为其核心文化符号之一，现保留有34处历史建筑，并修建、复建了一批代表老城南市井文化的古建筑与古民居院落，构建了"最金陵""最具南京记忆"的场景意象。更新中，南京市秦淮区规划部门联合东南大学建筑学院对老城南100处保存完整、具有代表性的传统民居，将其铺地、门窗、梁柱等各个部件的色彩、尺寸、样式进行了定量测绘并横向对比，编撰了南京老城南传统民居修缮技术图集，[3] 作为今后老建筑修缮的统一标准。更新后的街区处处见历史、处处显文化，通过复原传统民居建筑风貌、有机织补街巷格局、融入古树古藤等乡土植物、打造传统生活场景系列雕塑小品等举措，老门东形成了以主街再现老城南繁华景象、以鱼骨状向两侧延伸的窄街小巷再现老城南传统生活的情感消费沉浸式界面，实现了从基础设施落后的高密度旧城聚居区向可供游客凝视、具有丰富人文意涵的消费空间的转变。如老门东的建筑改造主要采用木构、旧石、青砖等传统材料，街区地面以青石板、条形砖为主，其中青砖的选用一部分取材自保留至今的旧砖块，承载着岁月的痕迹，一部分是从邻近区域精心搜集而来的同时期老砖，彼此呼应，共述历史，还有一部分则是依照古籍记载的传统工艺新制而成，既致敬古法，又焕发新生，为游客营造了一个独特的怀旧型文旅消费场景。

场所精神是指场所本身具有的特征，最早由挪威建筑学家诺伯格-舒

---

[1] 许婉婷、朱喜钢、操小晋：《文化场景营造视角下的老旧街区更新路径及策略研究——以南京市南湖东路怀旧主题街区为例》，《上海城市规划》2024年第2期。
[2] 熊海峰、卢树北：《让历史文化街区焕发新的生机活力》，《中国旅游报》2024年5月9日，第3版。
[3] 何聪、姚雪青、李卓尔：《历史街区，在保护中发展》，《人民日报》2024年4月24日，第7版。

尔茨提出,他认为场所精神由区位、空间形态和具有特性的明晰性明显地表达出来,能够在历史变迁中经久不变。① 场所精神承载着人对整个场所的归属感和认同感,其营造和持存离不开人的活动去组织、去激活和去维系;② 强调人对空间的感知与情感体验,形成了场所的共同记忆、文化模式与情感共鸣。老门东在更新实践中将历史文化保护与现代功能植入相结合,凝聚并彰显了场所精神。如通过修缮和复建蒋寿山故居、沈万三故居、傅善祥故居等名人宅邸,恢复骏惠书屋、问渠茶馆等代表秦淮市井文化的古建筑(见图5-2),老门东不仅保留了历史的痕迹,更将其转化为讲述南京历史文化的元素,使街区蜕变为透视南京历史风貌的重要窗口。老门东注重通过文化叙事的方式塑造场所精神,作为将社会习俗、文旅消费与民众共同记忆交汇融合的联结点,老城南记忆馆官方介绍:"依托老城南记忆馆延续了老城南记忆的血脉,能在现代城市化中找到历史的痕迹,体现出人文景观"。

图 5-2 老门东街区的标志性古建筑(左图为骏惠书屋,右图为蒋寿山故居)(李惠芬摄)

文化活动是历史街区保护的重要载体,构建以文化活动为主体的多层次文化消费场景可有效提升游客黏性并促进在地文化认同。老门东历史街

---

① 包亚明:《场所精神与城市文化地理学》,《文汇报》2017年10月20日,第13版。
② 胡潇:《"场所精神"的人文释义——诗意栖居另说》,《江汉论坛》2021年第12期。

区更新在恢复"青砖黛瓦马头墙"的江南民居风貌基础上植入了文化活动、民俗工艺等元素，为实现怀旧情感投射与文化消费转化的有机统一夯实了基础。如老门东历史街区依托可感知的文化叙事场域，持续举办了"门东大师荟·大师汇门东"、"来门东·迎新年"跨年晚会、老字号嘉年华等展览、讲座、沙龙，其中"南京文化艺术节·门东艺术季"仅2022年就举办了53场演出及活动，吸引超20万人次参与，推动文商旅融合消费近800万元。① 同时，街区通过"无限定空间非遗进景区"等创新实践，将秦淮灯会、绿柳居素食烹制技艺等非遗元素植入消费场景，将传统文化与现代生活有机融合，增强了居民的文化参与感和归属感，推动了街区的可持续发展。

老门东通过保留与再现这些特色区域，打造了多个怀旧型文旅消费场景，唤起了游客与本地居民的情感共鸣。据统计，自2013年开街以来，老门东的年客流量从400万人次激增到2023年的2200万人次，其中南京本地人占到70%左右。② 老门东更新，在物质维度实现了文化记忆的具象化呈现、在社会维度实现了集体认同的仪式性强化、在经济维度实现了消费场景的沉浸式建构。这一路径在文化价值的整体回归基础上建立了同源情感锚定点，有效激发了历史街区的发展活力与可持续发展潜力。

3. 路径二：业态融合，以文旅消费产品驱动功能更新

在城市化进程从增量扩张转向存量更新的背景下，历史街区的功能迭代已从单一空间修复转向产业价值链重构，以文旅消费产品驱动更新成为诸多历史街区的必然选择。文旅消费产品将历史文化的抽象内涵通过具体且多样的产品形式予以呈现，并在营销方式、商业模式、配置形式上实现高水平的

---

① 邢虹：《江苏南京："门东艺术季"吸引超20万人次参与"文艺范"融合烟火气，点燃金陵夏日》，《南京日报》2022年7月15日。
② 陈洁、仇惠栋：《南京老城焕新打开"人文经济"密钥——人文经济学的江苏实践》，《新华日报》2024年2月29日，第3版。

渗透重组和价值耦合。① 老门东在更新中注重文旅消费产品的迭代升级，形成了集国潮文创、文艺展演、酒居民宿、特色餐饮等于一体的多元复合型业态分布格局，为历史街区更新提供了"功能重置不破坏肌理、业态创新不割裂文脉"的样本。

多元要素的共生性互动构建了文化经济景观的再生机制，以"文创+老字号"双核驱动重构历史街区生态。文创产业的创新性特质，能够为老字号注入新的设计理念和营销思路，使其更符合现代消费者的审美和需求；老字号拥有深厚的历史底蕴和品牌忠诚度，为文创产品提供了文化根源和情感依托。老门东历史街区在更新中将场景与文创相结合，构建了文创与传统老字号的动态共生系统：设有南京味道小吃街、老字号品牌店、特色手工艺品店、文创产品店等192家店铺。老门东作为南京3条特色文旅商品街区之一，拥有南京清真桃源村食品、南京冠生园、好一朵茉莉花、"籴好时光"创意生活馆、沸氏香铺、元本集合6家特色文旅商店，占全市42家特色文旅商店比重为14.29%；街区内的文创商店发展态势良好，带动流量变现力强，据统计，仅"好一朵茉莉花"老门东店，2023年营收同比增长高达520%。② 老字号作为中华优秀传统文化的重要载体，不仅是历史的见证者，更是文化的传承者，通过传统技艺再语境化与品牌资产活化，老字号在推动街区文旅消费上发挥着重要作用。老门东积极贯彻落实《商务部等8部门关于促进老字号创新发展的意见》、商务部等《关于加强老字号与历史文化资源联动促进品牌消费的通知》的要求，联动文旅资源，引进了绿柳居、南京冠生园、桃源村、韩复兴、蒋有记、咸亨酒店等21家老字号，其中中华老字号9家、南京老字号12家，设立的老字号博物馆向观众呈现了南京各行各业的风土文化记忆符号。老字号积极创新发展路径，部分老字号商铺单独开设了博物馆，如桃源村的老门东店成立了"糕点文化博物馆"，在门

---

① 侯天琛、杨兰桥：《新发展格局下文旅融合的内在逻辑、现实困境与推进策略》，《中州学刊》2021年第12期。

② 《"南京礼物"故事多，圈粉又吸金》，《南京日报》2024年6月17日。

店内设有烘焙体验区与特色茶饮区，① 为消费者在留存记忆的同时制造了怀旧的"时尚体验"。②（见图 5-3）片仔癀博物馆集展示、售卖、互动于一体，展陈了国家一级中药保护品种、国家级非物质文化遗产片仔癀的起源、发展与工艺。老字号与文创商店在历史街区这一特定空间内构建了一种既相互独立又深度联结的共生关系，不仅丰富了历史街区的文化价值，还提升了街区的市场竞争力，2018 年，老门东历史街区获首批江苏省老字号集聚区荣誉称号。

图 5-3　老门东街区中的"老字号"空间营造（李惠芬摄）

层级网络协同催生商业生态的迭代能力，旗舰品牌与多元业态互补性共生重塑历史街区的价值生产。品牌是历史街区的核心竞争力之一，不同品牌之间的相互引流、不同业态之间的协同发展，为历史街区构建多元协调的消费生态夯实了基础。一方面，老门东引进绿柳居、桃源村等传统老字号品

---

① 黄琳燕：《不服"老"！"老字号"还挺潮》，《南京日报》2024 年 7 月 25 日，第 4 版。
② 华茹茹：《怀旧：历史街区文化构建与空间消费》，南京大学硕士学位论文，2015。

牌,先锋书店、德云社、开心麻花、豆花庄、星巴克、好利来、TOI图益等知名品牌,形成了引流效应(见图5-4);另一方面,培育小微文创工作室保持业态多样性,避免同质化陷阱。这种"旗舰品牌锚定+长尾业态共生"的创新模式,借助德云社、先锋书店等文化IP磁场,同时依托190余家商户的互补经营,满足全时段消费需求。这一生态系统为消费者打造了一个既保留传统韵味又充满现代气息的完整体验场景、一个潮趣好物分享的市集运营空间,形成了"消费场景嵌套"效应,使历史空间蜕变为具备自我更新能力的商业有机体。

图 5-4　老门东街区中的多元业态(李惠芬摄)

数智技术与夜间消费的相互赋能重构时空价值的增值维度,创造文化资源转化的新型通道。数智技术通过大数据、人工智能等技术手段,拓展了"数智+文化+消费"的应用场景,推动了街区生产方式的变革;夜间经济凭借数字化技术为消费者创造了更加独特、丰富的消费体验，为街区更新注入了新的动力、提供了新的发展方向。老门东历史街区紧抓国家数字化发展与夜间经济发展战略机遇，持续调整与优化街区文旅产品与业态。2013 年，打造了 3D 城墙灯光秀项目，将现代光影技术与传统文化元素相融合，为南京市民提供了新的文旅消费产品；2021 年，九号公司与 B 站会员购共同在老门东举办科技嘉年华活动，融合热门 IP 形象与二次元符号打造了太空漫游主题；2022 年，老门东引入了现象级交互艺术 IP 装置 MailboX，将老门东等秦淮元素与环境色融入其中，为观众提供了全新的沉浸式体验；2024 年，老门东历史街区联动中华门城堡、南京城墙博物馆，打造了"南京城墙"巨幅幕布、设置了《南京城门》影像展，南京城墙在小红书、抖音、微博等自媒体平台成为南京文旅关注热点；[1] 等等。夜间经济不仅仅是经济活动的延伸，更是城市文化多样性和社会活力的体现，[2] 为文化传承与发展提供了新的时空维度，打造特色鲜明、文化内涵丰厚的夜间经济品牌成为历史街区更新的重要路径。《秦淮区夜间经济工作方案》明确要求："围绕夫子庙、老门东打造以文化旅游、娱乐体验为核心的夜间经济集聚区"，老门东历史街区提出了"第二个 8 小时"的概念，举办了"花漾音乐季""咪豆星球主题音乐派对"等活动，率先将国家级体育赛事引入历史街区，有效延长了游客的停留时间，实现了文化资源向文化资本的转变。有调查显示，在门东历史文化街区开赛的 2023 中国街舞联赛（南京站），现场观众人数近 8 万人次，带动景区消费提升约 20%。[3] 体育赛事引入街区后，老门东每天晚上的客流占比 50% 以上，夜游人群增加了 12%。[4]

---

[1] 《南京老门东历史街区：古韵与新潮交织的城市记忆》，微信公众号"CBC 建筑中心"，2024 年 10 月 24 日。

[2] 王茂涛：《粤港澳大湾区夜间经济发展现状与能级提升研究》，《城市观察》2024 年第 2 期。

[3] 田诗雨、秦萱：《景区"老酒新酿"，澎湃创新发展动能》，《南京日报》2023 年 8 月 25 日。

[4] 仇惠栋等：《南京旅游的暑假作业》，《新华日报》2022 年 9 月 5 日，第 NJ1 版。

老门东以文旅产品驱动街区更新，在功能价值上从居住主导转向"文化体验—商业消费—旅游服务"的功能复合体，在空间价值上从市井生活空间升级为文化消费新地标。据统计，老门东历史街区引入了180余家高品牌影响力商户，住宿、餐饮、文化产业、零售与休闲娱乐的业态占比分别为27%、26%、21%、16%与10%,[1] 实现了文化传承与经济发展的相互促进、相得益彰的双赢格局，有效提升了历史街区的自身造血能力。

4. 路径三：空间融汇，以共生发展驱动街区生态更新

历史街区作为城市文化的重要载体、特定空间，通过功能要素、文化单元、空间供需的协调，促成街区空间功能与文化价值匹配,[2] 推动街区可持续发展。门东社区作为江苏省第一个景区社区,[3] 在更新实践中将公共文化空间、产业空间和多元载体有机结合，形成了商区、景区、街区、社区融合共生的更新机制。

历史街区是一个小文化生态系统，系统内的产业空间、公共空间、景观空间多样化发展、协调共生。《秦淮区国民经济和社会发展第十四个五年规划和二〇三五年远景目标纲要》提出："门东城南记忆体验休闲片区规划布局三条营西食游宿、中营文化展演、明城墙下休闲娱乐带、张家衙小酒馆集群、箍桶巷沿线文创、城墙内侧新媒体短视频基地等六个功能区域，形成多元化'文旅商'业态分布格局。"[4] 为实现街区资源优化配置、促进不同产业之间的协同发展，提升街区活力和吸引力提供了政策支撑。在空间生产

---

[1] 《南京老门东历史街区：古韵与新潮交织的城市记忆》，微信公众号"CBC 建筑中心"，2024 年 10 月 24 日。

[2] 肖竞、李和平、肖文斌、马春叶、曹珂：《区域重构背景下城市历史街区多尺度协同更新与价值活化》，《城市观察》2023 年第 4 期。

[3] 《南京市秦淮区：门东新址焕新颜 迈上"景社"发展治理新台阶》，微信公众号"江苏省社会工作协会"，2024 年 6 月 20 日。

[4] 《秦淮区国民经济和社会发展第十四个五年规划和二〇三五年远景目标纲要》，http://www.njqh.gov.cn/qhqrmzf/202308/t20230803_3978890.html。

理论视域下，老门东历史街区的更新实践呈现文化资本再生产的典型空间图式。街区西北部集聚了金陵美术馆、南京书画院、云起美术馆、老城南记忆馆等文化场馆，通过艺术展览的象征性实践完成了城市文化记忆的权威叙事。东半部及主街聚集了文创零售与文化艺术店铺，在历史空间实现了将地方性知识向可流通文化商品的转化。特色餐饮贯穿整个街区，民宿客栈主要分布在街区的西部和北部相对安静的区域，形成差异化需求响应机制。南京白局、金陵刻经、手制风筝等非遗展示店铺和工作室贯穿整个街区，2023年开业的非遗传习馆更是集聚了16项非遗项目，还特别设置了"青海非遗体验馆"。街区打造了绿树、溪流等构成的舒适的景观空间，为游客和居民提供舒适的休憩环境。老门东历史街区空间分布合理，通过科学规划和合理布局，成功地将传统文化与现代生活、历史文化与文旅产业、文化空间与产业空间相结合，不同功能空间既独立又相通，彼此有机衔接、互补发展，形成了充满活力的文化生态系统（见图5-5、图5-6）。

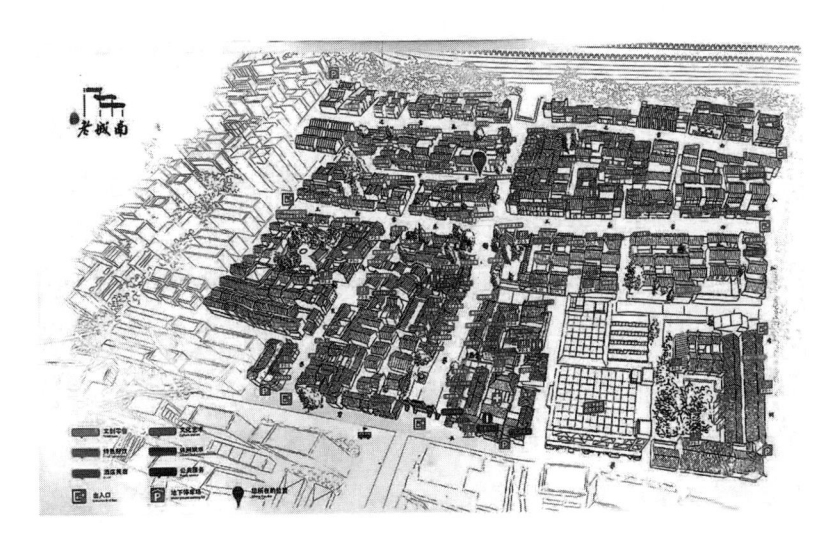

图5-5　老门东街区中的多元文化空间分布（李惠芬摄）

图 5-6　老门东街区中的部分非遗店铺（李惠芬摄）

空间是"聚在一起的可能性"，社会空间与社会互动是相互依存、不可分割的，[①] 其本质在于通过社会互动实现关系网络的具象化。当物理空间的重构与多元主体的空间实践形成共振时，便能催生具有持续生命力的社会空间生态系统。老门东历史街区在更新实践中，注重跨界合作与共赢的发展理念，创新性地将"四区融合"（"街区+景区+社区+商区"）理念具象为空间生产机制，鼓励居民参与街区管理和服务工作，社区达人和志愿者牵头在庭院开展公益市集活动，不仅促进了历史街区与本地社区的融合发展，还提升了街区的凝聚力和向心力。而且，街区强化与学校的跨界合作，教育实践场域经由文化展演等实现了空间拓展，历史街区空间则经由教育实践进一步激活了知识生产功能。如 2022 年，南京金陵高等职业技术学校团委学生会与门东社区建立了合作关系；2023 年，南京艺术学院、南京师范大学等 5 所高校的戏剧社团参与了开心麻花和南京老门东联合主办的沉浸式喜剧生活节，既重塑了街区的社会关系网络，也为高校的教育教学实践提供了丰富的资源。

---

① 刘思达：《社会空间：从齐美尔到戈夫曼》，《社会学研究》2023 年第 4 期。

共生环境、共生单元和共生界面是社会学意义上共生关系的三个基本要素，整体性共生的目标之一在于实现空间、功能、文化与人群等要素的和谐共存。[1] 老门东以共生理念驱动街区更新，实现了城市肌理与新旧建筑在空间维度的共生、生产与生活在功能维度的共生、城市文脉与当代文旅在文化维度的共生、本地市民与外地游客在人群维度的共生，为历史文化街区更新提供了"新旧共生、主客共融"的示范性解决方案。

四 启示与思考

1. "老门东"文旅消费驱动型更新模式的启示

历史街区更新作为城市可持续发展的重要命题，不应只局限于物质空间的改造，还应注重历史文化资源的保护与传承，实现多维度的文化生态重构。老门东历史街区的保护与更新实践，以保留城市肌理为基础，以重建为手段，实现了历史街区、开放式景区、商区与周边社区的四区融合；以文旅产业为主导，植入公共文化服务功能，平衡了商业开发、业态更新与文脉保护传承的关系，既回归了历史文化特质，又满足了现代功能的需求。老门东历史街区更新，深化了从空间形态的"形似"到文化基因的"传承"、从功能替代的"输血"到价值再生的"造血"，延续了秦淮河畔"商贾辐辏、市井繁华"的历史记忆，实现了文化价值、社会价值与经济价值的三重提升，推进了历史空间再生产、文化资本转化与社会价值共生的协同效应。从老门东的案例中，可以得出如下启示。

肌理修复：历史印记的时空延续。城市肌理作为历史记忆的物质载体，其修复需兼顾空间形态的真实性与文化基因的完整性。历史街区的更新需以城市形态学为基础，强化空间基因的延续性。《南京历史文化名城保护规划

---

[1] 刘建阳、谭春华、费浩哲、黄军林：《不同而"和"：共生理论下历史文化街区保护与更新规划实践》，《中外建筑》2022年第5期。

（2010—2020）》《南京老城南历史城区保护规划与城市设计》等政策的出台，为老门东历史街区的保护与更新实践提供了指导与依据。2011 年，门东地区重新启动了以"保护传统街区风貌 局部更新统筹规划"为原则、以"整体保护、有机更新、政府主导、慎用市场"为方针的更新实践，改变了以往资金就地平衡、就区平衡的旧模式。街区保留了箍桶巷等大部分传统街巷的格局肌理，以及石刻、古井、古树等不可移动文物，仅对部分街巷和院落尺度进行了调整，优化了空间的可达性。修复和保护了蒋寿山故居、三条营古建筑群等历史建筑，复建了问渠茶馆等代表秦淮市井文化特色的古建筑，尽可能地保留和再现了历史积淀而形成的市井格局与生态，恢复了"青砖黛瓦马头墙、回廊挂落花格窗"的江南民居风貌，形成了有关"过去"的痕迹密集拼贴。以弥漫其间的传统风貌、生活方式等唤醒了人们对老城南的记忆和回味，通过空间叙事重构了集体记忆的载体，实现了文化再生产。

功能置换：文化资本的创造性转化。随着旅游业的快速发展和人们文化消费需求的提升，文旅产业逐渐成为推动城市经济发展、街区更新的重要力量。地方文化作为生产要素介入了门东的更新，推动老门东地区从居住功能向文旅产业功能的置换。2011 年，南京市政府明确提出建设"十类特色旅游精品线路"，其中老门东是其重要组成部分，有效推动了文旅融合发展。门东历史街区深度植入文旅产业，集聚了非遗、老字号，引入了文旅、潮流文创、沉浸式剧场等多元业态，实现了从单一业态向多元共生系统的转变。2013 年重新开放，门东历史街区成为集历史文化、休闲娱乐、旅游景观于一体的文化街区，"古韵味"与"亲文化"并存、"文艺范"和"烟火气"共生，成了展示城市历史和现代文明的开放式博物馆，成功吸引了大量游客和文化消费者，推动了街区的经济发展。

形态重构：公共文化的空间再生产。公共空间的本质是沟通交流，在历史街区重建人文互动的日常，[①] 有利于推动街区的文化再生产。老门东历史

[①] 施芸卿：《再造日常——老城复兴中"活"的公共文化再生产》，《社会学评论》2023 年第 1 期。

街区遵循"微更新"理念,对原南京色织厂老厂房进行改造,建立了南京书画院、金陵美术馆、老城南记忆馆等公共文化设施,为历史街区植入了公共文化服务功能,使得老门东在保留与传承中找到了一种螺旋上升的动态平衡。[①] 复建了骏惠书屋、金陵戏坊等具有金陵秦淮文化风格的古建筑,先锋书店的建筑前身是骏惠书屋,其一砖一瓦均从原址江西婺源运来,被誉为"南京第一木雕楼",现成为书香与古风、建筑艺术与文化艺术相结合的阅读空间;金陵戏坊的建筑前身是老南京戏园子之一,现成为了江苏首个常态化戏曲演艺平台。这些文化设施是古老建筑与现代文化相结合的产物,回应了公共文化服务供给与社会关系重塑的双重需求,已成为门东历史街区的重要文化符号。

2. 进一步的思考

习近平总书记指出,"在改造老城、开发新城过程中,要保护好城市历史文化遗存,延续城市文脉,使历史和当代相得益彰";[②] "要突出地方特色,注重人居环境改善,更多采用微改造这种'绣花'功夫,注重文明传承、文化延续"。[③] 这为文旅融合赋能城市更新指明了方向:在物质空间条件改善的基础上,要回应好地方文脉保留传承、居民美好生活需要满足、城市功能与活力再造等问题。提升文旅赋能历史街区效能,要遵循三个坚持。

一是坚持"文化引领"。城市更新是"经济工程",更是"文化工程"。[④] 以文旅融合赋能城市更新,首先要为城市更新注入文化之"魂",将地域特色的延续与文化内涵的塑造作为城市更新的重点。要在尊重更新区

---

① 吴晓庆、张京祥:《从新天地到老门东——城市更新中历史文化价值的异化与回归》,《现代城市研究》2015年第3期。
② 中共中央党史和文献研究院编:《习近平关于城市工作论述摘编》,中央文献出版社,2023年,第115页。
③ 《习近平在广东考察时强调:高举新时代改革开放旗帜 把改革开放不断推向深入》,《人民日报》2018年10月26日,第1版。
④ 程晓刚等:《坚持文化引领 激活老城新生》,《中国文化报》2023年4月10日,第1版。

域文化原真性、地方性的基础上，推动其升级改造为具有本土特色的文化场域，避免"模式化""套路化"，实现从文化感知向场所历史文脉的回归，推动城市文脉有机延续。

二是坚持"产业驱动"。在文化赋能经济社会发展的宏观背景下，"内涵增长"型的城市更新旨在通过产业的升级与功能再造为城市发展提供价值支撑。历史街区更新应充分发挥文旅产业在盘活存量、创造内需、吸引流量中的多元作用，通过场景营造激活空间价值、内容创新培育新兴业态，推动文旅产业在城市更新中发挥其独特的价值激活效应，为城市发展注入新动力与新活力，持续增强城市的内生造血能力。

三是坚持"主客共享"。城市更新不仅要补齐广大居民"急难愁盼"的生活短板，更要满足文化、社交等更高层次的民生诉求。以文旅融合赋能城市更新，要注重本地居民文化福祉的提升，以免陷入片面迎合游客群体、关注市场效益的"最熟悉的陌生人"效应；要通过各类与人民生活品质直接相关的文旅服务升级，打造"主客共享"的品质场所、文化空间，增进本地居民文化获得感、满足游客美好旅游体验，在城市宜居宜业宜商宜游中促进城市"流量"与"留量"双增长。

第六章 文创产业赋能：
"国创园"创意园区植入型的更新实践

一 文创产业赋能：让城市更新支撑动能转换

城市更新致力于存量挖潜，工业遗产作为城市重要的存量资产，成为城市更新的重要内容。《中国工业文化发展报告（2024）》显示，截至2024年，全国已有231项国家工业遗产，22个省份认定344项省级工业遗产，初步建立起国家—省级工业遗产保护体系。[①] 2023年，工业和信息化部印发的《国家工业遗产管理办法》明确指出，"国家工业遗产的利用应与城市转型发展相结合"。这表明，工业遗产的保护利用需要在城市更新的语境中予以考量，既要以工业遗产的保护利用助力城市的转型升级，又要通过提升工业遗产的公众参与水平回应"人民城市人民建"的价值诉求。观之近年来国内外工业遗产更新的主要实践，可以发现，以文创产业赋能城市更新，能够支撑存量工业遗产空间的发展动能转换，推动工业遗产恢复生命力并融入城市发展大局，真正发挥工业遗产作为城市居民所共享的文化资源、空间资源的潜力价值：推动工业遗产空间更新升级为复合型城市人文经济空间，构造全民共享的城市文化新引力区，既有助于城市文化资产的二次开发、城市

---

① 工业和信息化部工业文化发展中心：《中国工业文化发展报告（2024）》，电子工业出版社，2025年。

经济的复活发展，也能够传承工业文化、彰显文明价值，契合了有机更新的内在要义与实践要求。

1. 城市产业升级转型使得工业遗产闲置

在当代城市化进程中，中心城区工业空间的转型发展已成为全球城市研究的核心议题。纵观中西方城市的发展轨迹，可以发现一个具有普遍性的空间现象：中西方城市空间在全球产业格局深刻变革的宏观背景下均发生了显著的重构与再造；其中，曾经在工业革命时代为城市发展做出巨大贡献、作为工业文明标志性载体的生产空间，在全球化与后工业化的双重冲击下，无法继续以传统制造业作为空间发展动能，成为城市中心地带的衰败闲置空间，亟待更新。在西方城市，工业革命时期大量兴建于城市中心地带的工厂、仓库等工业设施因无法满足后福特主义资本积累模式的需求而逐渐衰落，成为被"遗弃"的城市灰色地带，城市空间形成了内城工业废弃地与郊区宜居住区的马赛克式拼贴图景。如纽约的苏荷区，这里曾是纽约制造业活动的"心脏地带"，在20世纪50—70年代经历了工业活动的大规模收缩，遗留下总面积逾50万平方米的铸铁厂房空置群，基础设施年久失修、社会治安问题频发，以致被污名化为"纽约城的荒地"。[①] 在我国，20世纪80年代中期，世界范围内的产业结构调整开始波及我国先进城市；20世纪90年代，"退二进三"的产业转型战略在我国各大城市中推行开来，即通过减少工业企业用地比重，提高服务业用地比重，优化城市中心区用地结构，以此推动城市的产业结构调整与优化升级。由此，一些不再适应城市发展需要的工业企业被外迁或清理，使得老城内遗留下大量工业建筑和机械、厂房、仓库等传统制造业设施。据全国老旧厂房保护利用与城市文化发展联盟公布的数据，截至2020年，全国待改造的存量老旧厂房高达35亿平方米。以南京为例，《南京市工业遗产保护规划（第一批）》显示，全市52处工

---

① 莎伦·佐京：《阁楼生活：城市变迁中的文化与资本》，何森译，江苏凤凰教育出版社，2020年，第30—33页、第62页。

业遗产中有11处仍处于闲置状态；具体到其中的工业建筑，则有占比高达29.56%的建筑处于闲置状态（见表6-1）。因此，闲置工业遗产在中心城区的集聚，不仅不利于城市土地的高效集约利用，也对城市中心风貌造成了一定的影响。

表6-1 南京工业建筑现状功能统计

单位：处

所属行政区	现状功能						
	厂房	仓储	办公	辅助	商业	展示	闲置
鼓楼	67	4	22	13	3	2	31
秦淮	48	11	46	26	17	0	48
玄武	6	6	23	16	5	12	3
建邺	0	0	1	1	2	0	0
栖霞	51	55	32	318	0	0	8
浦口	4	0	2	2	1	0	2
六合	22	7	6	118	0	0	0
江宁	87	31	30	297	0	0	522
雨花台	73	8	18	98	1	0	54
总计	358	122	180	889	29	14	668
所占比例	15.84%	5.40%	7.96%	39.34%	1.28%	0.62%	29.56%

资料来源：《南京市工业遗产保护规划（第一批）》。

但同时，这些工业遗产空间大多具有区位条件好、空间可塑性强、美学价值独特等特点：一是在工业化进程中基于工业生产对集聚效应的内在需求，大量工业厂区选址在城市中心地带，拥有优越的区位条件与较为便利的交通条件。有数据显示，20世纪80年代初，南京主城（六个城区）内约有850家工业企业，占据着优越的地理位置。二是服务于机器化大生产的需要，工业厂房普遍具备宏阔的空间尺度、规整的结构布局以及高度灵活的功能承载能力，在建筑改造与功能更新层面上具有较强的可塑性。三是工业遗产空间承载着一种独特的审美意蕴，混凝土墙体、工业构件所凝固的时间感能够彰显工业文明、传承工业技艺，具有城市文化标识的重要价值。由此，工业遗产空间成为当代城市更新的重要对象，在生产功能退场之后，如何为这些空间赋予新的生命力、重新嵌入城市的社会经济文化网络，已成为各大城市面临的普遍课题。

2. 工业遗产作为城市工业文明的时代见证

工业遗产既是人类社会进步的物质体现和工业文明的历史见证，也是工业文化的重要载体。这些镌刻着工业文明印记的物质遗存，不仅客观记录了技术革新的历史轨迹，更以独特的空间语言诠释了人类社会从传统手工业到机械化大生产的时代演进，其价值呈现历史、文化、审美等多维度的丰富面向：在历史价值上，工业遗产不仅承载了工业建筑的建造年代、类型价值，还包括与历史人物、事件的关联度以及对所在时期历史信息的记录。在文化价值上，工业遗产是当代城市中弥足珍贵的文化景观，以物质实体的形式延续着工业时代的强烈地方特色。这些与地方生产生活密切相关的工业景观，是塑造城市特色、避免文化同质化的重要空间资源，有助于地域文化和城市文脉可识别性的构建、延伸与发扬。同时，作为承载着相当一部分城市居民集体记忆的物质载体，工业遗产在培育地方文化认同中具有不可替代的作用。

西方国家早在 19 世纪中期就开始了对工业遗产保护的探索与实践，19 世纪末形成了"工业考古学"；20 世纪七八十年代，掀起了工业遗产保护利用热潮，围绕工业遗产再利用为博物馆、旅游景点、城市公园、文化创意产业园、公寓等进行了多元探索。随着促进工业遗产保护成为国际共识，1986 年，英国铁桥峡谷被联合国教科文组织世界遗产委员会批准作为文化遗产列入《世界遗产名录》，成为世界遗产中的首例工业遗产。2003 年，国际工业遗产保护委员会制定的《下塔吉尔宪章》成为工业遗产保护的纲领性文件，其中将"工业遗产"定义为"具有历史、技术、社会、建筑或科学价值的工业文化遗存。这些遗存包括建筑物和机械、车间、作坊、工厂、矿场、提炼加工场、仓库、能源产生转化利用地、运输和所有它的基础设施以及与工业有关的社会活动场所如住房、宗教场所、教育场所等"。① 进入 21 世纪后，我国开始关注工业遗产的保护和利用问题。2006 年在无锡召开的首届中国工业遗产保护论坛具有里程碑意义，其形成的"无锡建议"首次提出了工业遗产保护的认知框架与实践路径，并将工业遗产明确定义为："具有历史学、社会学、建筑学和技术、审美启智和科研价值的工业文化遗存，包括建筑物、工厂车间、磨坊、矿山和机械，相关的社会活动场所，以及工艺流程、数据记录、企业档案等物质和非物质文化遗产。"② 同年 5 月，国家文物局下发《关于加强工业遗产保护的通知》，指出工业遗产保护是我国文化遗产保护事业中具有重要性和紧迫性的新课题。这一制度建构过程在 2012 年《杭州共识》中得到深化拓展，其中提出开展全国工业遗产普查、制定工业遗产判定标准、建立审批管理机制等，不仅为工业遗产保护提供了规范依据，更明确了对工业文明遗产的价值评判标准，有助于工业遗产文化价值的系统挖掘。

近年来，随着国家文化发展战略的深入推进，工业遗产作为城市工业文明时代见证的价值受到了高度重视。在文化自觉与文化自信建设的时代背景下，工业遗产的保护与活化已超越单纯的建筑保存层面，上升为传承工业记忆、诠释工匠精神的重要文化实践。2014 年，国务院办公厅印发《关于推进城区老工业区搬迁改造的指导意见》，明确提出要"高度重视城区老工业区工业遗产的历史价值，把工业遗产保护再利用作为搬迁改造重要内容"。2017 年，工业和信息化部公布"第一批国家工业遗产名单"。2021 年，工业和信息化部、国家发展和改革委员会等八部门联合印发《推进工业文化发展实施方案（2021-2025 年）》，提出"初步形成分级分类的工业遗产保护利用体系"。广东、北京、江苏等地也陆续出台工业遗产管理办法。以上制度性建设均表明，工业遗产的文化意义在当代城市建设中得到了重新认知

---

① 2003 年 6 月，国际工业遗产保护委员会（TICCIH）在俄罗斯为工业遗产制定了《下塔吉尔宪章》，该宪章由 TICCIH 起草，最终由 UNESCO 正式批准。参见王晶、李浩、王辉《城市工业遗产保护更新——一种构建创意城市的重要途径》，《国际城市规划》2012 年第 3 期。

② 中国古迹遗址保护协会：《无锡建议——注重经济高速发展时期的工业遗产保护》，《建筑创作》2006 年第 8 期。

与重新发现，体现了新型城镇化对延续历史文脉、建设人文城市的文化自觉。

3. 文创产业推动工业遗产与城市发展互融

21世纪的头20年见证了文化创意产业在全球的勃兴。作为一种以文化创意为核心的新经济形态，文化创意产业既推动了城市产业结构的高级化演进，也成为重塑城市社会空间的关键要素：以往的资源性文化发展成为资本性文化，不仅带动了全产业链扩展、延长产业链从单链结构发展为"网链结构"的变革，更创造了文化资本意义上的空间再生产。① 正如《下塔吉尔宪章》提出的，"工业遗产保护计划应该融入经济发展政策以及地区和国家规划中来"，文创产业的蓬勃发展为工业遗产以"适应性再利用"为特征的更新提供了契机。一方面，工业建筑特有的高挑空间与组织结构契合了文创产业对非标准空间的诉求；另一方面，创意阶层大多偏好具有强烈文化体验的空间，工业遗产独特的文化氛围对创意阶层具有较强的吸引力。观之全球范围内，许多工业遗产都通过创意产业的嵌入与集聚有效激发了新生活力，实现了成功转型。如：德国鲁尔区通过引入文化旅游、创意经济，实现了从重工业基地到文化空间的系统转变；纽约苏荷区从早期艺术家的自主进驻再到后期的政策引导，最终成为全球先锋艺术的集聚地；伦敦巴特西发电站以"文化创意产业社区"为定位，从"工业废墟"转型升级为创意阶层集聚的城市文化地标。这些案例均表明，作为一种以创造力为核心的新兴产业，文创产业以其独特的创新性和高附加值，能够有效推动工业存量的更新，构造城市新兴文化增长极，对促进相关产业发展、创造经济和社会效益起着重要的"触媒"作用，并在更广阔的城市空间中产生影响。

在我国，"退二进三"的置换过程在主城区留下一些工业厂房、用地，为文化创意产业的植入提供了空间和机会。在20世纪末的工业遗产保护与再利用萌芽期，出现了北京的798文创园区和上海滨江创意产业园等典型创

---

① 张鸿雁：《中国城市文化资本论》，南京出版社，2024年，第64页。

意园区。进入 21 世纪初，各地纷纷推动工业遗产改造升级为文创园区，主要有杭州的 LOFT49 新型创意社区、上海的莫干山路 M50 创意园、昆明的"上河创库"、重庆的"坦克库"当代艺术中心以及南京蓝普电子股份有限公司和南京汽车制造厂仪表厂闲置厂区改造的"南京世界之窗创意产业园"等。2023 年，工业和信息化部修订印发的《国家工业遗产管理办法》提出，妥善保护具有较高历史、社会、文化价值的工业遗产，合理利用老工业厂房等打造公共文创空间，让工业遗产焕发新活力，展现新光彩。在国家政策的推动下，我国各地积极探索文创产业赋能工业遗产的更新路径，通过文化创新、场景再造、社区参与等方式，创造了具有中国特色的以"自我绅士化"为中心的工业遗产保护理论与实践。[1] 近年来，随着工业遗产向创意园区的更新实践不断深化，其中存在的"孤岛化"问题引发了关注：在相对早期的更新模式中，工业遗产大多改造为相对封闭的创意园区，发挥创意生产的载体功能，而忽视其作为城市公共文化空间的价值，与城市生活的有机联系相对不足。因此，在后续实践中，各地开始关注工业遗产更新与"人民城市"建设的有机结合，通过消融园区与城市的物理边界、承载城市级别的文化活动、植入文化消费业态等方式，推动工业文化传承、创意产业发展与居民日常生活形成有机联系，实现经济效益与社会效益的齐头并进。

二 "国创园"地区的演变历程与更新背景

国创园（全称为"南京国家领军人才创意产业园"）位于南京市秦淮区老城南腹地、内外秦淮河交界处，与水西门一同作为老城区的西门户，占地面积为 8.3 公顷。从江南铸造银圆制钱总局，到江南造币厂，再到南京公营度量衡制造厂、南京第一机械厂、南京第二机床厂，经历了 19 世纪末的洋务运动、20 世纪 30 年代中华民国资本主义发展的黄金时期、新中国成立

---

[1] 韩晗、李卓：《中国方案：工业遗产保护更新的 100 个故事》，华中科技大学出版社，2023 年，第 3—22 页。

后的公私合营工业发展、改革开放后的工业化浪潮等各个重要时期,见证了中国历次工业化的经典转型。① 2012 年,随着厂区搬迁,这里开启了更新历程,形成以文化创意、设计服务和科技创新为主要业态的创意园区,兼顾产业发展、文化提升和惠民服务,有效推动了城市发展。

图 6-1 国创园地区卫星影像(笔者自绘)

1. "国创园"地区的演变历程

近代以来,南京作为中国最早的商埠城市之一,在社会经济的剧烈变动中产生了军事和民用工业,在历史沉淀中留下了多种多样的工业遗产,"国创园"地区便是其杰出代表。"国创园"所在地区为南京第二机床厂旧址,入选第六批国家工业遗产名单。这里工业文化底蕴深厚,在南京工业发展史中扮演着重要的角色,其演变历程大体可以分为以下几个阶段。②

---

① 《南京国家领军人才创意产业园》,微信公众号"UDG 联创设计",2014 年 4 月 4 日。
② 根据以下资料整理:(1)国创园园区内展板;(2)南京金基集团编著《国计遗珍 创新活化——南京国创园工业遗产保护利用实践研究》,东南大学出版社,2024 年;(3)《南京第二机床厂历史风貌区》,微信公众号"南京规划资源",2017 年 8 月 15 日;(4)《"国字号"国创园:工业遗产焕新彩》,微信公众号"秦淮发布",2024 年 12 月 11 日。

第一阶段是"江南造币厂"时期。晚清时期，在南京近代工业兴起的背景下，"江南铸造银圆制钱总局"在南京西水关云台闸南岸沿河建立，主要用于铸造银圆和制钱，后改名为"江南户部造币分厂"。数据显示，光绪年间，江南厂有办公房、库房、厂房及宿舍住房304间，印花机97台。北洋政府时期，银元在货币体系中的地位逐渐提高。据统计，南京造币厂"仅1915年初到1923年底的九年中，就铸造壹圆主币四亿零八百三十四万五千八百枚"，占当时市场流通主币的68.9%，在全国金融领域具有较高地位。中华民国成立后，江南户部造币分厂也随之被国民政府接收，成为"中华民国江南造币厂"，后改名为"财政部南京造币厂"，此后南京造币厂持续生产至1928年。

第二阶段是"度量衡制造所"时期。1929年6月，全国度量衡局及度量衡制造所第二厂在此设立，开始转入度量衡标准器制造；1933年，北平度量衡制造所南迁后与南京第二厂合并，成为中央直属的全国度量衡制造所。南京解放后，南京市军事管制委员会对此进行接管；1949年7月，度量衡厂复工生产，定名为"南京公营度量衡制造厂"。至1954年，这里一直从事地方标准器、检定用器与各种科学仪器的制造工作，其生产的工厂台秤在1955年全国展销会上获评全国质量第一名。

第三阶段是"机床厂"时期。1955年，经中共南京市委批准，该厂与9户经营较好的私营机械企业合并，组成"公私合营南京机械厂股份有限公司"，转入机床生产；1956年，改名为南京第一机械厂，生产的机床经鉴定符合国家标准要求。由此，这里实现了衡器制造向"工作母机"生产的转型，在全国车床生产制造领域占有一席之地。1959年，正式更名为"南京第二机床厂"，逐渐形成六大类十七个系列的多元化产品结构，成为国内能提供全套齿轮加工设备的基地，先后被授予"全国质量效益型先进企业""全国五一劳动奖状"。

2011年以后，南京第二机床厂搬离老厂区、迁至江宁区，留下了种类丰富的工业遗产（见图6-2），包括：铸造车间、工模具车间、大件车间等工业建筑；回转式除尘器、龙门吊及露天行架、回火炉等生产设备，

Y5120B 插齿机、JN-280 多功能机床等工业设备；老江南银圆、五分样币、孙中山开国纪念金币、银币，江南省造龙洋戊戌错置银币等文化遗产；[①] 南京市工商局度量衡制造厂《一九五〇年与兴隆营造厂关于建筑厂房的工程合同、施工、细则、估算单、平面图及工程图》、南京度量衡制造厂《本厂一九五一年平面图及厂房建筑图》、粟裕亲笔签发的南京公营度量衡制造厂《市军管会、工业局关于人员任命、调配健全机构的命令、通知、报告与批复》《南京第二机床厂志》《企业管理资料汇编》等宝贵的档案资料。

图 6-2　园区内遗留的工业设备（何淼摄）

2. "国创园"地区的更新背景

2012 年，"国创园"地区启动更新工程。根据金基集团对第二机床厂厂区的改造原计划，占地 8 万平方米的老厂区将用于房地产开发。但在考虑南京城市发展需要、综合社会发展效益之后，在省市党委政府的引领下，企业调整了发展思路，将老厂区改建成以文化创意、设计服务和科技创新为主要业态的产业园。从更为宏观的角度进行审视，这一更新计划的转型恰逢南京城市产业结构战略调整时期：进入 21 世纪以来，南京将发展文化创意产业

---

① 徐宁、钱丽、郑瑞：《国家工业遗产名单公布》，《南京日报》2024 年 10 月 29 日。

作为产业结构优化的重点之一，《南京市文化创意产业"十一五"发展规划纲要（2006—2010年）》明确提出："实施文化南京战略，加快发展创意文化产业，是贯彻'三个代表'重要思想、坚持科学发展观的内在要求，是优化产业结构、转变经济增长方式的战略举措，是建设创新型城市、提升城市综合竞争能力、实现可持续发展的必然选择。"同时，随着南京城市更新的重点开始逐渐转向对城市历史文脉、文化氛围和整体环境的保护和塑造，从文化创意发展角度对工业遗产进行再利用的项目相应开始增加，催生了晨光1865产业园（原金陵机器制造局）、石榴财智中心（石头城6号文化商业园，原南京市粮食局下属粮油仓库）、创意中央（原威孚金宁厂）等项目。这些园区不仅通过聚集大量的文化创意企业，为文化创意产业发展提供了重要的空间承载；其独有的空间意象，也成为城市文化形象的重要组成部分。

由此，"国创园"地区开启了以文化创意产业发展为主线思路的更新模式：遵循"人文传承，新旧融合，空间再生，创造活力"的设计原则，坚持"在保护中利用，在利用中保护"，运用"微更新、精改造"的"绣花"功夫，将南京第二机床厂的车间、厂房、附属楼房、机械设备等38栋厂房建筑，打造成为彰显工业文明、支撑产业转型、融入城市生活的新型文创园区。2013年，国创园开园，园区一期建成投入使用；2015年，江苏省首个国家级文化产业试验园区——南京秦淮特色文化产业园正式挂牌，国创园成为国家级文化产业实验园区的子园区；2017年，二期改造完成，被列入南京市历史风貌区保护名录，园区内多栋厂房被列为南京市工业遗产类历史建筑。2019年，国创园获"城市更新殿堂案例奖"；2023年，入选第三批省级现代服务业高质量发展集聚示范区名单；2024年，入选第六批国家工业遗产名单，是南京唯一入选的项目。目前，园区累计吸引了包括洛可可、兴华设计院、中艺设计等140多家创意企业入驻，文化企业占比超过60%，[1]

---

[1] 《"国字号"国创园：工业遗产焕新彩》，微信公众号"秦淮发布"，2024年12月11日。

吸引了3000多名人员就业；同时打造了网红咖啡店、设计师店等多元文化消费场景，成为兼具历史文化与时尚气息的特色创意园区。

三 "国创园"创意园区植入型的更新实践

当前，文化创意产业正成为城市发展的新动力和创新方向，城市文化创意的力量正逐渐取代单纯的物质生产成为城市经济发展的主要动力之一。[①] 在这一城市产业结构调整与优化的过程中，工业遗产作为文化遗产的价值被发掘出来，被纳入了城市有机更新的视域。通过创意园区的整体植入，原本"沉睡"中的工业遗产重获发展动能，其文化遗产价值、空间区位价值得以全面激发，在延续工业记忆的同时实现了工业遗产保护、开发、利用效益的最大化。"国创园"地区聚焦文创产业阵地打造，以"存续历史人文，集聚产城融合"为追求，引入"艺术性、多元化、复合型"等更具有强生命力和强吸引力的文创业态，不仅提升了工业遗产空间的利用效率，还赋予了这些空间新的生命力和文化内涵，成为南京城市新的文化引力区与艺术集聚地。

1. 创意园区植入型更新模式的内涵

随着经济社会的发展，创意产业凭借其知识密集型与符号生产特性，成为城市发展的重要驱动力。在后工业化进程中，传统制造业外迁导致大量工业遗产（如厂房、仓库、码头）闲置，而作为知识经济时代的重要载体，文化创意产业通过功能置换与文化赋能等路径，推动了城市空间的场景化转向，重塑着城市空间的生产逻辑。从全球实践来看，工业遗产活化遵循"适应性再利用"的理论框架，秉持尊重原有美学、尊重建筑历史的原则，通过对工业遗产的更新改造实现空间价值的创造性转化：以工业建筑保护性

[①] 王晶、李浩、王辉：《城市工业遗产保护更新——一种构建创意城市的重要途径》，《国际城市规划》2012年第3期。

利用为基础的文化创意园区，依托产业遗存进行文旅融合开发的特色产业小镇，以及通过工业设备场景化展陈构建集体记忆的遗产博物馆等，这些工业空间的再生产实现了生产生活消费空间的多重融合。2000年以来，北京、上海、深圳、重庆、杭州、南京等城市建设了数量众多的文化创意产业园，其中大部分是由老城衰落的厂房、厂区重建而来。这些城市工业文化遗产的空间更新，一方面，通过创意产业集聚重构城市中心区域空间价值，将低效存量资产转化为创新生产要素，避免了位于城市中心区域的空间陷入低效使用状态；另一方面，培育了以艺术家、设计师、策展人等为核心的创意阶层社群，成为创意社群集聚的"创新飞地"，为城市空间的重塑提供了全新的思路。

我国已进入新型城镇化发展的纵深推进阶段，提升城市品质和重塑城市功能已成为全面提升城市发展质量、满足人们对美好生活向往追求的重要抓手。我国大量城市的中心城区留存有大量的老厂房、旧仓库和工业构筑物，它们通常区位优越、空间适用性强。然而，随着城市中心区域产业结构的不断升级，这些设施逐渐与城市发展脱节、陷入停滞。因此，有序合理地推进老城区工业厂房的更新改造，探索工业遗产存量空间价值的实现路径，不仅符合新型城镇化战略的实践要求，也有助于老旧工业厂房的转型升级。我国工业遗产空间更新，在政策引导与资本介入的实践下，注重经济效能、社会效益与文化认同的共同实现。从经济效益的角度看，工业遗产改造形成的创意集群具有显著的经济拉动作用，有助于推动工业遗产空间实现低效用地向高附加值空间的转化。以广州T.I.T创意园为例，其年产值由纺机厂停产时的1000多万元，到2022年提升至约300亿元，税收贡献超30亿元，并提供了4000多个就业岗位。[①] 从社会效益角度看，工业遗产空间通过物质性保存维系了工业文明的空间载体，优化了就业结构，实现工业记忆与当代城市美学的共生。如搬迁后的首钢原址被改造为冬奥会场馆与AI科技园，一

---

① 《从"工业老厂区"到"花园式园区"，广州T.I.T创意园的保护更新实践》，微信公众号"广州市规划院"，2024年11月15日。

部分留守原厂区的员工通过技能培训，实现了从"钢铁人"到"冬奥人"的华丽转身。① 从文化认同角度看，工业遗产空间通过文化再生产，激活并强化了文化认同度。如杨浦滨江工业带打造了16条文物主题的城市微旅行线路，构建了工业遗存与精神传承的互动界面，让参观者在多维度的历史认知中强化了对文化的认同。

可以说，创意园区植入型更新模式是在城市更新需求、创意产业兴起、旧厂活化、政府和市场推动以及国际趋势等多方面因素共同作用下的产物。从内涵上来看，创意园区植入型城市更新模式多针对空间相对封闭、功能独立的城市旧工业区或老旧厂房，通过植入创意产业的方式推动低效存量工业用地的功能更新，在经济上推动区域经济的转型升级，在文化上促进文化消费和本地文化的价值传承，② 以"腾笼换凤"适应当代城市发展需求。

2. 路径一：唤醒工业记忆，打造工业文化空间结晶

工业遗存作为城市工业文明的空间基因库，其保护与利用、场所记忆的营造与再现，③ 对传承工业文化，提升城市文化认同感具有重要作用。更新前的第二机床老厂区以20世纪50年代到90年代的单层工业厂房为主，从建筑立面上看，红砖青瓦、水刷石、干粘石、马赛克、条形小面砖等斑驳情况较为严重，已出现一定程度的碳化、裂缝、锈蚀等问题，使得构件耐久性降低；砖墙结构主要建造于20世纪60年代，材料性能已较原设计值降低。因此，国创园在更新中尤为注重历史记忆的可见性，通过保留工业遗产的建筑肌理，延续19世纪以来的百年工业文脉；通过营造"工业乡愁"的氛围，打造工业文化空间结晶，在空间重构与价值重塑中实现了从城市闲置空间到新兴文化地标的转型。词云图显示，老厂房、工业遗存等核心词，博物

---

① 罗忠河、赵萍：《华丽转身首钢人"一起向未来"》，《中国冶金报》2022年1月25日，第1—2版。
② 胡洪斌、管悦：《文化创意产业园区的价值构成和发展悖论——以工业遗存型园区为例》，《理论月刊》2021年第7期。
③ 张芳、赵致远：《城市工业遗存的场所记忆营造策略——以重庆鹅岭二厂为例》，《中国名城》2022年第10期。

馆、钢架、造币厂等元素，构成了工业遗产更新中历史叙事的空间符号；文化创意、红砖墙、工业遗存、市集公司等核心词（见图6-3），凸显了这一地标兼具历史文化格调与现代活力的特质。

图6-3 国创园词云（笔者自绘）

注重原真性保护，延续工业建筑的空间肌理。在工业遗产保护利用语境下，原真性不仅指向物质实体的真实性存续，更包含场所精神与功能逻辑的完整性传承。作为南京近代工业文明的重要载体，国创园拥有庞大的厂区规模、宏伟的建筑体量、纯粹的工业空间等，工业文化印迹清晰。在物质实体层面，遵循"修旧如旧"的原则，尊重、保护历史文化脉络，国创园深入调研了所存建筑的年代、风貌、材质、工业构件、厂房结构、耐久性、价值评估等要素，43栋20世纪五六十年代的老厂房全部保留，充分保留工业时代所具有的旧有风貌。[①] 通过保留原有建筑山墙、将原有结构包裹在现有建筑外面等技术手法，最大限度地保留原工业建筑的原真性（见图6-4）。在场所精神维度，设计团队通过空间叙事重构激活集体记忆，20世纪50年代的C6136A车床、80年代的斜床身车床，立式钻床、电动压力机、回转式除尘器等工业机械作为景观小品融入园区，实现了应留尽留、实物与情结并举的工业记忆留存，让公众在"可触摸的历史"中形成强烈的视觉符号。长

---

① 沈玉青：《华丽变身，工业遗产为"江苏创造"积势蓄能》，《江苏经济报》2024年5月30日，第1版。

桥飞荫、舵手红墙、红院聚落等独特的工业遗存氛围，让园区成为网红拍照、婚纱摄影、休闲娱乐的热门地点。[1] 在功能逻辑视角，园区创造性实践"工业基因"的现代表达，通过并置、交织等方法，园区在保留主体厂房形态的同时插建建筑体块，工业建筑与现代新建建筑并存，呈现了清晰的历史发展轨迹。

图 6-4 国创园的工业文化空间营造（何淼摄）

注重轴线叙事，营造"工业乡愁"氛围。在城市更新与工业遗产保护的过程中，营造"工业乡愁"氛围是对近现代工业文化作为城市集体记忆价值的一种深刻体现。近现代工业遗存作为具象化的集体记忆载体，通过强调历史与现代、未来之间的对话关系轴线叙事，转化为唤醒城市乡愁的情感媒介。在国创园更新改造中，设计团队设计了"时间轴"与"未来轴"的双轴线空间布局。国创园成功地在空间中植入了"工业乡愁"的情感元素，以历史发展为线，将时间维度与交通空间轴相融合，打造了以"江南造币时期"、"近代工业生产时期"、"知识经济的今天"以及"绿色生态的未来"为代表的四大主题广场，[2] 实现了历史、现代与未来的共生。此外，园区内部的规划也特别注重对称性的空间美学，如联合办公区、独立办公区、休闲服务区和商业区等板块呈南北对称分布，在功能上既独立又有机联系。

---

[1] 南京金基集团编著《国计遗珍 创新活化——南京国创园工业遗产保护利用实践研究》，东南大学出版社，2024年，第45页。

[2] 黄欢：《金基·国创园 传承百年文脉，赓续工业文明》，http://jres2023.xhby.net/sy/wh/201912/t20191224_6453476.shtml。

如19号楼设置了创意研发中心，有多功能秀场、公共阅览区、咖啡休闲区等不同规模和空间特点的功能组团，和室外休闲广场共同构成宣传展示空间。可见，国创园通过轴线叙事，以"工业风+文艺感"的复合体验重构了场所精神，将工业乡愁氛围的营造从静态保护转向了动态的"记忆再生产"，提升了参观者对工业遗产的文化认同感。

注重节点营造，形成工业文化的集中彰显。精心设计的节点与活动能深化工业遗产与现代文化的有机结合度，营造工业文化集中展示与动态传承的空间。通过构建主题性文化空间集群，成功地将历史与现代相结合。国创园打造了城垣四季、红院聚落等八景，以明城墙、秦淮河等地理文脉为背景，形成了以工业遗存为背景的景观轴线，不仅成为视觉焦点，还蕴含着深厚的历史与工业文化内涵。同时，国创园将传统工业遗产与现代都市文化紧密结合，策划开展了东也复古市集、物色旷野市集、亲爱的夏天艺术疗愈活动、雨中音乐会快闪、秦淮婚恋季、见见艺术家沙龙、国风文化周等艺术活动，[①] 将工业遗产与现代文化相结合，使得工业文化在当代语境下得以重新诠释。举办"工业乡愁"主题影像展，以老照片、家庭相册等形式展现南京第二机床厂的历史变迁，将城市的工业记忆嵌入市民的个人记忆，增强了公众对工业文明的理解和认同。

3. 路径二：新旧融合共生，重置沉睡空间功能价值

工业遗产不仅是物质文化遗产的重要组成部分，更是城市文化不可或缺的要素。国创园聚焦文创旅游、工业设计、数字传媒、数字阅读+IP孵化等细分领域，以"新旧融合共生"为理念，在空间形态上，通过功能叠加的策略，构建了渗透性界面，消解园区与城市的物理边界；在协同发展上，培育了"文化+"的混合性生态，使创意生产、文化消费与日常生活形成有机嵌套，促进了工业遗产的活力传承与可持续发展。

---

① 《国创园入选第二批南京市艺术 Mall（街区）试点单位》，http：//www. kingjee. com/index. php？s=/Newscenter/news_detail/id/160。

功能叠加是实现工业遗产空间构建渗透性界面的有效策略。基于可持续城市更新理念，通过引入文化、商业、居住、生态等多元化功能，不仅突破了传统工业建筑单一生产功能的限制，还通过功能叠加推动工业遗产从封闭的生产"容器"转型为开放的城市"器官"，既保留了历史记忆又满足了现代需求。国创园在保留工业建筑风格、工业特色的基础上，进行创意改造和创新利用。国创园更新改造对空间进行重新定义，主要从功能分区、建筑改造、公共空间、文化设施、商业服务设施以及休憩空间的角度立意，将原有厂房和办公建筑设计为六大建筑群空间，① 实现了"办公+创意产业+商业+展览"空间多功能叠加。据统计，国创园的建筑空间，用于艺术展示与配套商业占比均为4%，技术服务占比为9%，企业孵化占比为10%，综合服务占比为12%，企业加速与总部经济占比较高，分别为26%与34%（见图6-5）。更新后的国创园已建设成为以文化创意、工业设计、科技创新等为主导产业的人才聚集地，吸引了包括洛可可等中国著名设计品牌，② 浪潮科技、中国铁塔等文化创意企业，江苏省"双创计划"人才、北京市"海聚工程"人才和国务院政府特殊津贴等领军人才及团队入驻。③ 为推动入驻企业发展，国创园构建了平台赋能与赛事驱动并行的协同创新系统，创建了南京创意设计中心等公共服务平台、举办了"紫金奖"文创大赛等活动，有效促进了国创园的转型升级。园区年产值17亿元，入驻企业多次斩获"红点奖""IF奖"等国际设计大奖，形成"设计+制造+文化"的全产业链生态，④ 实现了从"制造"到"创造"的涅槃。国创园成为江苏省工业设计示范高地，先后获得国家级文化产业试验园区、江苏省工业设计示范园区、

---

① 南京金基集团编著《国计遗珍 创新活化——南京国创园工业遗产保护利用实践研究》，东南大学出版社，2024年，第127页。
② 《国创园——传承工业文明，赓续创业基因》，http://www.njqh.gov.cn/qhqrmzf/201908/t20190828_1637712.html。
③ 刘涛、朱波：《二次创业，老厂房变身高端产业新高地》，《江苏工人报》2019年4月17日，第1版。
④ 《南京国家领军人才创业园——百年更迭，华丽绽放》，微信公众号"门西情怀"，2025年3月14日。

第六章　文创产业赋能："国创园"创意园区植入型的更新实践　171

江苏省重点文化产业园区、江苏省小型微型企业创业创新示范基地等资质，为秦淮"老城区"注入更多创业新活力。

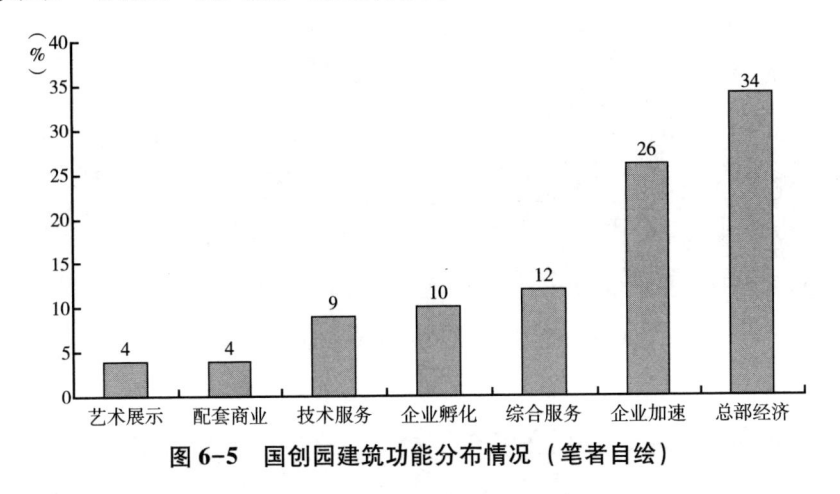

图 6-5　国创园建筑功能分布情况（笔者自绘）

协同互动是完善"文化+"创新共生系统的重要手段。在新型城镇化进程中，文创园区已突破传统产业集聚区的物理属性，演化为协同创新网络中的关键节点，并成为城市有机更新路径下的创意社区、众创空间。作为产业创新策源地，国创园通过复合功能布局实现了文化生产、商业展示与社区生活的有机渗透。园区引入了一批批首店、星店、设计师店（见图6-6），形成"文化+科技""文化+艺术""文化+设计"等多类型的跨界融合业态。作为创意社区，国创园通过举办文艺集市等活动，构建了具有强社会联结性的创意网络。据统计，国创园刚开园时就吸纳了3000余人就业，以20~30岁的年轻人为主。如国创园已举办四季的物色市集活动（见图6-7），2024年的物色市集，邀请了诗歌、绘画、雕塑、漆艺、布艺、音乐、摄影等数位不同行列领域的艺术创作者进行创作，并举办了潮玩插画师MoYa、小红书新锐艺术博主"画画的Ying"、青年漆艺艺术家孙天红、拼布与纤维艺术装置实践机构锦素艺术体验中心、木艺装置艺术家缪晓东、皮雕作品创想家赵永林和成澄、摄影艺术家NEM的创意作品展。这些活动不仅展现了历史与创意碰撞后园区的生动活力，也促进了园区产业的发展与商业开发的有机结合，实现了产业焕新与聚拢人气的双重目标。

图 6-6　国创园中的特色文创小店（何淼摄）

图 6-7　国创园举办的物色市集活动（何淼摄）

4. 路径三：链接城市生活，推动文创园区复合发展

城市更新不仅是物理空间的改造，更是空间价值增长与重组的过程。工业遗产不仅是文化生产的"容器"，更是培育城市公共生活、形塑集体记忆的社会剧场。国创园在更新实践中，强调更新后的工业遗产应链接城市生活，力求让市民不仅是文化空间的消费者，更成为空间意义的共同生产者。形塑园区、政府以及社区、居民的关系，将工业遗产转化为承载城市生活价值的文化场域，实现了从单一生产空间向复合城市界面的转型。

重构园区物理形态，形成与城市空间的有机串联。传统封闭式的文创园区普遍面临"空间孤岛化"困境，既制约了产业创新活力，也无法充分满足市民文化生活需求。国创园采取了"去边界"的策略，以开放的姿态回应城市发展与市民需求。一是破除物理藩篱,重构空间肌理。国创园摒弃传统"圈地式"的文创园区发展模式,采用开放式布局重塑亲和宜人的空间形态,打破了原有封闭的、围墙式的管理生产空间,深化了园区与城市生活、社区生活相链接,最大限度地发挥了城市公共空间的功能。更新后的国创园,西侧为明城墙,邻近秦淮河,既是南京市工业历史风貌区,也是城市中华优秀传统文化展示区域;东侧为居民区,也是该地区主要的人流活动区域,对沿街一侧的商业定位,即满足居民和园区内工作人员的日常生活所需,园区成了连接历史文脉与现代生活的空间纽带。二是沿街界面植入生活服务功能,重塑亲和宜人的空间形态。园区将其外部开放性与内部功能性相结合,降低空间封闭感,提升园区融入城市发展战略嵌入度。如特色餐馆、咖啡馆、酒吧、古着店、买手店等特色鲜明文创品牌分布于园区各个空间,成为社区有效的配套和补充。同时,园区通过定期组织大众文化活动等路径,丰富了员工的业余生活,吸引了周边居民和外地游客的参与,促使工业遗产园区空间以一种全新的姿态与人群生活结合、与城市发展融合,推动园区成为产业集聚地与文化纽带,提升了区域文化吸引力。

承载城市文化生活,实现社会关系的场景化再造。作为"文化新生活的空间"生产场域,国创园积极营造"时空延展的活力界面"。园区兼具商业集聚与休闲游憩双重属性,既是商业圈也是休闲圈。作为商业圈,园区加强了工业遗产与创意产业、文化旅游等新兴产业的融合,引入了研发、办公、文化设计、科技创意、艺术作坊等都市产业,实现了传统工业空间向创新型经济载体的转型升级。作为休闲圈,因地制宜地将工业遗产改建成公共娱乐场所,建设旅游休闲景观,植入了夜间经济业态(主题市集)和特色消费场景(复古零售业态、精品咖啡馆集群)等,提升了园区的活力。而且,工业建筑肌理与本土特色文化的空间叠合,将曾经工业老厂房的聚集地变成了南京的热门打卡地,获南京市第三批"市级夜间文化和旅游消费集聚区"称号。植入江南丝绸博物馆、江南造币博物馆、遇见博物馆·南京馆等文化设施,形成了以博物馆集群、艺术展馆为核心的文博生态圈,深化了"跨产业延伸融合"。当前的城市更新正逐渐从"交换价值"导向转向

"使用价值"导向，[①]意味着城市更新的目标从单纯的经济效益转向更加注重社会价值和公共利益。据统计，仅2022年12月，仅遇见博物馆、MUMO木屋、小盒作、ROOT木艮制造、陶谷公园、江南丝绸博物馆等就主办了八场艺术展览，[②]强化了工业遗产与城市生活的内在关联，夯实了工业遗产向文化符号转换的基础。

四 启示与思考

1. "国创园"创意园区植入型更新模式的启示

作为南京近代工业发展的重要见证者之一，国创园的更新实践构成了观察工业文明转型的微观场域。在城市化进程中，园区内完整保留的厂房、仓库等建筑肌理，既凝聚了工业文明的记忆，又面临着后工业时代的转型诉求。如何在历史价值存续与现代功能转换之间构建可持续的共生机制，成为国创园更新实践的核心命题。国创园的更新实践表明，工业遗产更新不是简单的空间改造，而是通过系统性的价值重构、功能升级和文化再生，实现历史空间与现代城市的有机融合；工业空间的保护利用，要在动态平衡中寻找历史价值与当代需求的共生之道，既要通过守护城市记忆的物质载体以传承工业精神，又要通过打造文化创新的实践场域以培育现代城市生产生活场景。从中可以得出如下启示。

一是强化工业历史与当代发展的交汇。作为城市发展进程中的标志性符号，工业遗产是特定历史时期生产力发展水平的记录，反映了那个时代的社会经济结构和文化特点。在后工业社会语境与城市更新背景下，工业遗产作为工业文明的物质载体，其空间再生产本质上是一种文化资本的价值转换过

---

① 高煜、张京祥：《面向空间社会化生产的可持续城市更新路径研究》，《城市发展研究》2024年第8期。
② 《金基国创园：在时间里漫游 在文化中遇见》，http://jiangsu.sina.cn/information/2022-12-09/detail-imqqsmrp9085854.d.html。

程。布迪厄认为，文化资本可变现为经济资本、社会资本与符号资本三种形式。工业文化遗产作为文化资本的重要内容之一，在更新实践中实现了从"生产工具"向"文化资本"的转型。因此，保护与利用工业遗产，应转变工业建筑是"凝固的历史"这一传统认知，而应将其放在空间再生产框架中重新定位其价值，通过转化为文化创意产业园、搭建文化创意服务平台等方式，而激活地区经济，吸引创意人才和旅游产业的注入，为城市可持续发展注入新的活力。应突破"旧厂房=闲置资产"的思维，构建创新生态系统，为知识溢出提供独特情境，使工业遗产从资本弃置地转变为价值再生器。

二是注重物质保存与精神传承的共生。工业遗产的保存与利用，本质上是一场跨越时空的对话。实现物质保存与精神传承的共生，关键在于找到历史与现代的平衡支点，构建起生产、生活、生态的三重融合体系。因此，保护与利用工业遗产，应秉持"新旧共生""适应性再利用"等原则，在保留其原有物质形态的基础上，挖掘其潜在的文化内涵，并将其转化为现代社会可利用的空间资源。应在功能植入时构建文化叙事线，通过场景营造将工业历史转化为可感知的文化符号，使工业遗产空间成为精神传承的文化媒介。应建立多元主体记忆共建机制，将政府、企业、专家、居民、游客等多元主体纳入价值共创网络，建立情感联结，将工业记忆转化为可感知的公共文化产品。

三是推动创意生产与城市生活的交融。可持续的城市更新是在原有文化的根基上，既保留文化脉络，又植入新的文化生活的群体和内容，即把文化和空间兼容、历史和当代兼容、就业和生活兼容，让老的城市空间在升级中焕发出新的城市生活活力。因此，应改变工业遗产更新是简单的空间拼贴或单纯的空间改造的思维，通过精准的功能配比和持续的动态调整，实现让创意生产与市民生活自然共生。应注重功能混合布局，构建开放型空间，使更新后的工业遗产空间既能服务企业生产，又可满足周边居民生活需求。应运用数字技术扩大空间交互维度，让工业遗产成为全民共享的文化记忆载体。

2. 进一步的思考

城市是有生命的，任何一座城市都会面临自我更新问题。根据刘易斯·芒福德的观点，城市遗产表示消失的过去，只有更新和再生，方可延续历史城市生命。① 城市更新作为城市新陈代谢的核心工具，是实现可持续发展的必由之路，贯穿城市文明始终。② 随着城市化进程的发展，城市发展方式也在进行有机转变，"城市更新"逐步取代"城市扩张"，体现了一种更加理性、和谐、包容的可持续型发展思维。

在城市更新语境下，工业遗产再利用应首先加强文化遗产保护，避免过度商业化带来的文化价值损失，同时注重二者的结合，探寻工业文化与城市经济发展的平衡点，通过合理利用将工业遗产资源转化成地区更新的持续动力。工业遗产再利用的过程本质是一种资源重构，应将工业遗产放在当下的城市建设环境中，对其文化、经济、建筑、美学等各个方面进行拆解与重构，实现工业遗产自身历史文化信息与场所精神的传承和城市功能的完善。以文化导向对工业遗产进行改造是当今城市更新的重要策略之一，不仅有利于促进城市经济的转型升级和高质量发展，还能提升城市的文化软实力和品牌影响力。

工业遗产保护与再利用近年来成为城市更新的重要议题，但在数字化时代也面临一些新的问题与挑战，如过度依赖"文创店+"的发展模式，挤压了创意设计、艺术工坊等生产性空间，导致场所精神流失；文化碎片化展示导致工业文化记忆的拼图化，割裂了历史语境的完整性；短期流量思维下催生的"滤镜化"改造，导致工业文化遗产的吸引力与传承热度难以维系；等等。推动工业文化遗产更新与可持续发展，城市中的建筑形态与功能应随着城市发展而变化，遗产建筑修缮修建变化的次数越多，损失的历史信息越

---

① 孙莹、王月琦、吴丹：《"新常态下的城乡遗产保护与城乡规划"学术座谈会发言摘要》，《城市规划学刊》2015年第5期。
② 宗祖盼、蔡心怡：《文旅融合介入城市更新的耦合效应》，《社会科学家》2020年第8期。

多。工业遗产保护利用的规划或许应放在更长远的发展视角下进行，将宏观发展策略中工业遗产可承载的部分放入遗产所提供的实际城市环境容器内，城市愿景中的规划应给予工业遗产合适的、灵活性的、能将其价值得以体现的空间。

工业遗产是人类文明的载体，也是城市文化遗产的重要组成部分。工业遗产只有真正营造成为日常消费的场景，融入美好生活空间，才能实现永续发展。在城市更新中，要将工业遗产的活化利用融入城市发展格局，以文创园区为载体，植入高附加值的产业，发挥社会文化和经济功能，让"老面孔"成为"新地标"，实现从"工业锈带"到"生活秀带"的华丽蝶变，为城市发展注入新动力。正如《国际古迹保护与修复宪章》中所强调的：保护的目的不仅仅是保存一个历史遗迹以满足人们对历史文化的怀念，更是为了从物质层面上延续我们的文化甚至生活本身。这也是新时代工业遗产保护、活化与利用的核心所在。

第七章 在地文化赋能："小西湖"人文家园营建型的更新实践

一 在地文化赋能：让城市更新更具人文关怀

城市更新对于转变城市发展方式，提升城市能级、完善功能结构、优化空间布局、提升环境品质等都有着重要的牵引作用，但是最根本的目标还是增进人民福祉，这也是人民城市建设的重要要求与使命。对于历史文化深厚的传统住区，如何营建出以人民为中心的人文家园是城市更新必须回答的核心议题。面对旧城拆迁改造中人文关怀的缺位，在地文化能够让城市更新更具人文关怀，进一步筑牢社区的人文根基，同时在地文化中的物质要素、社会要素、心理要素、行为要素以及制度要素还能为城市更新的社区行动提供重要的内生动力，推动在社区更新中构建人文家园。

1. 旧城拆改中人文关怀的缺位

对于中国城市而言，从改革开放到 2000 年间，大多采取了推倒式重建的旧城改造模式来实现老城区的更新，但是随之带来了老城居民被迫外迁以及邻里关系断裂、旧城空间肌理和风貌遭受破坏、地方文化和地点精神丧失等一系列的社会空间问题。进入 21 世纪，地方政府和社会各界开始重新审视文化在空间中的意义，挖掘空间的历史文化资源，进一步将文化资源积淀深厚的区域打造为新的城市增长空间，成为各大城市的普遍实践。在此理念的影响下，大量的文化街区如雨后春笋般应运而生。但是，在建设各类主题文化街区的过程中，选取挪用特定历史文化片段，进行重组、拼贴，进一步采取物质符号化的手法，从本质上而言，都是为了迎合以中产阶级为主体的消费群体关于"国际化时尚风情""年代怀旧记忆""历史文化再现"等的空间想象。这种保留传统建筑外观，营造具有历史感的空间想象，并注入现代消费业态成为城市更新的一种通用做法，当地居民也面临着被迫搬离与主体地位缺失的境遇。同时由于缺少对更新改造区域地方文化的关注，将表象化的文化嫁接到改造后的区域中，也带来了地方文化消解的风险和挑战。因此在"文化搭台、经济唱戏"的制度话语下，旧城更新中的文化更多服务于城市空间价值的提升，旧城本地社区的居民参与不足甚至被舍弃，文化也成为空间营销和形象展示的景观。[1] 由此也展开了"城市更新究竟是为谁而更新？""文化究竟是谁的文化？"的讨论与反思。

从更深层次来看，大拆大建的旧城改造模式是在空间商品化转向、空间被纳入生产与消费环节的背景下展开的，空间的改造遵循资本积累和利润追逐的逻辑。为了以最快的速度和最少的投入来实现空间的生产，空间的建造和更新就采取了更符合经济规律的标准化与批量化的生产模式。空间也由此失去了文化的、社会的、历史的、情感的意义，彻底沦为一种标准化的商品。[2] 这类可计算、可复制、可操控的标准化空间不可避免地带来原有空间关系网络的丧失、地方文脉的忽视乃至城市活力的衰减，进一步导致地区记忆的消解、社会网络的重构以及在地文化的断裂。在消费主义的影响下，无论是西方还是国内城市都意识到文化在旧城更新改造中的重要意义，并兴起打造了一批以文旅消费驱动的历史文化街区。但是这种手法塑造出的空间却又呈现文化符号化、表象化、片段化的倾向，虽然在一定程度上满足了瞬间

---

[1] 何淼、宋伟轩、汪毅：《文化赋能城市更新的理论逻辑与现实路径——以南京老城南为例》，《自然资源学报》2025年第1期。
[2] 张郢娴：《从空间到场所——城市化背景下场所认同的危机与重建策略研究》，天津大学博士学位论文，2012。

的体验与怀旧的情绪，但是由于空间本身承载的意义相对浅薄和浮于表面，可能会带来更深层次文化和精神的空虚。

2. 在地文化作为社区人文根基

针对城市更新过程中主体地位缺失和地方文化消解的问题，国内外城市更新实践更加注重在地文化的传承，最典型的做法就是保留具有地方特点的特色建筑和空间肌理。学术界则进一步强调在地文化在城市更新中的重要作用，相比于片段化拼贴而成的文化符号，扎根于地方各种属性特征和禀赋特色形成的在地文化具有凝练共识的内生动力，能够成为城市更新中地方性场所营造的重要触媒与主要动力。[①] 在地文化能够为城市更新的持续推进提供更基本、更深层、更持久的力量。地理学者、规划学者以及建筑师对现代主义规划思想下标准化空间建设以及文化符号化的反思，充分肯定了在地文化对于空间乃至城市更新的意义。人文主义地理学提出的"场所"（place）、"场所感"（sense of place）等重要概念，重新联结了人与所生活的世界。段义孚、瑞尔夫等学者强调，通过人的居住及对地方活动与例行事务的参与、亲密性与记忆的累积、观点与符号的意义的给予、充满意义的"真实"（actual）经验等与个人或社区认同感、安全感与关怀的建立，空间及物理属性被动员被转化为地点与场所。[②] 由于这些需要进行更新的城市区域有着较长时间的发展积淀与居民在此的长期生活，也就成为承载地方文化的天然容器和载体。在地文化赋能城市更新不仅有利于创造更具地方化的场所，更对于居民参与城市更新全过程、强化居民的情感联结、地方认同以及社会关系等具有重要意义。而需要进行城市更新的区域，在进行城市更新之前，物质空间维度一般都面临着物质环境破败、景观风貌差、功能不协调、利用效率低等问题，但街区的传统风貌和街巷肌理犹存。社会和心理维度因为有着

---

① 叶原源、刘玉亭、黄幸：《"在地文化"导向下的社区多元与自主微更新》，《规划师》2018年第2期。

② Allan Pred. Structuration and place: On the becoming of sense of place and structure of feeling. *Journal for the Theory of Social Behavior*, 1983, 13 (1): 45-68.

长时期的历史积淀，集合了人文、美学、民俗、社会交往等深刻的地方烙印，这种地方烙印是不断的历史堆积和层叠的结果。因此这种已经具备了地方性的集体记忆和场所精神，或多或少地形成了区别于其他区域的、独特的在地文化。在此意义上，在地文化不仅有利于主体介入城市更新过程中，同时成年累积而来的类似于"亲情"的邻里情谊构成了一种行为约束的社会机制，更有利于塑造出具有社会意义和心理意义的地方性场所。

在地文化可以理解为，长期的历史沉淀以及地域性的社会结构、地理区位、经济形态、文化认同等影响下形成的某种具有地区特点的意识形态、价值观念与行为方式。既包括饮食、建筑、街巷肌理、文化遗存等物质文化；也包括风俗习惯、行为规范、生活方式等制度文化；同时还包括价值观念、审美情趣、道德风尚、群体气质等精神文化。进一步，与城市更新相关联的在地文化也可以从具有地域性的物质要素、具有主体性的社会要素、具有内隐性的心理要素、具有规范性的行为要素以及具有整合性的制度要素五个维度理解（见图7-1）。这五类要素之间相互作用相互影响，共同塑造了区别于其他地方的独特的在地文化。具体来看，地域性的物质要素包括空间肌理、街巷道路、公共空间、文物古迹、地方性建筑和各类建筑物、构筑物空间以及景观风貌等，其主要通过物质化、客观化的物质空间或风貌特征来表征在地文化；主体性的社会要素主要体现在这一区域内的社会结构、社会关系、群体间的交往互动以及由此形成的社会网络；内隐性的心理要素主要涉及在地历史、本地居民对当地的地域认知、心理归属和地方认同以及对未来地区发展的愿景和期待；规范性的行为要素主要是区域内不同群体和个体的日常生活方式、不同的生活情境、风俗礼仪和节庆活动等；整合性的制度要素则主要包括社区组织、社区制度等。

3. 在社区更新中建构人文家园

社区是城市更新的基本单元，也是城市治理的基本细胞，当前，城市更新普遍呈现显著的"社区转向"的趋势，即更加注重在地文化的传承和创新，更加注重居民的自身感受，更加注重自下而上的内生力量。与此同时，

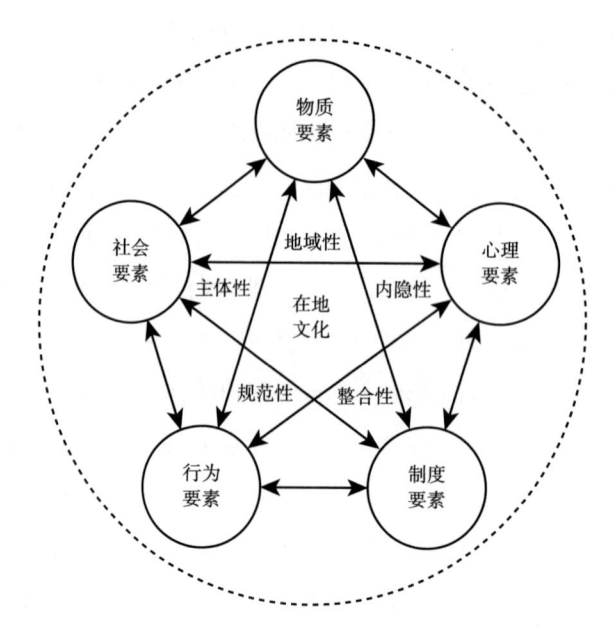

图 7-1　城市更新中在地文化的构成要素示意（笔者自绘）

社区概念从诞生起，就呈现独特的在地化特征。社区除了具有物质空间形式以外，还包括社区内人的行为、人群的社会关系，是具有个体意义、社会意义、文化意义、精神意义等多重意义的空间。因此社区也具有了丰富的内涵，不仅是地域共同体，也是生活共同体、精神共同体、行动共同体和治理共同体。因此，社区更新不仅为在地文化的动态发展和建构提供了实践的线索和载体，同时更有利于建构具有情感认同和地方归属感的人文家园。通过在地文化的赋能，社区更新能够实现人文家园的系统建构。

在物质维度上，随着"以人为本"尤其是"人民城市"理念的不断深入，新时期的社区更新目标开始转向人民生活条件改善、公共服务短板补足、安全风险消除等内容。这种更新带来空间内的建筑环境、室外的公共空间、空间尺度、街巷肌理、景观风貌，乃至业态功能的改变，这也必然会对空间内个体的行为活动、群体的社会互动以及相关事件等产生影响，并有利于具有地方精神的场所塑造。在社会维度上，社区更新不可避免地带来区域内群体的变迁和社会层面的更新，原来的常驻型群体的构成将会发生变化，新的群体将参与到更新后空间社会关系的构建中。与此相对应的是空间内的社会结构、社会关系以及群体互动都会产生新的变化，为营造出更加多元的生活场景以及孕育出新的社区和社会网络奠定了基础。在心理维度上，在地文化培育出的社区凝聚力以及情感认同、地域认同成为推动社区更新的重要驱动力，同时通过留住原住民留下了地方文化的"烟火气"，也增加了对更新区域的认同。在行为维度上，城市更新会对空间内各类主体的日常行为方式产生影响，尤其是通过对违建、隐患建筑构筑物等的清理和拆除，大量的非正规日常空间被更新改造，新的空间对个体行为会产生约束和引导。同时更新后随着新的功能介入，新的行为主体将会有不同行为逻辑，并生产出区别于以往的生活情境。在制度维度上，新时期共商共治的城市更新机制成为成功案例的必备内容，普遍的做法是在城市更新过程中建立了包括政府部门、街道/居委会、社区居民等各类产权人、社区规划师、社会组织、城市更新实施主体等多元主体在内的协商平台。正是因为城市更新是一个长期持续的协商过程，因此这种由多元主体参与的协商平台，将为原本向内的社区组织和社区制度注入更多元力量，同时所讨论和协商的事务也与城市更新前有着显著的变化。这些都体现了新时代人文家园的内在意涵与实践要义。

二 "小西湖"地区的历史沿革与更新历程

小西湖地区位于南京最具有地方特色且文化深厚的老城南地区（见图7-2），不仅是重要的历史风貌区，也凝聚了社会对南京的集体记忆。但是随着人口的激增、家庭代际、租住关系的迭代以及不断地加建改建，小西湖片区的物质空间环境逐渐衰落，也被列入了亟待改造的棚户区。2015年小西湖地区开始了保护更新路径的探索工作，并明确了"见物、见人、见生活"的总体原则，逐步开展了"小尺度、渐进式、逐院落"的留住原住民和烟火气的城市更新。不仅让小西湖重新焕发了新生，也得到社会各界的高度关注和广泛认可。

图 7-2　小西湖地区卫星影像（笔者自绘）

1. "小西湖"地区的历史沿革

小西湖地区位于南京城南历史城区的东部，接近秦淮河 V 形水系的水湾处。城南历史城区拥有明城墙、夫子庙、秦淮河等南京最重要的历史文化地标，也是历史文化积淀最深厚、遗存最密集的地区。老城南自六朝以来一直是南京繁盛的居住区、商业区，同时也是文教社学、衙署集中的区域。截至 2023 年底，老城南共有南捕厅、夫子庙、荷花塘、三条营、金陵机器制造局等 5 片历史文化街区（占全市的 45%），同时还有包括小西湖（大油坊巷）等在内的 8 片历史风貌区（占全市的 29%），大辉复巷等 3 片一般历史地段，南唐宫城及御道遗址区等 3 处地下文物重点保护区，还有 21 处国家、省级文物保护单位以及 58 处历史建筑。可以说，在相当长的一段时间内，"老城南"地区都是南京城市中繁华的市井地区，居民最为密集、民间活动最为丰富、商贸往来最为频繁，承载了地方独有的诸种生活方式，也记录不同历史时期南京居民生活的历史轨迹。传统民居、街巷格局、古井古树等物化痕迹借由时空的作用而混合、凝结了一种为"老南京"所共享的"集体记忆"。这一指涉着"一座城市在长期的历史发展过程中形成的独特的、代表性的、本地化的、原汁原味儿的、土生土长的语言、习惯、风俗、技艺、行为和艺术等文化表现系统"的"原生态城市文化模式"[①] 形成,也使得城南地区被"老南京人"与大量历史文化学者视作"南京文化之根""南京本地文化的活化石"。

由于邻近秦淮河,自六朝以来小西湖地区就是重要的居住区;到南唐时期,秦淮河一带已经发展为繁华的商业区和人口稠密的居民区,秦淮河一带因此被纳入城墙范围内,小西湖地区的人口也随之不断集聚;到了明清时期,南京城规模不断扩大,秦淮河两岸的商业、居住地位进一步上升,有不少名人,如徐霖(快园)、姚元白(市隐园)、沈万三(故居)、傅尧成(故居)都在小西湖居住;民国时期小西湖的整体空间肌理变化不大,在1949年之后,小西湖片区虽保留着明清时期的传统空间肌理,但物质环境发生持续性改变。正是小西湖重要的地理区位、长期的发展历史以及明清风貌特征,区域内留存历史街巷7条、文保单位2处、历史建筑7处、传统院落30余处,小西湖也成为南京28片历史风貌区之一。但是如前文所言,随着居民的激增以及私房改造,经历长久复杂的历史变迁,片区内的物质环境发生结构性衰败,传统居住街区的建筑质量和生活环境也更加恶化,小西湖的历史价值也被淹没在衰败的空间环境和密集的人口之中,因此到2016年小西湖被政府列为棚户区改造地区之一。

改造前的小西湖地区4.69万平方米的占地面积里面容纳了810户超过3000人的居民,同时还有25家工企单位。街区内有系统公房、直管公房、私房、小产权房等多种类型的居住建筑,这些居住建筑既有肌理

---

① 张鸿雁曾提出了"原生态"城市文化模式的概念,即城市的区域、平面、肌理、雕塑等构造物记录着城市发展不同时期的社会生活与事件,使城市历史以物化的形式凝固下来,同时,城市场所承载的独特的城市文化、集体意识、价值观和所形成的身份认同和精神归属感,形成了"原生态"的城市文化模式。具体参见张鸿雁《城市定位的本土化回归与创新:"找回失去100年的自我"》,《社会科学》2008年第8期;《"嵌入性"城市定位论——中式后都市主义的建构》,《城市问题》2008年第10期。

和格局保存相对完好的明清以来的传统院落式住宅，也有民国时期出现的独栋和联排住宅，同时还有1980年代以后局部插花式建设的3~6层的集合住宅。同时街区内还有国有单位的办公建筑、为片区服务的市政建筑等。

从产权关系来看，用地的使用权属有私人、工企和区房产经营公司等，且同一地块可能权属会相互交错。建筑的权属则有私房、系统公房、直管公房，工企等，而其中私房又存在土地和房产的继承、买卖等细分，公房则可能存在同一土地权属单元内居住着多户承租户。另外在地房对应上又出现了"一地一房""一地多房""多地多房"等复杂的权属交叉关系。复杂交织的产权关系不仅制约了居民的自我更新行动，同时也成为这个地区衰败的内在动因。从居住人群和社会交往方面来看，既有数代均居住在此的老城南原住民，也有参与公房分配的职工，同时还有租住的周边务工人员，人口密集且混杂，流动性高。由于社区中存有相当数量的世代在此居住繁衍的本地人，同时相对开放的居住格局，为居民之间实现丰富而密切的交往行为与日常互动提供了可能，使得居民之间形成了持续且亲密的首属关系。从社区归属来看，社区认同感主要涵盖"功能认同"与"情感认同"两个部分，前者体现为居民对社区的便利程度、管理水平、环境条件等方面的认同，后者表现为居民与社区的情感联结，很大程度上源于邻里信任与互动深度。[1] 小西湖居民对于社区的"功能认同"主要源于地处城市中心区位价值，以及附属在区位之上的各种权益；对于社区的"情感认同"则主要由邻里之间的亲和关系以及长期生活的怀旧感情，形成了守望相助、不分彼此的邻里风尚，并产生了较为强烈的邻里信任和熟人社会的安全感。从日常行为活动来

---

[1] Puddifoot最早将社区归属与认同的维度划分为"居民对社区生活质量的评估"与"居民对社区情感联结的感知"，具体参见 John E., Puddifoot. Dimensions of community identity. *Journal of Community & Applied Psychology*, 1995, 5 (5): 357-370。国内学者辛自强、凌喜欢则进一步将社区归属与认同的维度划分为"功能认同"与"情感认同"，并通过测量验证了依此编制的量表具有较高的信度和效度，具体参见辛自强、凌喜欢《城市居民的社区认同：概念、测量及相关因素》，《心理研究》2015年第5期。

看，在小西湖局促的建筑空间内普遍面临了超负荷的居住压力，每户为了争取更多的空间面积，不可避免地进行私搭乱建，大量"非正规"空间在居民的日常生活中被生产出来。私自搭建就成为居民的日常生活策略和应对狭小局促的生活环境的空间实践。这种空间实践既有通过各种形式的房屋自建和私搭乱建，以争取更大的居住空间，也有最大化地利用公共空间，由此形成了多户共享空间的样态。

可以说，更新前的小西湖片区地上建筑和人口密集，房屋年久失修，危房险房占比高、空间布局混乱、利用冲突、居住拥挤、各类临建违建成堆、私搭乱建侵占公共空间和道路，居住安全、消防安全隐患重重。地下市政设施年久失修、管网功能老化严重、水电气等基本的市政基础设施均不完善，公共广场、公园绿地、养老设施更是缺乏。但是与物质空间环境破败相对应的是，小西湖地区有着长期积淀的地方文化，并影响着居民的功能认同和心理认同，同时院落、大杂院式的居住空间又形成了地区紧密的社会网络和邻里关系。这种长期积淀的地方文化也将会在后续的街区更新中发挥重要的作用。

2. "小西湖"地区的更新历程

小西湖的更新起源于 2015 年"关于强烈要求改造小西湖危旧房片区"的 3 封人民来信，这引发了社会各界对于小西湖地区更新改造的关注。为满足人民来信"关于强烈要求改造小西湖危旧房片区"的期盼，同时为落实市政府更好地做好南京历史文化名城保护工作、做好居住类历史地段民生改善和人居环境改善的相关要求，南京市规划局、秦淮区政府等相关部门在充分调研、多方座谈、多轮研讨的基础上，于 2015 年开展了小西湖地区保护更新的新路径探索工作，并提出要变"自上而下征收"为"自下而上更新"，同时明确了小西湖的更新改造要"见物、见人、见生活"的总体原则，这为小西湖的更新提供了基本遵循。[①] 为进一步落实规划理念，邀请了

---

① 姚雪青：《微改造更新老街区》，《人民日报》2023 年 12 月 15 日，第 13 版。

3 所在宁高校的研究生志愿者参与到小西湖居民意愿和逐户产权的调研以及规划方案的编制工作中，经综合评比东南大学建筑学院韩冬青教授团队提出的方案脱颖而出。同年，建立了市政府、区政府、规划、消防、住建等政府职能部门，规划设计研究团队，国企建设平台，街道与社区居委会，社区居民等多主体参与的"五方协商平台"。

　　但是随着工作的深入，小西湖的更新也面临着不同类型、不同产权等多元主体申报更新路径不明确；基于产权的土地流转制度设计不充分；历史遗留房屋户型改善和确权制度不完善等问题，① 针对上述问题，秦淮区政府在听取多方意见后，放弃了传统的"一刀切"式的拆除重建和全部征收方式，采取了更加务实的"小尺度、渐进式、逐院落"更新思路，并把重点放到了民生改善、社区活力塑造、融入现代生活等目标。2018—2019 年，根据用地权属范围、物理边界、街巷肌理特征，划定了 15 个规划管控单元，以及 127 个基于院落的微更新实施单元。每个微更新实施单元内的一个或多个产权单位，作为征收和实施的基本单位，② 并根据不同院落和建筑差异化地采取"公房腾退、私房腾迁（或自愿收购、租赁）及自主更新、厂企房搬迁"的方式。同时为进一步加强政策统筹与制度顶层设计，2020 年，南京市规划和自然资源局等多部门联合印发《老城南小西湖历史地段微更新规划方案实施管理指导意见》，为小西湖地区的更新改造加快推进奠定了基础。

　　到 2024 年底，小西湖片区在产权调研、意愿调查、规划编制、政策机制完善等综合施策和充分保障下，通过历史建筑的保护修缮、市政管网配套设施持续完善尤其是微型市政管廊的铺设、公共服务设施的改造和建设、街巷环境整治以及一系列包括"平移安置房""共生院""共享院""共融院"

---

① 李建波：《历史地段更新规划管理制度调适探索——以南京老城南小西湖地块微更新为例》，载于《面向高质量发展的空间治理——2020 中国城市规划年会论文集（09 城市文化遗传保护）》，2021 年。

② 韩冬青：《显隐互鉴，包容共进——南京小西湖街区保护与再生实践》，《建筑学报》2022 年第 1 期。

"花间堂""翔鸾庙"等在内的示范性空间节点的触媒式更新,小西湖已经从原来破旧的棚户区变成了充满烟火气、原住民与新业态有机共生的网红打卡地,街区物质空间得到显著改善、居民认同感不断增强、社会网络连接不断完善、地区精神也得到重塑。正是改造后的显著成效,这种"小尺度、渐进式、逐院落"留住原住民和烟火气的城市更新方式也得到社会各界的高度关注和广泛认可,并得到了国家部委、省市领导、专家学者和普通民众的多方好评。中央、省市等主流媒体不断关注和宣传报道,成为各地参观学习的经典案例,并入选全国历史文化保护传承街区类示范案例,获得中国建筑学会建筑设计二等奖等众多奖项。更在2022年11月,联合国教科文组织公布的2022年亚太地区文化遗产保护奖中,南京小西湖街区项目获得了历史环境项目的创新设计奖。在该奖项的评语中认为"小西湖街区实践是一场具有变革性的'公共—私人—居民'合作项目,展示了一种多管齐下复兴南京历史地段的方式。该项目采用了一系列设计工具及资金政策来改善城市基础设施、住房品质和公共环境,以应对当地产权人的不同需求。传统建筑灵感与现代建构方式相结合的统一设计语汇,使该项目融于既有建筑环境的同时呈现独有的特征。该项目在社会和技术创新方面提供了可复制的重要经验,以整体和综合的方式提升了历史地段的宜居性。"[①]

三 "小西湖"人文家园营建型的更新实践

社区是人文家园营建的基本生活场所,作为服务群众和基层治理的"最后一公里",也是体现人民城市根本属性、落实人民城市重要理念的基本空间单元,是一个囊括物质空间环境、社区产业发展、地域文化、组织制度等多方面的地域共同体、生活共同体、精神共同体、行动共同体和治理共

---

① 2022年度联合国教科文组织亚太遗产保护奖——历史环境中的创新设计奖(2022 UNESCO Asia-Pacific Awards for Cultural Heritage Conservation-New Design in Heritage Contexts)中国南京小西湖街区获奖评语。

同体。社区的治理水平直接影响着人民群众的居住体验和生活质量。[①] 实施城市更新行动，首先就要夯实社区发展的人文基础，使其成为提升居民获得感、幸福感、安全感的重要空间载体。当前许多社区面临着基础设施老化、公共服务设施不足、空间布局不合理等问题，无法满足居民日益增长的美好生活需要。因此，在社区更新中注重人文关怀，传承和弘扬地方文化，建设宜居、宜业、宜游的人文家园，能够使社区在发展中保留独特的历史记忆和文化特色，塑造出具有独特魅力和归属感的社区环境，这也成为提升城市竞争力和居民幸福感的必然选择。

1. 人文家园营建型更新模式的内涵

社区作为城市有机体的基础细胞，也是城市更新的基本空间单元，其更新的本质是物质空间生产与社会空间重构的辩证统一过程。传统以物质环境改造为核心的更新范式，往往陷入"空间决定论"的窠臼，忽视社会资本培育与文化认同建构的内生动力。基于人文主义视角，从人的需求和主体性的角度出发，社区更新的过程更应该是一个人文家园持续营建的过程。因此从在地文化赋能的视角，人文家园营建具有更丰富的内涵和维度，既有地域性维度，也有主体性维度、内隐性维度、规范性维度以及整合性维度，这五种维度对应了在地文化以及社区更新中的物质要素、社会要素、心理要素、行为要素以及制度要素。具体而言：

一是人文家园营建的地域性维度体现在空间肌理的延续。社区物质空间不仅是物理容器，更是集体记忆的拓扑载体与储存器。历史街巷的尺度肌理、历史建筑的形式语言以及日常生活的痕迹层积，共同构成了社区的文化基因图谱。在更新中需摒弃"白板策略"，通过更新织补空间叙事链，保留具有时间厚度的物质印记（如建筑元素、街巷肌理、古树、广场等），使居民在物理环境中感知到文化连续性，进一步塑造出具有场所感的空间。同时通过适应性功能的植入，使新旧空间要素形成"可读的层次性"，实现了空

[①] 汪毅、袁亚琦：《建设韧性社区　筑牢人民城市根基》，《群众》2024 年第 24 期。

间文本的跨时代对话，也印证了本雅明所谓的"当下对过去的唤醒"。二是人文家园营建的主体性维度体现在社会关系的再造。在社区更新中，社会关系的再造绝非简单的群体重组或社会交往的延续与频率提升，其本质是以在地文化中社会关系网络等为基础，通过城市更新过程中的主体间的动态博弈重构权力网络，并推动社区走出关系疏离的现代性困境。传统城市更新常将居民简化为空间改造的被动接受者，而社会关系再造的核心在于主体性的重新确认。这种主体性的确认既体现在原有社会关系网络的恢复和延续，同时随着更多元人群在更新后的进入，也体现在新的社群、新的社会关系和社交网络的生成。三是人文家园营建的内隐性维度体现在地区认同的重构。社区更新为地区认同的延续和建构提供了创造性转化的机遇：既要从历史积淀中找寻和延续根植性认同的文化基因，同时又要在社区更新中为建构性认同提供可能。四是人文家园营建的规范性维度体现在共同行为的发生。有规则、有预期的行为触发和引导有利于促进集体行动的产生，既有对社区更新公共事务的主动参与，也有对自主更新行为的选择性激励。进一步而言，这不仅实现了个体动机的激发，更有助于社会互动机制的培育，最终在微观实践层面实现社区自组织的可持续运作。而共同行为的生成也标志着社区居民从社区更新的被动接受者向主动参与者的角色跃迁，这也是社区意识向集体行动转化的关键环节。五是人文家园营建的整合性维度体现在制度体系的完善。社区更新制度体系的持续完善承载着将更新过程中分散的个体行动转化为有序集体实践的关键功能。这一过程超越了简单的规则制定和协商平台的搭建，而是通过建构多层次、动态演化的协商治理框架，实现社区更新中多元主体的共治共享。

因此，从内涵上看，人文家园营建型的更新模式是在社区更新中构建一种五个维度相互嵌套的人文生态系统。在此过程中，空间肌理延续是物质载体，社会关系再造是网络基础，地区认同重构是精神内核，共同行为发生是实践表征，制度体系完善是规则保障，从而，实现老旧社区更新中"场所—社群—情感—行动—治理"的协同共生，助力人文家园的系统性生成。

2. 路径一：集体记忆的空间唤醒，打造主客共享的人文场所

在全球化和快速城市化的浪潮下，历史空间的更新陷入"集体记忆断裂"与"空间同质化"的困境。小西湖的更新实践则是以场所营造理论为内核，实现了空间叙事与空间更新的互构。这一过程不仅是对物质空间的更新修复，更是对地方记忆的激活唤醒，展现了历史空间作为"活的文本"在时间维度中的动态生长。场所营造理论强调空间形态与集体记忆的互构性。小西湖街区通过"小规模、渐进式"式的更新策略，将历史上形成的"鱼骨状"街巷空间（见图7-3）以及关键的节点空间转化为承载集体记忆的显性载体。具体来看，在宏观层面，通过街巷格局的延续和重构为街区的地域精神孕育提供载体；在微观层面，从重要节点空间的触媒式更新，实现地方记忆的空间彰显。良好的物质环境对于塑造良好社区具有基础性的作用，不仅有助于社区居民生活条件改善、设施短板进一步补齐、安全风险消除，同时丰富了街区的公共空间体系，通过新型业态的植入、多样化人群的进入，打造出主客共享的人文场所。

传统街巷肌理的延续生长，构筑内外套叠的公共空间体系。街巷格局是传承历史地段形态特征的重要结构性要素之一，也是传承在地文化、保持空间活力、促进交往互动行为发生的重要载体。小西湖地区有大油坊巷、箍桶巷、堆草巷、小西湖巷等8条历史街巷，生活型的传统街巷纵横交错，不仅承载了南京老城南地区的烟火气，也串联了在地的社会关系网络，因此传统街巷对于小西湖地区的地点精神塑造、在地文化的传承以及传统生活方式延续具有重要意义。小西湖传统街巷的有机更新，致力于营造开放、包容、多样化、具有地方文化精神的公共空间。在实践中，选取东侧的小西湖巷和西侧的堆草巷作为街区的空间主轴，开展街巷的综合整治和历史环境氛围的延续和营造。空间主轴通过允许沿街店铺在街巷虚拟红线和地块红线之间设置公共装置，提升街巷体验性的同时，更能引导与店铺内部空间发生互动。同时，通过沿街内部腾退征收的地块提供公共空间、私有产权地块公私合作提供"共生院""共享院"等多种方式，实现了公共空间从外向内，从街巷向

地块内部空间的公共性渗透。丰富的公共空间体系使得居民日常活动和经营活动在更新后的历史场所中交织互动。街巷、公共设施、共享庭院共同构成了联结历史记忆与当代日常生活的地方场所。① 由此，原本"封闭、杂乱、单一的生活型内街"通过更新转变成了"开放、有序、多元的城市公共空间"，② 也成为联系居民、商户、游客等多元群体的重要纽带。从更新后的效果来看，传统街巷的肌理延续与公共性的提升，唤醒了街区的集体记忆，为街区内的各项活动营造出丰富且适宜的场所提供了重要支持，并促进不同年龄、家庭、爱好、阶层群体的交往和互动。

图 7-3　小西湖地区传统街巷分布（笔者自绘）

---

① 董亦楠、韩冬青：《超越地界的公共性——小西湖街区堆草巷的空间传承与动态再生》，《建筑学报》2022 年第 1 期。
② 李祯：《文化资本视角下历史街区再生理念、框架和策略——以日本高山城下町和南京小西湖历史街区为实证》，《西部人居环境学刊》2023 年第 4 期。

重要节点空间的触媒式更新，实现地方记忆的空间彰显。街区更新中对于承载地方记忆空间的重塑有利于为集体记忆提供显性载体，同时也有利于空间叙事与地点精神的共生。街区内的重要节点空间主要包括承担区域"第一印象"的入口空间、重要轴线的交叉点区域、承载居民集体记忆和公共活动交往的公共空间、具有历史价值的特色建筑等（见图7-4）。这类具有文化符号功能的空间更新对于地方性生活场景的延续和锚固、场所精神的塑造等具有重要作用，成为承载人们对特定区域空间感知和情感寄托的重要载体。围绕这一诉求，小西湖开展了一些创新实践，如小西湖湖面的恢复超越了单纯景观再造的物理意义，而成为集体记忆的现实承载。据史料记载，明代快园"春水鸭栏，夹以桃李"的江南园林意象曾构成小西湖地域文化图谱的重要记忆，而随着城市化的进程，湖面水体的湮没则导致了空间实体的消亡。更新工程立足于考古考据与历史地图，以400平方米水体为核心重构了"快园"的空间序列，凉亭、曲廊、井台、置石不仅延续了传统江南园林的造景手法，同时也隐喻市井生活的延续，居民临湖的交往互动则完成了对地方历史的沉浸式感知（见图7-5）。又如，位于街区中心位置的翔鸾庙传统戏台和广场的重建，实现了文化符号的当代重构。戏台的形制严格遵循江南古戏台的经典范式——飞檐翘角的建筑形式、院落围合的声场结构、台口朝向的方位逻辑（见图7-6），这些唤醒记忆的空间语法不仅实现了物质空间的修复和再现，更重要的是通过定期戏曲展演、社区节庆等活动，将建筑转化为文化传承实践的动态场域。周末的昆曲定时演出、居民日常的戏剧表演，游客运用新媒体实现的直播参与互动，有效将历史文化空间转化为活态记忆容器。

3. 路径二：社会网络的延续再生，营造宜居活力的人文社区

以资本增值为逻辑的城市更新，往往伴随着社会关系的断裂与主体性的消解。随着城市人口流动、文化交流等互动越来越频繁，作为居住型的历史地段不仅要满足居民自身的需要，通过各种方式留住原住民，延续旧时的生活场景，营造出有温度的幸福家园，即保留历史地段的"烟火气"的同时

第七章 在地文化赋能："小西湖"人文家园营建型的更新实践 195

图 7-4 小西湖地区重要文化空间节点（笔者自绘）

图 7-5 小西湖湖面实景（何淼摄） 　图 7-6 翔鸾坊戏台与广场实景
（何淼摄）

复活社会资本；也要满足社会需要，创造出扎根于本地生活，并能引发广泛共鸣的新型场景，并在街区的演替中不断催化出新的生活、为吸引更多元的人群提供可能。这种新旧共存的多样性更能契合当下真实的日常生活，也是小西湖备受欢迎的重要原因。在小西湖的实践中，更新前邻里互动频繁、形成了亲密持续的社群关系与社会网络；更新中充分尊重居民的意愿，为留下来的居民改善居住条件，为维持原有的社区关系和社交网络创造了条件。与此同时，通过文化业态的融入实现了多样化人群入驻，孕育出新的社会网络，兼具宜居与活力的生活共同体也由此产生。

通过多种方式为原住民留下来创造条件，营造有温度的宜居社区。小西湖在更新伊始就确定了要留住原住民，留住南京老城南的"烟火气"。在更新意愿调查中，810户的原居民中有50%的居民选择留下来。如何为这些不同产权基础、不同居住条件、不同居住诉求的居民创造留下来的条件是这次城市更新的重要命题。小西湖采取了平移安置房、共融院等多种方式来留住原住民。平移安置房是基于多层公房改造，为不愿外迁居民提供安置的一种集合式居住更新的积极探索，[1] 也是留下原住民、增强主体性的实践。平移安置房的前身是街区内建设于1980年代的一栋三层的砖混结构的直管公房，原本住着18户居民，住宅楼不仅缺少卫生间并且餐厨设施不全、空间局促、采光和通风条件较差。通过改造及局部扩建等更新方式，将18套两室暗厅的户型改造为1套社区公共用房与23套多种面积和类型的全明户型（见图7-7）。这次改造实现了住宅楼本身的更新，也为街区内现有居住条件较为恶劣且不愿意外迁的居民提供了安置空间。共融院则是通过公私产权地块合作更新留下原住民的又一类型的探索。共融院由区属房地产公司的住宅用地和私人住宅用地混合组成。更新前权属关系犬牙交错、空间关系混乱、建筑质量和空间环境都较差。更新过程中通过产权关系、功能配置的重新梳理和产权主体的充分协商，采取"自主更新+租赁改造"的方式，并引入小型的

---

[1] 鲍莉、孙艺畅：《人地共构的小西湖传统街区居住建筑多样性更新》，《建筑学报》2022年第1期。

特色商业，将原本相互分离且质量较低的居住建筑更新为具有活力的小型商住共生院落。居住环境的改善为部分家庭成员回归小西湖居住提供了可能，家庭代际的情感也得到加强。

图 7-7　平移安置房更新前后对比（左图为南京市建委提供；右图为何淼摄）

通过多元场景的融入为多样人群入驻创造条件，营造能共鸣的活力社区。平衡好居住与商业的功能，实现居民生活与商业、旅游功能的良性互动，同时防止过度商业化对居民日常生活的干扰乃至排挤，是居住类历史地段必须处理好的普遍问题。小西湖街区通过引入小规模的商业服务、文化创意和休闲业态，在多元主体共同参与的灵活策略下，营造出丰富且充满生活情趣的活动场景，[①] 不仅提升了街区的活力，也孕育出突破地域界线，更大规模和范围的流动性社群网络。邻里之间也不再只局限于居住邻里之间，居民与商户、与社区服务工作人员之间以及商户与商户之间也产生了共生共荣的新型人际关系。小规模的餐饮住宿商业业态、展示地方文化的非遗工坊、文创零售等功能的引入，满足了居民的消费和娱乐需求，在延续地方特色的同时提升了区域的形象。尤其是伴随着功能的融入，经营商户、创意人群与本地居民共同成为街区持续发展的内生力量，实现了从物质空间到社会群体的全面更新。街区新功能因为其对外展示性和体验性，将消费场景嵌入居住

---

① 韩冬青：《显隐互鉴，包容共进——南京小西湖街区保护与再生实践》，《建筑学报》2022 年第 1 期。

生活场景中，鼓励不同身份的群体进入空间中，赋予了社区生活更多的可能性和多样性。比如腾讯公司利用腾讯棋牌 IP 场景打造的"欢乐茶馆"、上海美术电影制片厂在传统文化基础上运营的"大闹天宫艺术馆"，还有以书籍和艺术为主题的虫文馆、精品民宿花间堂等，小西湖的怀旧氛围和这些具有鲜明品牌的业态营造出的文化格调，吸引了现代社群融入小西湖街区。不仅如此，社区服务与产业经济有机结合，也为小西湖地区的持久运营提供了经济基础和活力。非遗代表性传承人与网红店主相邻设摊，传统灯彩与文创产品的并置展示体现的是跨越代际与群体界限的社交网络在街区内的生动体现。

4. 路径三：情感滋养的日常浸润，延续价值共鸣的人文记忆

城市更新不仅要关注物质空间和生活需求，也需要关注人的心理感受和情感需求。现代社会的快节奏引发了社会大众的集体怀旧情绪，这种怀旧情绪不仅是对时代快速发展和变迁的情感反馈，也是希望能够放慢脚步、回归生活、感受生活的情绪表达。而正是这些情感性的需求也引发了城市中"治愈性场所"的产生，在这些场所的或长或短时间的停驻能够获得某种精神的放松和心灵的治愈，小西湖恰好能够提供这些可以追忆的场所，也是其能够得到更广泛群体认同的重要原因。而对于居住在街区的居民而言，随着物质空间的更新、功能活力的提升，居民的地域认同进一步增强，同时家庭、邻里、更大社群之间的互动和交往进一步提升了居民的情感认同。小西湖的实践不仅创造了居民有期盼、有向往的场所，更营造出更广泛社群可追忆的空间，实现了从根植性认同向建构性认同的跃升。

小西湖的地区复兴提升了街区常驻型群体的社区自豪感，也增强了根植性认同。小西湖具有良好的中心区位条件，各项设施的便利程度也较高，尤其是在物质空间环境显著改善、功能不断提升、街区更具有活力的背景下，无论是街区内的原住民还是租住户、商户等街区常驻型群体对于社区的功能认同进一步加强。外界媒体对于小西湖的正面积极报道，也提升了居民的自豪感，促使其对小西湖街区的整体发展充满期待和信心。在此意义上，小西

湖既承载了对过去的记忆、当下的生活以及对未来的想象，成为具有经验和意义的场所。而在情感认同方面，随着更多身份、更多年龄和更多兴趣的居住人群进入小西湖街区，街区的人际关系和情感联结也发生了相应的变化。因为一定规模的居民选择留在了街区，原本的信任和亲密的邻里关系得以继续维系。与此同时在家庭代际、邻里之间乃至更大维度的社群之间都产生了诸多积极的情感联结。居民期待向往着街区越来越好，并在实际行动中维护街区的整体形象。这种不断增强的情感联结也体现在街区的群体性活动上，比如更新后小西湖每年春节举行的邻里家宴，参加邻里家宴的不仅有长期居住在此的原住民，刚搬来不久的新居民、新入驻的商户，还有规划师、建筑师、运营实施以及社区管理等共同参与街区更新的工作人员。居民们不仅将自制的"拿手菜"带出来给大家分享，还自发组织了舞蹈、舞狮、越剧、歌曲等多种形式的节目表演。2025年的春节更是开展了邻里"粥"到、邻里全家福等更多形式的社区活动（见图7-8），进一步加强了居民的情感维系。

小西湖为更广泛的社群提供了一个"可漫步、可追忆、会怀念"的"治愈性场所"并产生建构性认同。在快速城市化、消费主义盛行、生活节奏被裹挟的大众现实生活中，"放空""放慢脚步""远离喧嚣"也成为一种普遍的精神需求。小西湖能够成为可以提供情绪价值的治愈性场所，并不仅仅在于延续了历史街巷的肌理和空间格局，能够满足部分群体的怀旧情绪，还在于通过更多元、更生动、更接近日常生活的场景，让人们能够更好地与这些场所建立联系，产生更深层次的体验和互动，进一步在动态的演绎中产生新的建构性的认同。2025年开业的老澡堂采用了明代瓮堂的穹顶形态与洗浴仪式，并通过"日间参观+夜间营业"的运营策略，使单一空间同时承载了居民日常生活与游客文化消费，形成功能混合、主客共享的地方场所。小西湖的地区气质完全不同于周边夫子庙和老门东这两个超大流量空间：功能上小西湖并不是纯粹的商业文旅消费型的历史街区，更新后的小西湖仍然保留了以居住为主的功能，业态也都是相对安静的小规模商业；空间上也不同于历史空间的符号式重现，小西湖的文化景观传承更多是活化利用再生，而不是简单的复古，历史空间与街区的日常生活很好地融合在一起，蜿蜒曲折的街巷与多点分布的停驻空间又能够为人们提供多样化的放松和舒适感的场所。同时，小西湖也不同于陈列式的展示历史空间，它既是一个历史住区，也是一个具有较强地方特点的商业街区；既是一个网红的景点，也是一个日常生活的场所，正是这种多元融合、边界模糊的中间状态，构建了小西湖的生命力与吸引力。

图 7-8　2025 年春节期间小西湖街区的系列活动（何淼摄）

5. 路径四：社区意识的行为转化，夯实社区共建的人文基底

城市更新从行动者的视角来看，无论是更新前的动员、协商，还是更新后的治理，都是由复杂多元主体共同参与的一项社会集体行动。[1] 正是由于城市更新面临着规模庞大且多元的主体、复杂的利益诉求与期待，因此往往都经历着反复的协商博弈过程，小西湖的更新历程也是如此。而且随着物质更新的完成，当新的行动主体进入到更新后的区域，又面临着后续的长期维护管理等方面的问题，努力实现居民日常生活与街区的经营活动的共生共荣和共享共赢，这又需要新的规则引导下的集体共识和集体行动。小西湖的实践正是在不断探索通过有规则、共遵守的秩序引导，建立起从意识觉醒到规

---

[1] 胡航军、张京祥：《基于集体行动理论的城市更新困境解析与治理路径》，《城市发展研究》2022 年第 10 期。

则共构，再到集体行动的行为转化逻辑，来实现社区的共建共享。

社区意识的觉醒让居民对更新项目的认识从"政府他们的项目"转向"我们自己的社区"。社区意识觉醒与角色转变不是自发产生的，而是在长期的协商过程中，对相关更新政策的熟悉中形成的。比如在小西湖的更新过程中，需要一询产权人同意率达到90%，项目才能立项并确定更新用地范围；二询产权人同意率达到80%，则方案确立、定留改拆方式、定设计总图与公共空间位置；产权人更新协议签署达到95%则出具建设工程规划许可、定户型、定功能比例；产权人更新协议签署达到100%则可开工建设。为了顺利推进相关过程，政府相关部门采取了"一封信""一把凳子""一场会"等方式——即通过向每户居民送达"一封信"和开展第一轮征询意见的机会，主动联络感情，宣传告知城市更新的模式、目的、意义；通过"一把凳子"深入居民家庭面对面交流，了解他们的切实困难与需求；通过不断持续召开的居民议事会等及时宣贯政策，逐步提升居民的支持，实现了居民从"要我改"到"我要改"的转变。社区意识的觉醒生成于居民自身诉求的表达和争取过程中，也体现在对社区公共事务的参与中。比如针对翔鸾坊戏台的复建，设计团队开展了10余次的社区工作坊，居民通过明代柱础拓印、戏曲脸谱绘制等活动参与其中，彰显了居民作为社区主体的身份。

共同商议确定并遵守执行的规则为碎片化的个体行动转化为可持续的集体行动奠定了基础。小西湖的更新针对多元产权主体的现实状况，在充分征求各方意见的基础上，采取了按产权分类的更新路径。公房实施腾退，即公房的产权承租人可自愿选择货币补偿或保障房安置，符合现行公房承租的，还可选择街区内的平移安置房。私房鼓励自我更新或腾迁，私房可自愿选择自我更新、实施主体收购、实施主体长期租赁等多种方式。厂企房采取征收搬迁的方式，用于完善社区公共服务设施。这种按产权分类的更新路径在一定程度疏解了人口规模、为完善社区服务设施提供了空间，更重要的是为后续的城市更新集体行动提供了相应的规则。同时，针对集体行动规模指数较大难以形成共识的困境，采取了院落式小组织群体的微更新模式。如前文所言，小西湖的更新不再执着于大规模的、整齐划一的集体行动，而是将集体行动落实在了更小产权地块的微更新单元，平均 6 户产权单位规模的院落更新单元，有效提升了居民集体行动的可能性。并且可以根据实施意愿、更新成熟程度等分时序地进行更新。根据共同商议形成的微更新单元图则不仅是规划管理以及更新过程中各主体实施土地征收流转、更新规划、建筑设计、建设行为、运营过程等进行管控、论证、监督以及后续成效评估的基本依据，同时也为不同产权人在共同规则下渐进式开展更新活动提供了基本遵循。① 又如，自主更新行为的发生是街区能够持续发展的基础动力，但在现实中却面临着"等靠要"思想下居民更新意愿不强烈的困境。一方面，为保障居民的参与路径，要设置并公开一套完善的流程，明确各个节点居民应该去履行的相应程序；另一方面，为提升居民的参与积极性，积极探索"产权人出资+政府补助+社会资本引入"等多主体成本分担的资金投入模式，并通过时间换取收益，努力实现多方互利共赢。② 小西湖通过马道街 39 号"许宅"的自主更新打通了整个自主更新的流程，同时为街区内其他的自主更新提供了示范案例。规则的共构还体现在一系列的《小西湖更新导则》《院落公约》《卫生值日表》《设施维护公约》《夜市管理细则》等的形成过程中。这不仅解决了社区更新集体行动何以可能的困境，并且相关的规则也为后续的持续运营、街区的活力提升创造了条件，最终实现从共商共建到共享共赢，社区更新的集体行动也得以持续。

6. 路径五：议事文化的现代升级，践行人民城市的人文追求

区别于以往政府采取征收拆迁的方式对地块内产权进行统一收集、收储和开发，城市更新需要面对的是更多元的产权主体和更复杂的产权关系，所涉及的居民也不再是以往数字意义的"单位人"，而是拥有不同产权基础、不同更新意愿、不同核心诉求的活生生的"个体人"，因此协商共识和专业

---

① 韩冬青：《显隐互鉴，包容共进——南京小西湖街区保护与再生实践》，《建筑学报》2022 年第 1 期。

② 韩冬青、董亦楠：《多方参与 持续营造——南京小西湖街区保护与再生的实践》，《中国勘察设计》2023 年第 12 期。

合作需要贯穿城市更新的整个过程。多主体协商平台不仅可以作为政府与社会、群体、个体之间沟通连接的桥梁，同时也表现为政府意志、资本诉求、地方福祉、个体需求与社会多元主体交织而成的利益网络。多方协商平台的搭建不仅在于形成了沟通和协商机制，更重要的是建立了一种系统辩证、包容共进的新的思维范式，而这种思维范式在面对不同于传统城市规划、建设、管理的城市更新的各类问题和瓶颈时尤为重要。小西湖的议事文化早已深入人心，而且已经不仅仅是一种理念，更是居民们日常生活中的实践。但是面临更加复杂主体与利益关系的社区更新工作时，需要在议事文化的基础上，进行现代化的升级。

多主体、协商式平台的系统搭建，有助于各方利益协商、凝聚更新行动共识。对于传统的历史住区而言，"约定俗成""邻里情谊"是其协调各方活动和行为的重要社会机制。但是，以产权和家庭为基础的协商关系呈现个体化和碎片化的状态，在面临更复杂的利益关系时难以有效协商，更难以形成协商一致后的集体行动。同时由于缺少自治组织，常态化、广泛参与的协商制度也没有建立。因此，小西湖在更新启动期就建立了由市政府、区政府、规划、消防、住建、交通市政等政府职能部门，规划设计研究团队，国企建设平台，街道与社区居委会与社区居民等多主体参与的"五方协商平台"。平台的各主体各司其职，在充分表达自身利益诉求的基础上，与其他主体进行"博弈、妥协"，最终形成更新的共识以及符合各方利益的集体行动。多主体协商平台的系统搭建，不仅建立了常态化的协商机制，更重要的是打破了传统的"政府主导、专家领衔、公众参与"的城市规划建设管理模式。这种模式更多是一种自上而下和自下而上的双向线性的互动，突破了彼此的区隔和上下的层级，建立了一个更为广泛的、主体之间关系更加平等、互动更加扁平化和水平化的协商网络。在小西湖还利用专门的空间设置了一个协商议事室，来开展日常的常态化的协商活动。

多主体、协商式平台的包容共进，有助于各方碰撞互动、提升系统治理能力。城市更新与传统的增量型的城市开发建设完全不同，各方主体都面临着对既有观念、规则、路径的改造和突破，而多方协商平台则为不同利益主体进行思路的碰撞、互动，最终走向包容协同共进提供了重要条件，进而能够提升各主体应对新的城市更新事项的能力，以及系统整体的治理能力。比如针对政府职能部门，在应对城市更新的各项规则完善过程中，不仅需要改变传统具有条线职能的纵向管理导致事权交叉、标准不一的问题，还需要在规划土地政策、建筑高度、日照间距、建筑结构、消防要求等技术指标和规范方面，整合各方诉求，推动政府部门内部的横向协同并开展标准创新的工作。城市更新的实施主体方面，需要改变快速周转、快速收益的经营理念，探索国有资本、民营资本、金融机构以及产权人等多元资本共同合作参与城市更新的模式。对于参与城市更新的规划研究咨询团队而言，需要规划设计、建筑设计、产业经济、土地估价、法律咨询、社会工作等更多专业的人员共同出谋划策。社区管理机构以及居民个体则需要提升参与决策的能力。总之，不同角色、不同利益主体的协商过程也是彼此频繁互动、包容共进的过程，进一步缔造出共商共议共建共享共赢的治理共同体。

四 启示与思考

1. "小西湖"人文家园营建型更新模式的启示

小西湖的城市更新从 2015 年至今已经历了近 10 年时间，"小尺度、渐进式、逐院落"的空间策略是项目得以实施的重要前提，但是更为重要的是采取留住原住民和烟火气的"留改拆"的城市更新方式，让地方文脉得以延续、地方精神得以传承，因此也得到了社会各界的高度关注与广泛认可。小西湖的更新本质上是一个人文家园营建的过程，即在社区更新中构建一个包括物质、社会、心理、行为和制度等要素的五个维度相互嵌套的人文生态系统。人文生态系统的构建包含了地域性、主体性、内隐性、规范性、整合性等多个维度。涉及物质性要素的地域性维度体现在空间肌理的延续；涉及社会要素的主体性维度体现在社会关系的再造；涉及心理要素的内隐性维度体现在地区认同的重构；涉及行为要素的规范性维度体现在共同行为的

第七章 在地文化赋能:"小西湖"人文家园营建型的更新实践 205

发生;涉及制度要素的整合性维度体现在制度体系的完善。通过在地文化的赋能,小西湖城市更新的经验和启示体现在以下几个方面:

一是人文家园的营建不仅是对物质空间的更新修复,更是对地方记忆的激活唤醒。小西湖从街巷肌理延续生长和重要节点空间触媒式更新两个层次来实现集体记忆的空间唤醒,打造主客共享的人文场所。通过街巷肌理的延续并构筑内外套叠、有机生产延伸的公共空间体系,将街巷空间打造成了传承在地文化、保持空间活力、促进交往互动行为发生的重要载体。利用小西湖的湖面恢复、翔鸾庙传统戏台和广场的重建,实现地方记忆的空间彰显。

二是人文家园的营建不仅需要采取多种方式为原住民留下来创造条件,营造有温度的宜居社区;也需要通过多元场景的融入为多样人群入驻创造条件,营造能产生共鸣的活力社区。促进人的社会网络延续生长,是城市更新的重要任务和目的。小西湖的更新实践更加尊重居民的选择,让愿意留下来的居民享有更舒适的生活环境,保留延续了原有的社会网络,同时小西湖也通过多元场景的营造,为更多样化的人群进入提供了基础,这也体现出了街区对更多元人群的包容性和开放性。

三是人文家园的营建不仅需要强化街区常驻型群体的根植性认同,也需要实现街区内更广泛的社群的建构性认同。当小西湖被各大媒体跟踪报道时,小西湖的居民作为街区主人也被采访宣传,在这个过程中小西湖居民的社区自豪感和根植性认同也不断加强。区别于喧嚣的商业街区,小西湖小规模的商业以及大量的公共空间提供了"可漫步、可追忆、会怀念"的场所,也成为更广泛社群放松身心的"治愈性场所",也由此产生了新的建构性认同。

四是人文家园的营建需要建立起"意识觉醒—规则共构—集体行动"的行为转化逻辑,才能将偶发的个体行动凝聚为有规则引导的集体行动,最终实现社区的共建共享。小西湖在更新前的广泛深入动员,不仅唤醒了居民的社区意识,更为后续行动凝聚了广泛共识。一系列更新过程的规则确立并遵守执行让集体行动得以持续。

五是人文家园的营建不仅在于搭建一个多主体协商平台,更重要的是共议协商过程中，各方主体本身参与社区治理能力的持续提升。小西湖悠久的议事文化成为多主体协商平台的雏形，在实施城市更新过程中，各方主体都面临着对既有观念、规则、路径的改造和突破，而多方协商主体思路的碰撞、互动，以及各自应对新的城市更新事项的能力的提升，实现了系统整体的治理能力的升级。

2. 进一步的思考

当前城市发展步入存量更新阶段，人民的文化需求也进入到文化自信和注重参与创造的新层次。小西湖更新案例彰显了在地文化赋能人文家园营建的过程与路径。事实上，城市更新尤其是小西湖人文家园的营建过程也为在地文化的动态建构创造了实践契机，因此在地文化与城市更新之间存在双向建构的关系。

在地文化赋能城市更新是基于在地文化的内涵特征，充分尊重、链接和融合地方特色、价值资源、景观风貌，以及人们在这个"地方与场所"形成的地方认同、文化认同，并依托多元内在需求与共同愿景而形成核心驱动力，促使各主体采取共同行动，以实现区域在物质空间、群体交往、情感维系、日常行为、社会治理等多维度的优化与改善。因此，在地文化赋能的城市更新是让更新行动变成更具内生动力、更具有持久性以及多元共同参与，多元需求得以满足的过程。同时，从城市更新赋能在地文化来看，城市更新通过根植于地方的不同场景构建，为原居民与现代社群生活的共生融合、地方文化的动态演变提供了可能性。"在地文化"赋能的场所营造有助于提升原住民的情感联系和根植性认同；而扎根于本地生活积淀的多元场景融入，则为陌生人相互亲密提供了场所，同时满足了多主体对集体关系的渴望，[1] 这有助于在城市发展演替过程中，在原有场所的基础上，创造出新的生活，进一步培育不同群体对于场所的建构性认同。[2] 总之，在地文化通过地域性

---

[1] Alan Blum. Scenes. *Public*, 2001 (22-23): 7-35.
[2] 边兰春、卓康夫：《从场所到场景：城市更新中的愿景认同与城市设计转型》，《城市学报》2024 年第 1 期。

的物质要素、主体性的社会要素、内隐性的心理要素、规范性的行为要素以及整合性的制度要素为城市更新提供内生动力，同时城市更新通过空间更新、活力塑造、情感联结、行为引导以及制度保障等更新策略为新的在地文化共同体建设提供了可能，即在继承并发扬原本在地文化基础上建构新的包含地域、生活、精神、行为、治理的"五位一体"的在地文化共同体。

进一步，地方文化与城市更新的双向赋能和动态建构体现在物质要素、社会要素、心理要素、行为要素以及制度要素的相互作用。在物质层面，空间肌理、街巷格局、特色建筑等在地文化的空间表征为城市更新空间场所的营造提供了基本的遵循；延续肌理格局、改善空间环境以及完善配套设施的空间更新不仅带来了物质环境的更新，更为具有地方精神的场所塑造提供了载体。在社会层面，在地文化中互动频繁、亲密持续的社群关系与社会网络是形成城市更新共识并开展集体行动的重要积极因素；城市更新通过契合于本地特征的功能的融入，营造了更多丰富多样的场景，孕育出新的社群和社会网络。在心理层面，在地文化培育出的社区凝聚力以及情感认同、地域认同成为推动城市更新的重要驱动力；城市更新通过留住原住民及留下地方文化的"烟火气"，也增加了对更新区域的认同。在行为层面，在地文化中的邻里互助、惯习约定以及由于局促空间开展的日常生活策略都有助于适应和形成新的空间行为秩序；城市更新不仅缓解了原本因为空间局限产生的各类冲突行为、通过相关规则的建立规范了各类主体的行为，更重要的是各类主体在城市更新的发起动员、形成共识、集体行动、长效治理这些不同阶段的实践过程中提升了行为能力。在制度层面，在地文化中既有的约定俗成和邻里默契等都蕴含了协商精神；城市更新建立的多主体参与的协商平台，为更深度参与协商过程，充分表达诉求以及争取相应利益提供了制度保障。总之，在地文化与城市更新的双向赋能和动态建构将产生出新的在地文化的共同体，而且不仅是地域共同体，还是生活共同体、精神共同体、行动共同体和治理共同体。

最后，需要指出的是，在地文化与城市更新之间能够相互赋能，但是两者之间并不存在必然的正向动态建构关系。换言之，并非所有的在地文化都能为城市更新的产生和推进提供动力,需要挖掘、寻找并利用好在地文化中的积极因素;也并非所有的城市更新行为都能带来在地文化的积极生长,相反不恰当的、不遵从地方实际的更新方式,不仅不能带来在地文化的再生繁荣甚至可能带来居民主体性的丧失以及在地文化的消解。如同城市更新是一个长期的过程一样,城市更新影响和塑造地方文化是一个更为漫长的过程,需要不断地观察、反馈、引导。对于小西湖而言,最成功的实践是原住民、商户、游客等多元人群的共融,从街区的功能来看,居住功能与商业、文化旅游等功能也达到了现阶段暂时的平衡。但是在网络传播的推动下,小西湖的品牌价值进一步放大,作为传统的历史住区,也面临着原住民占比下降以及居住功能弱化、文旅商业化增强的趋势,如何保留传统住区的"烟火气"、维系地方记忆是一个需要长期观察并高度重视的问题。

第八章 文化服务赋能："梧桐语"文化福祉浸润型的更新实践

一 文化服务赋能：让城市更新承载美好生活

健全现代公共文化服务体系是党的二十大报告提出的重要任务。近年来，随着城市进入存量挖潜阶段，小微公共空间如何激活、推动城市空间功能提升与文化民生改善的有机融合，成为关注的重点之一。在实践中，不少城市通过建设一批文化品质高、融合图书阅读、艺术普及、培训展览、轻食餐饮等业态的"小而美"的新型公共文化空间，对传统公共文化设施形成了有益补充，不仅为闲置小微空间注入了新生活力，也为当下我国城市推进公共文化服务高质量发展拓展了空间载体。对于大量老城区而言，作为稠密建成区、人口密集区，往往会存在公共文化空间不足的问题。在增量建设有限的情况下，结合城市更新推进小微闲置空间向居民"家门口"的文化客厅转型，能够有效推动存量公共空间的功能升级与内涵拓展，在城市更新中形成对居民美好生活需要的空间响应。

1. 公共文化服务支撑居民美好生活

中国式现代化是全体人民共同富裕的现代化。习近平总书记曾指出，"促进共同富裕与促进人的全面发展是高度统一的。强化社会主义核心价值观引领，加强爱国主义、集体主义、社会主义教育，发展公共文化事业，完善公共文化服务体系，不断满足人民群众多样化、多层次、多方面的精神文化需求。"① 这清晰阐明了公共文化服务在满足居民精神生活需求、促进共同富裕中的重要作用。近年来，无论是国家层面密集出台的《关于推动公共文化服务高质量发展的意见》《"十四五"公共文化服务体系建设规划》等一系列政策文件，还是全国公共文化领域重点改革工作总结部署会议等重要会议，都表明了鲜明的政策导向，即通过增进公共文化服务效能，满足人民群众的美好生活需要。

作为一种满足精神文化需求的公共服务，文化服务能够通过促进人的自我发展而推动人的现代化。首先，公共文化服务通过多元文化产品供给，丰富居民所接触到的文化形式，促进居民精神世界的丰盈。这种文化体验不仅能够带来愉悦的情感享受，拓展居民的审美视域，还能激发居民的创造力和想象力，增强自我实现的体验感。同时，这种文化参与也能够为城市居民提供工作之余合适且具有质量的压力纾解方式，是都市文化生活的重要内容。其次，公共文化服务有助于搭建居民互动平台，促进居民社会资本的再生产。公共文化服务能够为多元群体提供非正式交往空间，② 不同年龄、职业背景的居民在文化活动参与中增进沟通与了解，建立信任关系，有助于居民社会资本网络的持续性拓展与延伸。最后，公共文化服务有助于增强社区认同感，培育居民的社区归属感。公共文化服务通过提供承载地方历史与文化传统的文化活动、文化空间，能够在潜移默化中增强居民对所属地区的归属感和区域性文化的认同感，③ 增进居民与社区的情感共振。

可以说，在当代城市居民的美好生活中，公共文化服务的价值意义不仅在于文化设施等物质层面的供给，更在于对居民文化生活与精神需求的满

---

① 习近平：《扎实推进共同富裕》，《求是》2021年第20期。
② 杨前进：《"十四五"公共文化服务视野下图书馆与社区融合共生路径探赜——基于重庆图书馆的实践审思》，《图书馆理论与实践》2022年第5期。
③ 侯雪言、周宇辉：《新型公共文化空间有效嵌入城市社区的维度与路径研究》，《图书馆》2024年第11期。

足，以及对居民所共享的文化意义网络的构建，在推进居民精神生活共同富裕中发挥着主阵地、主渠道的作用。

2. "家门口"公共文化空间相对不足

公共文化空间是城市文化生态的核心载体，承载着促进社会交往、文化传承与创新功能，在提升居民生活质量、增强社区凝聚力与文化认同感等方面具有不可替代的作用。在中国新型城镇化与"文化强国"战略协同推进的背景下，公共文化空间建设已取得显著成效，尤其是标志性大型文化场馆的规划布局日趋完善。以南京为例，党的十八大以来，面对人民群众精神文化需求的快速增长，南京将推动文化设施扩量提质作为增强人民群众获得感、满意度的重要举措。目前，南京基本建成市级文化设施集聚区、市级文化设施副中心、地区（新城）级文化设施中心、社区（新市镇）级文化设施中心、基层社区（村）级文化服务中心五级文化设施体系，其中包括金陵图书馆、江苏大剧院等在内的一系列标志性公共文化设施，规模大、类型多。据内部材料《2023年南京城市体检报告》显示，2023年市辖区人均公共文化设施面积达0.24平方米，超过全国人居环境奖城市设定的0.2平方米/人标准值，在南京城市体检中获评为"很好"。其中，博物馆（80.37万平方米）、剧场（45.68万平方米）等大型设施占比超过总面积的50%，[1]充分体现了南京作为文化强市的资源优势以及在推动大型文化设施持续完善上的努力。

然而，宏观数据的达标与居民实际体验之间仍存在结构性矛盾——居民日常生活圈层内"家门口"小微文化空间的供给不足、服务可及性弱、"最后一公里"文化需求仍未充分满足的问题亟待破解。《2023年南京城市体检报告》显示，尽管居民对市级公共文化设施（如图书馆、剧院）的满意度较高（得分83.73），但在街道级与社区级设施的满意度调查方面，23.86%的居民反映"文化活动场地面积不足"，16.88%的居民认为设施"离家太

---

[1] 以上资料由南京市城乡建设委员会提供。

远"。① 这一矛盾凸显了当前公共文化设施体系的结构性失衡：大型文化场馆的集聚效应与社区小微文化空间的缺失并存。例如，南京主城区内博物馆、图书馆等设施多集中于历史城区或新城中心，而主城老旧社区、城郊边缘组团的文化站、社区书屋等设施则普遍存在规模小、功能单一、开放时间不合理等问题。这种"远水难解近渴"的空间失配困境，导致公共文化服务难以真正嵌入居民日常生活场景。究其原因，这反映了我国公共文化空间规划建设领域长期存在的"重地标、轻日常"思维惯性。虽然国家层面政策引导都提出了相应要求，如《城市社区嵌入式服务设施建设工程实施方案》明确指出，需推动公共服务"下基层、进社区"，但在实际建设中却更多关注能够彰显城市文化形象、具有地标意义的大型公共文化设施建设。如南京文化设施面积中封闭式场馆占比较高，而社区口袋公园、街角文化驿站等小微开放空间严重不足。这种空间供给模式与居民多元化、碎片化的文化活动需求形成错配，难以满足"15分钟文化生活圈"内即时性、高频次的文化体验需求。

因此，公共文化空间建设应从"建筑本位"转向"人本需求"，更加关注居民家门口的文化新空间、人文新场景，推动公共文化空间下沉至"最后一公里"，使公共文化服务更可触及、更接地气，真正融入居民日常生活，提升居民享受美好生活的便捷度和满意度。

3. 城市更新中文化福祉的空间拓展

城市更新不仅要解决居民在物质层面的问题，更应关注民生层次的诉求，特别是在快速城市化进程中，如何兼顾物质与文化需求，成为现代城市发展的重要课题。近年来，随着城市更新行动更加关注小尺度空间，桥下空间、宅间绿地、闲置空地、社区空地、闲置小型建筑物等小微公共空间被纳入了城市更新的视域。2024年住房和城乡建设部召开的城市小微公共空间整治提升工作现场会指出，"要坚持系统思维，将城市小微公共空间整治提

---

① 以上资料由南京市城乡建设委员会提供。

第八章　文化服务赋能："梧桐语"文化福祉浸润型的更新实践　213

升与城市更新、老旧小区改造、完整社区建设等相结合，统筹推进"；"满足群众绿色休闲、文化娱乐、运动健身、停车出行等生产生活需求"。① 在各地实践中，通过公共文化服务赋能，对闲置或低效利用的公共空间进行改造与激活，推动城市空间的优化利用，提高居民的文化福祉，并促进宜居社区建设已成为一种创新实践。

当前，城市更新与复兴中的人文转向，使得公共文化服务在城市更新中的重要性越发凸显。② 党的二十大报告提出"实施城市更新行动""健全现代公共文化服务体系，创新实施文化惠民工程"；党的二十届三中全会进一步强调"优化文化服务和文化产品供给机制"。公共文化服务向小微公共空间的注入，能够推动空间重构的价值逻辑更加"以人为本"，为增进居民文化福祉提供更多的空间承载。如：北京结合城市街区保护更新和老城人居环境改善工作，积极推进"小而美"的社区博物馆建设，形成全方位展现人民生活、社区历史、文化艺术的特色公共文化空间。通过在腾退修缮后的文物建筑、名人故居、会馆中植入"社区博物馆""街巷博物馆""胡同博物馆"功能，同步开展多种老北京传统技艺课程，有效强化了公共文化服务与社区居民的链接，推动社区文化生活更加丰富。上海长宁区通过建设"15 分钟社区美好生活圈"，以"文化服务嵌入"策略激活社区存量空间，形成了利用社区边角地打造"生境花园"、将废弃仓库改造为"市民艺术夜校"、在老旧里弄嵌入"共享文化客厅"等多种实践，通过精细化设计破解"最后一公里"服务难题，为存量时代公共文化空间的高质量发展提供了创新范式。观之各地实践，形成了以小规模、低影响、渐进式、低成本为空间更新特征，以文化服务赋能为核心驱动，注重文化功能注入、空间活化利用和社区参与的更新路径，③ 原本被忽视或废弃的空间得以被重新设计和改造，发挥了城市公共文

---

① 《全国推动城市管理融入基层治理暨城市小微公共空间整治提升工作现场会在成都市举行》，微信公众号"中国建设报"，2024 年 6 月 27 日。
② 施芸卿：《再造日常——老城复兴中"活"的公共文化再生产》，《社会学评论》2023 年第 1 期。
③ 杨慧娟：《微更新视角下上海老旧社区公共空间激活策略》，《上海工艺美术》2024 年第 1 期。

化空间的功能。特别是，对于空间利用不足、环境质量差、公共服务匮乏等问题集中的老旧城区而言，公共文化服务的注入，能够最大化地利用社区及其周边的闲置或低效利用空间，改善"家门口"公共文化空间相对不足的问题，让文化福祉真正嵌入居民的日常生活场景之中。

二 "梧桐语"的提出背景与类型分布

作为城镇化先发地区，2023年，南京常住人口突破950万，中心城区人均公共文化设施面积虽已超过国家水平，但空间分布呈现大型设施中心极化与社区普惠空间不足并存的特征。在社区及步行可达的周边区域内，适合休憩、交流、活动的公共文化空间相对短缺。但同时，南京城市中又留存有相当数量的"边角地""夹心地"及闲置与低效利用的存量用地。因此，在"15分钟文化生活圈"建设需求与存量空间优化导向下，"梧桐语"小型城市文化客厅应运而生。

1. "梧桐语"的提出背景

"梧桐语"小型城市文化客厅的建设，旨在通过文化服务激发存量空间活力，创新公共文化服务模式，以提升居民的生活质量和文化认同感。其提出背景包括：

一是"15分钟文化生活圈"的建设需求。2020年，中共南京市委、市政府出台文件，推动"美丽中国"战略和"美丽江苏"建设决策部署在南京落地生根；其中，在"提升生活品质"这一重点工作中，提出"加快布局'梧桐语'小型城市文化客厅，逐步构建15分钟文化生活圈，打造家门口的文化驿站，让城市的街角飘着咖啡香、透着文艺范。"从这一要求出发，"梧桐语"小型城市文化客厅致力于充分发挥公共文化服务的"福民"效应，通过小规模、低影响、渐进式、适应性的建设方式，激活城市闲置的碎片化公共资源，为优化公共文化空间布局、增进居民日常文化福祉提供支撑，不断推动群众文化生活品质化、多样化。

二是深化"有温度的城市更新"的需求。在"人民城市"理念的指引下，南京将"有温度的城市更新"作为城市更新的核心理念，更加强调对文化、民生、经济、社会的综合考虑，不断放大城市更新的人民性与公共性。在这一更新理念的引导下，从广大居民对公共文化空间的需求出发，南京将"梧桐语"小型城市文化客厅的建设作为增进文化民生的重要空间手段，力求通过将小微闲置空间的更新与公共文化空间的优化相结合，在重塑空间活力的基础上更好地回应居民对更高品质、更加精细的公共文化服务的需求，实现供给端与需求端的有效适配。

三是增进居民城市归属感的需求。当前，城市社区居民异质性较强，相互联系松散，[1] 社会结构的原子化与传统邻里关系的式微已成为制约当代城市居民归属感与认同感提升的重要因素。邻里之间缺乏实质性的互动与交流、对社区事务的参与度较低是当代城市社区的普遍景象。"梧桐语"小型城市文化客厅则期待打造开放、共享的社区交往空间，通过举办社区活动、文化沙龙、志愿服务等，鼓励居民主动参与、深度融入社区生活，在极富生活气息与文化质感的空间场域中提升居民归属感与认同感。

2. "梧桐语"的空间分布

作为文化服务赋能城市更新的创新载体，自2020年启动以来，目前南京全市已投入运营60处"梧桐语"小型城市文化客厅（见表8-1）。据南京市建委提供材料，南京对60处"梧桐语"小型城市文化客厅采取了"城市级—社区级—惠民级"三个层级的规划布局策略：依托城市级资源，在明城墙、玄武湖、中山陵等知名公园景点及新街口商圈、南京火车站等窗口地区，设置城市级客厅；依托具有区域服务功能的公园景区、商业片区等资源，设置社区级客厅；依托小型市民广场、社区中心、街头绿地、路边游

---

[1] 王倩、黎军：《城市社区传播系统与居民归属感的营造——以江西南昌为例》，《江西社会科学》2015年第1期。

园、口袋公园等资源，设置惠民级客厅（见图8-1）。由此，既避免了"撒胡椒面"式的资源浪费，又通过精准匹配空间功能与文化服务需求，实现存量资源价值增值的最大化。

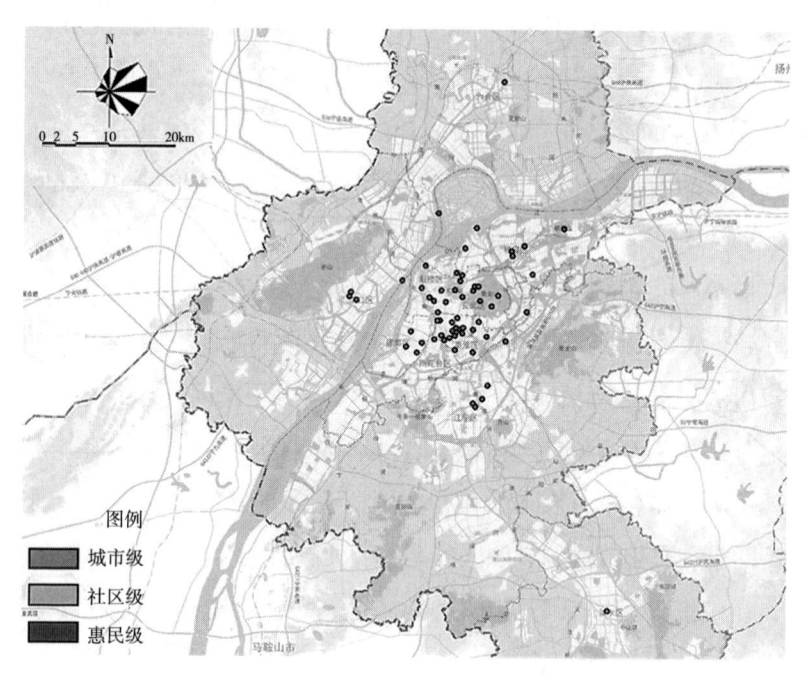

图8-1 "梧桐语"小型城市文化客厅的类型特征与空间分布
（截至2024年底，笔者自绘）

举例来看，城市级客厅主要依托中山陵、玄武湖、秦淮河、滨江风光带等城市重要景点、窗口地区，将废弃游客中心、闲置管理用房改造为文化展示与旅游服务复合体。如"扬子江生态公园'梧桐语'"，通过与江北新区图书馆合作，将阅读空间、就餐服务、旅游咨询服务、公益便民服务嵌入原"大窝子驿站"空间，打造了集休闲文化服务为一体的城市微客厅。社区级客厅主要依托区域级公园、商业中心等节点，激活低效公共建筑。如位于江宁区东山街道竹新路儿童友好成长公园内的"竹新路几方'梧桐语'"，深度融合了儿童友好的设计理念与周边学校的文化氛围，通过举办各类适宜于儿童群体的文化活动，为儿童营造一个安全、有趣且富有教育意义的成长空间。惠民级客厅聚焦"15分钟生活圈",主要利用小型社区广场、口袋公园等小微空间嵌入公共文化服务功能。如"锁金村街道'梧桐语'"依托社会工作服务站、居民生态文化广场、文化长廊等空间,通过创新设计、翻新维护、复合利用,形成了文化、服务、活动、老兵、亲子五大驿站,打造了温馨与实用兼具的社区文化共享空间。

表8-1 南京"梧桐语"小型城市文化客厅情况明细(笔者整理)

序号	点位名称	具体位置	级别	上线年份
1	袁枚游园"梧桐语"	鼓楼区华侨路街道广州路248号	社区级	2021年
2	"宁+驿站'梧桐语'"	玄武区龙蟠路111号南京火车站南广场	城市级	2021年
3	火瓦巷"梧桐语"	秦淮区火瓦巷和马府西街交界路口绿地内	惠民级	2021年
4	高桥门公园"梧桐语"	秦淮区高桥门公园(B区)入口处	城市级	2021年
5	和平公园"梧桐语"	玄武区北京东路43号和平公园内	城市级	2021年
6	文采书屋"梧桐语"	秦淮区长乐路夫子庙牌坊街东50米	城市级	2021年
7	云几书房"梧桐语"	建邺区乐山路158号金陵图书馆云几空间内	城市级	2021年
8	熙南里三余书社"梧桐语"	秦淮区熙南里街区15号	社区级	2021年
9	锁金村街道"梧桐语"	玄武区锁金南路8号	惠民级	2022年
10	江边"梧桐语"	鼓楼区江边路40号	惠民级	2022年
11	石头城"梧桐语"	鼓楼区虎踞路87号石头城遗址公园北门西侧	城市级	2022年
12	玄武湖梁洲"梧桐语"	玄武区玄武巷1号玄武湖梁洲黄册库	城市级	2022年
13	滨江"梧桐语"	鼓楼区金陵湾小区对面滨江风光带	惠民级	2022年
14	汇爱坊"梧桐语"	玄武区中山陵商业街1号一楼	社区级	2022年
15	老门东设计廊"梧桐语"	秦淮区箍桶巷116~118号	社区级	2022年
16	梁塘书屋"梧桐语"	秦淮区红花街道汇景北路	惠民级	2022年

续表

序号	点位名称	具体位置	级别	上线年份
17	南湖"梧桐语"	建邺区南湖东路与彩虹路交叉口南湖公园内	社区级	2022年
18	金陵STYLE"梧桐语"	玄武区龙蟠路108号钟山风景名胜区旅游服务中心内	城市级	2022年
19	扬子江生态公园"梧桐语"	浦口区扬子江生态公园"大窝子驿站"处	城市级	2022年
20	百子亭"梧桐语"	玄武区傅厚岗路百子亭历史风貌区内	城市级	2022年
21	珍珠广场"梧桐语"	溧水区珍珠路与分龙岗路交叉口	惠民级	2022年
22	秦淮硅巷"梧桐语"	秦淮区标营4号国际创新广场1号楼	社区级	2022年
23	求雨山"梧桐语"	浦口区江浦街道雨山路48号	社区级	2022年
24	琵琶湖"梧桐语"	玄武区琵琶洲16号	城市级	2022年
25	江南驿"梧桐语"	秦淮区龙蟠中路和大中桥交会口西北侧绿地内	社区级	2022年
26	清水塘"梧桐语"	秦淮区龙蟠中路和水秀路交会口东南侧绿地内	社区级	2022年
27	雅居乐公园"梧桐语"	秦淮区秦虹路雅居乐公园西北角	惠民级	2022年
28	御水湾"梧桐语"	秦淮区御水湾南路与石杨路交会口东北侧	惠民级	2022年
29	马群市民广场梧桐语	栖霞区南湾营路与百水桥南路交叉口西100米(马群市民广场)	惠民级	2022年
30	芳河路"梧桐语"	芳河路桥以东、牛首山河以南	惠民级	2022年
31	翻翻"梧桐语"	浦口区江浦街道凤凰山公园内	社区级	2022年
32	冶浦归帆"梧桐语"	冶浦桥东南侧,河滨十二期(冶浦归帆公园)景观工程内	惠民级	2022年
33	南湖东路"梧桐语"	建邺区南湖东路母女情广场内	社区级	2023年
34	怡康街"梧桐语"	建邺区怡康街与西城路街角公园内	惠民级	2023年
35	朱二河"梧桐语"	建邺区奥体大街与黄山路交叉口	惠民级	2023年
36	云书苑"梧桐语"	江宁区朗诗玲珑屿南侧	惠民级	2023年
37	云园"梧桐语"	浦口区江浦街道城橄路旁	社区级	2023年
38	大观园"梧桐语"	秦淮区夫子庙大观园内	城市级	2023年

第八章 文化服务赋能:"梧桐语"文化福祉浸润型的更新实践　219

续表

序号	点位名称	具体位置	级别	上线年份
39	秦淮·非遗馆"梧桐语"	秦淮区钞库街 21 号	城市级	2023 年
40	思翰书屋"梧桐语"	建邺区乐山路 209 号喵喵街二期	社区级	2023 年
41	长虹路"梧桐语"	雨花台区雨花西路 128 号	惠民级	2023 年
42	栖霞古镇"梧桐语"	栖霞区栖霞街栖霞山旅游度假区综合服务中心	城市级	2023 年
43	雨花剧院"梧桐语"	雨花台区雨花西路 9 号	社区级	2023 年
44	十朝"梧桐语"	玄武区四方城 1 号南京十朝文化陈列馆	城市级	2023 年
45	九龙湖总部园"梧桐语"	江宁开发区九龙湖国际企业总部园区江宁图书馆九龙湖阅读空间	社区级	2023 年
46	烷美客厅"梧桐语"	栖霞区尧佳路 6 号尧化新村社区党群服务中心南侧	惠民级	2023 年
47	花神湖"梧桐语"	雨花台区花神湖公园内玉兰路侧	社区级	2023 年
48	杏湖公园"梧桐语"	江北新区杏湖公园	城市级	2023 年
49	七桥瓮"梧桐语"	秦淮区七桥瓮湿地公园	城市级	2023 年
50	鑫运路"梧桐语"	秦淮区鑫运路东侧绿地	惠民级	2023 年
51	幕府小镇"梧桐语"	鼓楼区幕府创新小镇	社区级	2023 年
52	莫愁湖"梧桐语"	建邺区汉中门大街 35 号	社区级	2023 年
53	南师大"梧桐语"	玄武区板仓街 78 号金地梧桐里园区 27 号楼	社区级	2023 年
54	宁夏路"梧桐语"	鼓楼区宁海路街道宁夏路 18 号东	惠民级	2023 年
55	彩虹阵"梧桐语"	雨花台区长虹路德盈国际广场 3 幢	社区级	2024 年
56	仙鹤门公园"梧桐语"	秦淮区文枢西路 37 号仙鹤门金旅德必艺术盒子中	社区级	2024 年
57	竹新路几方"梧桐语"	江宁区东山街道竹新路儿童友好成长公园内	惠民级	2024 年
58	凤栖"梧桐语"	鼓楼区行健路 16 号阳光广场	惠民级	2024 年
59	神策门公园"梧桐语"	玄武区龙蟠路 2 号神策门公园	城市级	2024 年
60	晨光路"梧桐语"	南京市秦淮区晨光路	惠民级	2024 年

三 "梧桐语"文化福祉浸润型的更新实践

近年来，国家层面提出将新型公共文化空间的建设作为新时期提升公共文化服务效能的重点任务之一。2024 年发布的《中共中央关于进一步全面深化改革、推进中国式现代化的决定》提出，完善公共文化服务体系，建立优质文化资源直达基层机制，健全社会力量参与公共文化服务机制。①2025 年印发的《关于进一步培育新增长点繁荣文化和旅游消费的若干措施》进一步要求，鼓励依法利用腾退空间、闲置用房等打造新型公共文化空间。②"梧桐语"小型城市文化客厅是基于公共文化服务赋能而形成的文化福祉浸润型更新模式的典型案例。以"文化服务出门可达、诗意生活触手可及"为目标，活化利用城市街角、社区空地、空置建筑等闲置低效空间，推动艺术展览、图书阅读、手工艺制作、文化讲座、社区活动等多元化公共文化服务的精准介入，"梧桐语"小型城市文化客厅正成为集文化、生活、展示等功能于一体的城市窗口，既是全民共享的新型公共文化空间，也是城市新兴的文化名片。在这一更新实践中，大量小微空间实现了从物质空间向文化场域的深刻转变：这些基于居民日常生活尺度的、浸润着文化福祉的公共空间，将抽象的文化权益转化为居民可感知的生活场所，是在城市更新中践行"以文化人"理念的创新举措。

1. 文化福祉浸润型更新模式的内涵

随着城市化进程的加速，城市空间资源日益稀缺，城市发展与土地资源紧张的矛盾越发凸显。在此背景下，城市"边角地""夹心地"等与居民日

---

① 《中共中央关于进一步全面深化改革、推进中国式现代化的决定》，https://www.gov.cn/zhengce/202407/content_6963770.htm?sid_for_share=80。
② 《国务院办公厅印发〈关于进一步培育新增长点繁荣文化和旅游消费的若干措施〉的通知》，https://www.gov.cn/gongbao/2025/issue_11826/202501/content_7001308.html。

常生活幸福感密切相关的小微闲置空间的更新活化成为本轮城市更新领域的关注焦点。针对这类空间，多采用"针灸式"的更新理念，以小规模、精准化改造激活小微空间，强调低成本、低干预和可持续性，符合当前城市更新绿色化、精细化的发展趋势。[1] 近年来，众多城市积极探索将高架桥下、社区夹缝、废弃厂房、开放公园中的边角闲置空间更新改造为居民身边的公共文化空间，不仅带动了城市形象的优化提升，更有效助力了居民文化福祉的增进。如成都市锦江区积极挖掘社区辖区资源，聚焦社区居民看得见、摸得着的"家门口"小微公共空间，实施"针灸式"微更新策略，将闲置空间改造为兼具茶馆、综合文化舞蹈室、居民调解室、书画室和阅读书屋的复合空间，不仅营造了社区精致生活场景，也有效缓解了社区公共空间品质不高、公共服务设施不足、文化记忆淡化等问题。[2]

　　这一更新方式不仅提高了城市空间的利用效率，缓解了用地紧张压力，更通过将边角闲置空间转化为公共文化空间，将文化创意融入了社区生活场景，契合了国家层面对建设"新型公共文化空间"的要求。2021年发布的《文化和旅游部　国家发展改革委　财政部关于推动公共文化服务高质量发展的意见》中要求，"创新打造一批融合图书阅读、艺术展览、文化沙龙、轻食餐饮等服务的'城市书房''文化驿站'等新型文化业态，营造小而美的公共阅读和艺术空间";[3] 文化和旅游部发布的《"十四五"公共文化服务体系建设规划》提出，"将社区文化设施建设纳入城市更新计划，创新打造一批具有鲜明特色和人文品质的新型公共文化空间。"对于大量中国城市而言，老城区作为稠密建成区、人口密集区，往往会存在公共文化空间不足的问题；新城区则因空间尺度较大，对居民公共文化空间的可达

---

[1] 季旻瑶、宋玉雪、余冯月等：《微更新视角下苏州老住区公共空间适老化提升策略研究——以苏州科技大学周围老住区公共空间为例》，《建筑与文化》2020年第11期。

[2] 高昊煜：《从低效闲置空间到全民共享空间　"龙舟坝坝茶"架起民声民意"连心桥"》，《华西社区报》2023年11月22日。

[3] 《文化和旅游部　国家发展改革委　财政部关于推动公共文化服务高质量发展的意见》，https://www.gov.cn/zhengce/zhengceku/2021-03/23/content_5595153.htm。

性考虑不足。国家层面提出的新型公共文化空间建设则更加关注以"人"为核心的参与度、可及性，充分体现"设施跟着人走"的原则。① 从实践路径来看，结合城市街区保护更新和老城人居环境改善工作，充分挖掘闲置或低效利用的公共空间资源潜能，融合文化服务功能，能够为居民提供更加丰富的文化活动和社交空间，以"无处不在、无时不有"的公共文化服务显著增进居民日常生活中的文化福祉。

因此，从内涵上看，文化福祉浸润型更新模式是指将图书阅读、文创展销、艺术普及、旅游资讯查询、志愿服务等文化服务嵌入文博场馆、旅游景区、历史文化街区、文化产业园区、社区中心、公园绿地等区域内的闲置小型建筑物与小微空间，更新改造为"小而美"的新型公共文化空间，实现文化福祉向城市肌理的全面浸润，形成对传统公共文化设施的有益补充。

2. 路径一：合理布局与科学规划，提供可触及的文化福祉

在存量更新背景下，公共文化空间的建设是提升居民生活质量、促进社会文化发展、增强城市凝聚力的关键，而科学规划与合理布局是公共文化服务精准触达的核心前提。科学规划与合理布局不仅能有效满足不同人群的需求，还能提升空间的使用效率，促进社区的活力。南京"梧桐语"小型城市文化客厅聚焦城市窗口地区、人流活动聚集的开敞空间、公共交通可达性较好的游园广场等进行布局，致力于提升"在家门口触手可及的文化感受和生活体验"。②

从空间布局上来看，"梧桐语"重点关注主城六区的窗口区域、重点地段、景观文化带等，并辐射带动其他各区。截至2024年5月，60处"梧桐语"中，主城六区48处，外围六区12处，点位已遍布"一江两岸"，涵盖主城与外围偏远地区，构建起覆盖全域、功能复合的公共文化服务网络，实现了"空间供给"与"服务可达"的有机结合。基于GIS空间分析可以发现，从分布格局上来看，"梧桐语"小型城市文化客厅在南

---

① 李国新、李斯：《我国新型公共文化空间发展现状与前瞻》，《中国图书馆学报》2023年第6期。
② 马思伟：《让公共文化服务触手可及》，《中国文化报》2014年3月26日。

京呈现中密边疏的"一中心、三节点、多散点"的空间分布格局（见图8-2）。"一中心"主要位于南京江南主城四城区以及雨花台区，即鼓楼区、玄武区、秦淮区、建邺区和雨花台区。这缘于南京在规划建设"梧桐语"之初，主要优选城市窗口地区，人流活动聚集的公园、广场等开敞空间，在公共交通可达性较好的闲置或低效利用的公共空间进行布点，能够覆盖中山陵、玄武湖、秦淮河、滨江风光带等市民和游客常去的场所，而主城区有这些方面的优势。这说明"梧桐语"多选点于南京交通区位优越的主城地区，[①] 既能回应人口相对密集的主城区中小微公共文化空间不足的问题，也能满足游客等其他群体的可达性。"三节点"分别位于浦口区（江浦街道）、江宁区（东山街道和秣陵街道）和栖霞区（栖霞街道和仙林街道）。这些地区多属于主城区外围的窗口地区，城市建设基础较好、人口较密集。通过"梧桐语"的设置，有助于填补新城区文化设施的结构性缺失，快速提升区域文化服务功能。"多散点"主要位于浦口区的沿江街道和泰山街道，鼓楼区的宝塔桥街道，栖霞区的燕子矶街道、栖霞街道、仙林街道和马群街道，江宁区的东山街道，六合区的雄州街道，溧水区的永阳街道，均为居民住宅相对较多的街道。"梧桐语"能够有效深入社区肌理，成为居民日常生活场景的有机组成。总体而言，这一空间分布格局重点关注了基层公共空间及城市周边节点地区，充分考虑了不同区域、不同地段的具体需求，体现了"梧桐语"小型文化客厅在强化居民日常文化福祉上的价值诉求。

从功能设计来看，"梧桐语"注重空间的开放性与利用的灵活性。通过开放式布局，打破传统公共服务设施的封闭性，吸引群体进入。同时，空间的灵活性使得不同的活动可以在同一场所进行，满足不同群体多样化的需求，鼓励多样化的活动发生。"梧桐语"服务的目标人群主要有周边居民、本市其他区域居民、有组织的活动群体、外地游客等四类。从最大

---

① 钱梦佳：《小型城市客厅建设发展路径研究——以江苏省南京市浦口区为例》，《广西城镇建设》2024 年第 10 期。

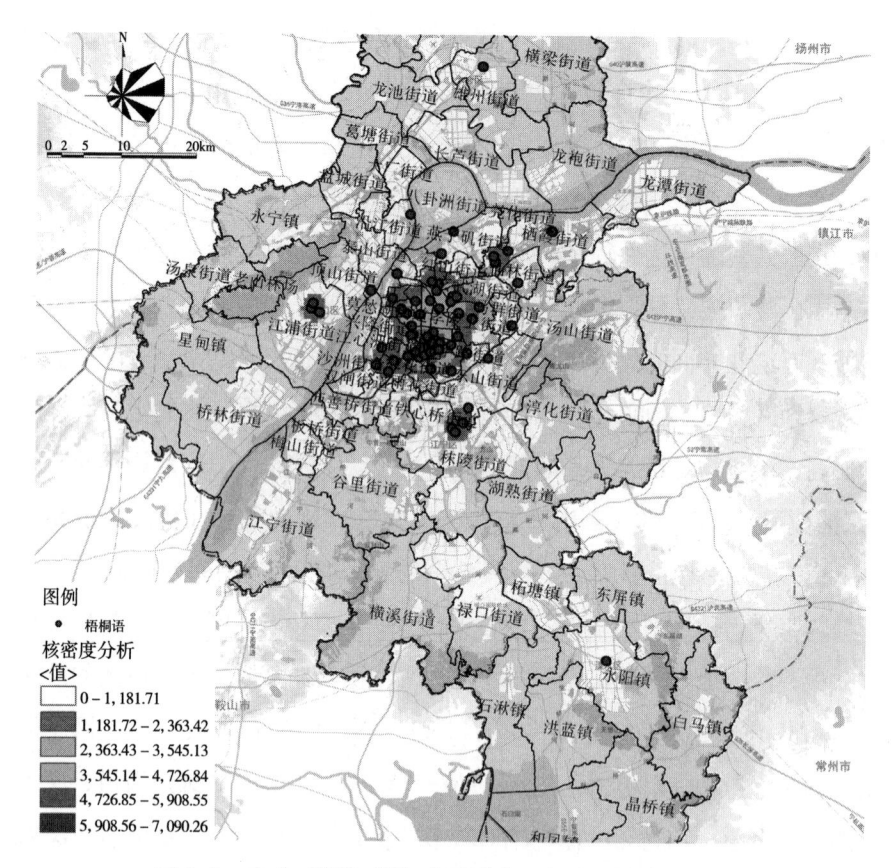

图 8-2　南京"梧桐语"小型城市文化客厅核密度分析
（截至 2024 年底，笔者自绘）

化满足四类群体差异化的文化服务需求出发，"梧桐语"规划设计了"城市级—社区级—惠民级"三种不同层级的小型城市文化客厅，其空间规模分别约为 200 平方米、100 平方米和 50 平方米，在功能定位、空间板块设计上均存在一定差异。具体而言，城市级更多考虑本地居民与游客等外来群体需求的功能融合，同时展示南京地方特色文化。如位于南京火车站南广场内的"宁+驿站'梧桐语'"，该小型城市文化客厅复合利用广场内闲置的 270 平方米空间，采取"日常便民服务+特色主题活动"的运行机制，融合了便民服务、导览咨询、公益活动、团队共建等多项功能和特色，其中设置了阅读空间、展陈空间、便民空间三类空间。阅读空间内设立党建主题书架,加入南京文学史、南京城市建设史等南京特色书籍;展陈空间内播放南京城市直播、主题宣传片,展现南京城市形象和文化魅力;便民空间内提供南京交通指引、景点推荐、出行指导等旅游服务以及各类应急服务。① 社区级更加注重片区内人群特征,如位于就业人口密集区域更侧重于短暂休憩、交流交往、文化休闲等功能的设置,位于图书馆等文化设施周边地区则侧重于服务全民阅读的需要。如选址在雨花台区德盈国际广场的"彩虹阵'梧桐语'",由于紧邻虹悦城商圈,这一"梧桐语"主要面向就业群体和周边居民提供阅读空间与生活服务,并通过不定期举办形式多样的文娱活动,促进居民之间、企业职工之间以及快递员、外卖员、网约车司机等新就业群体之间的交流互动。惠民级在功能设计上更加强调与其他社区服务功能的混合配置,提升空间的利用效率和设施利用的便捷性,致力于提供"家门口的好去处"。如位于浦口区江浦街道城樾路的"云园'梧桐语'",其周边密布居民小区。这里原本是一个闲置空地和临时停车场,经过改造后,成为一个具有缝合作用的"口袋"公园,并配建了"云园'梧桐语'"小型城市文化客厅。这一"梧桐语"内部划分为阅读区、休息区、茶水区,设有"浦食浦味"绿色农产品展销区,开展了非遗现场教学、咖啡品鉴分享、迷你农具 DIY 等公益文化活动,极大丰富了周边居民的日常文化生活。② 可以说,通过分类进行功能设计与空间安排,"梧桐语"有效实现文化福祉向城市空间"细微末梢"的浸润,成为多元群体享受更加充实、更为丰富、更高质量的精神文化生活的空间承载,推动城市生活更有温度、更具情怀。

3. 路径二:公共艺术与社会美育,塑造可感知的文化福祉

城市是人类创造的规模最大建成环境,美丽城市空间的设计与形成,能让民众在日常生活中自然而然地追求美,恢复在建成环境中创造美和艺

---

① 《来"宁+驿站"小型城市客厅聊聊梧桐细语吧》,微信公众号"玄武发布",2022 年 8 月 9 日。
② 《南京上新 10 处"梧桐语"小型城市客厅》,《江南时报》2023 年 5 月 21 日。

术的能力。① 可以说，这种对"城市之美"的追求，构成更深层次的文化福祉。将提升居民的文化福祉作为出发点与落脚点，南京"梧桐语"小型城市文化客厅一方面以建筑空间本身作为公共艺术品，更新打造为具有审美价值的城市美学空间；另一方面在其内部开展各类丰富多样的文化活动，发挥社会美育的重要功能，多维度推动文化福祉可感知。从而，以空间美学重构、美育生态培育双向发力，将城市内部的闲置空间转化为兼具审美价值与文化活力的城市文化客厅，实现了从物质空间更新到城市空间美学重构、社区文化价值提升的跃迁。

在塑造城市美学上，"梧桐语"主要通过在地性设计策略与艺术化改造手段，将城市碎片化空间等转化为承载城市美学追求的"文化容器"，形成"小而美"的公共艺术景观。其中，"美"强调建筑本体、外部环境、内部装修、城市家具要具有艺术美感，能够为居民的日常生活提供美丽底色。具体来看，在老城地区设置的"梧桐语"，多注重对老旧小区周边人文景观、历史遗存资源的整合提升，通过强化在地文化符号的空间演绎，再现老旧小区的文化记忆。如"火瓦巷'梧桐语'"将路口处的小游园改造成以红色文化、历史文化、群众文化相互交织的"红星广场"，打造了红色人行栈桥、红色朗读亭等标志性景观，鲜明彰显了所在地的红色文化底蕴，成为城市街巷中的红色文化地标。在新城地区设置的"梧桐语"则更多融合创意设计，如塑造流线型空间形态、创新空间材料、采取模块化的弹性设计等，更加契合新城地区青春、活力的城市意象。如浦口区的"云园'梧桐语'"在设计上采用"轻盈无界、融合共生"的理念，外部呈半月形态，内部呈自然云桥形态，能够为居民提供畅通的穿行感受与开阔的观景视野，与周边城市环境实现了有机交融。建邺区的"南湖东路'梧桐语'"采用当下流行的工业风设计，集装箱外观与粉色系配色使其迅速成为备受年轻人欢迎的网红打卡地（见图 8-3）。此外，不少"梧桐语"中还设置了文化长廊、特

---

① 张松：《美丽城市建设的设计艺术——从最美公共文化空间大赛说起》，《文汇报》2024 年 3 月 27 日。

色院墙、口袋公园、袖珍广场等空间尺度更加宜人的审美体验空间，实现了城市空间美学价值与文化内涵的双重提升。

图 8-3　云园"梧桐语"（左图）、南湖东路"梧桐语"（右图）
图片来源：江南时报网。

在推进社会美育上，"梧桐语"通过多样化文化活动的策划与举办，吸引更广泛居民群体的参与，有效提升了居民的归属感和认同感，助力居民的精神富裕。近年来，如何将优质的公共文化资源引入居民身边的场所，为居民提供更为丰富的美育体验已成为各大城市文化建设的焦点之一，指涉了居民文化素质与文化自信的提高。以上海为例，上海公共空间在"社会大美育计划"的推动下，充分发挥了美育功能，通过创新公共空间的打造和艺术资源的下沉，让艺术融入市民的日常生活，提升城市文化品质和市民审美素养。上海公共空间的美育功能体现在其将艺术融入市民日常生活、丰富文化体验、推动社区参与、赋能城市更新以及深化社会美育普及等方面。[①] 南京"梧桐语"小型城市文化客厅也遵循了这一理念，通过提供多样化的文化活动和课程，面向居民发挥社会美育功能。截至 2024 年 7 月，60 处"梧桐语"小型城市文化客厅累计举办各类公益文化活动 2200 余场，服务人群超 50 万人次。[②] 在这些活动中，既有与南京"世界文学之都"城市品牌建设相结合的各类读书分享活动，也有与城市文化结合的非遗手作、文化沙龙

---

① 群艺馆：《以"社会大美育"引领上海公共文化服务高质量发展》，《上海艺术评论》2023 年第 2 期。
② 资料来源：https://www.nanjing.gov.cn/xxgkn/jytabljggk/2024njytabl/shizxta/202411/t20241120_5013531.html。

等活动，还有针对不同年龄群体的园艺课堂、艺术培训、亲子研学等活动，形成了全龄参与、全民友好的共享文化空间。同时，"梧桐语"各点位也积极提炼地方元素，推出了特色文化活动：如"雨花剧院'梧桐语'"围绕传承雨花英烈精神，长期面向小学生开展体验式沉浸项目；"和平公园'梧桐语'"结合院内丰富的园艺资源，定期举办园艺知识科普展、园艺产品展，以及公益性的园艺、花艺培训与主题性自然课程项目。通过分众化精准化设计文化活动，"梧桐语"小型城市文化客厅实现了居民文化服务需求与文化活动设计的精准匹配，突破了传统公共文化服务的同质化供给模式，能够使不同背景、不同文化程度、不同需求的居民群体获得提升自身文化能力的机会，而这正是新时期增进居民文化福祉的题中应有之义。

4. 路径三：资源整合与高效管理，促进可持续的空间运维

《中共中央关于进一步全面深化改革、推进中国式现代化的决定》中提出了深化文化体制机制改革的重大任务，明确了"健全社会力量参与公共文化服务机制"这一要求；针对城市更新，则提出了"建立可持续的城市模式"的要求。作为公共文化服务创新与小微空间更新的重要实践，"梧桐语"在空间运维中，通过多方力量协同与资源整合、建成后评估反馈、动态管理与持续优化机制，构建了一个高效且富有活力的运营体系，[①] 保证可持续的优质文化供给。

在资源整合方面，积极链接政府相关职能部门、国有企业、本地企业的优质资源，凝结了"梧桐语"更新建设的大合力（见图 8-4）。在前期建设中，构建了由南京市建委牵头规划实施，市文投集团负责总体建设，各属地区政府、功能板块（园区）、市属单位负责开展权属范围内建设的协同机制。在充分挖掘既有的闲置土地资源和建筑空间资源，解决项目推进中的用地难、空间难等问题上，这一协同机制发挥了重要作用。值得注意的是，在前期规划编制中，多次开展居民和商户意见征询，不断优化方案，使规划方

[①] 顾小萍、何钢：《建设舒心便利家园 提升市民居住品质》，《南京日报》2022 年 12 月 29 日，第 1 版。

案能够最大限度地满足相关群体需求。在服务供给中，联合市民生办、文旅局、民政局、体育局、科技局、妇儿工委、共青团等部门，积极对接市委宣传部"宁小蜂"、市文学之都促进会"世界文学之都"、市博物总馆和市慈善事业发展中心"慈善空间"等部门及品牌，强化与在地高校资源的联系，在空间优化、活动设计上积极链接资源，促进了文化服务供给质量的不断跃升。在空间运维上，通过定向合作、免租运营、联合挂牌等方式，引入国有企业、本地文化企业、专业机构、社会组织等社会力量资源，基于自身资源优势从资金注入、建设运营、提供设备、社区服务等不同维度为"梧桐语"赋能。特别是"大众书局""凤凰传媒""逗号咖啡""十竹斋"等专业性市场主体的介入，推出了一系列极具南京本土特色的文化活动，有效激发了广大居民深度参与"梧桐语"的积极性。如由南京市文投集团所属南京十竹斋文化投资有限公司负责运营的"南湖'梧桐语'"，发挥公司在文化艺术领域的特长，举办了"木刻水印"活动等多场文化艺术类沉浸式体验活动，为老城区的居民带来了文化艺术的现代享受，深受居民欢迎。

1.决策准备阶段
由市文投集团统筹，结合"梧桐语"小型城市文化客厅试点经验，组织开展调研分析，研究确定新增小型客厅选点，并确定客厅定位和范围，确定总体思路和策略

2.方案编制阶段
由新增小型客厅的属地区政府、功能板块（园区）、市属单位负责组织编制实施方案，包括规划设计方案、建筑设计方案、资金平衡或者资产运营方案、工期安排等内容，同时组织水务、园林绿化、市文物等相关部门开展联合审议

3.实施建设阶段
由新增小型客厅的属地区政府、功能板块（园区）、市属单位确定施工团队，并在市文投集团统筹管理下，广泛征求居民和商户的意见，合理优化设计和施工方案，尽量减少施工对周边居民生活的影响，并有序开展具体施工和管理，包括建筑改造、安装设备、道路改造、种植绿化等工作

4.运营管理阶段
在市文投集团统筹指导下，由新增小型客厅的属地区政府、功能板块（园区）、市属单位开展招商运营工作，引导各类专业机构、社会组织、民营企业、个人力量等参与运营

图 8-4 "梧桐语"更新各阶段的主体参与

资料来源：《南京城市更新案例指引》。

在高效管理方面，围绕提升各点位"梧桐语"的文化服务质量，建立了信息发布与效能评估机制，确保项目能够适应居民需求的变化，实现社会效益与文化价值的长期发挥。[①] 首先，通过数字技术赋能，上线"梧桐语客厅"小程序平台，保持与居民的良好沟通。通过该小程序，居民不仅能够了解各点位的基本信息与活动安排，还能对各点位"梧桐语"进行评价、提出意见，有助于各点位及时进行服务内容与活动安排的优化。根据居民反馈与需求变化，灵活调整"梧桐语"内的功能设置，如疫情防控期间设置临时核酸检测点，以及为残障人士提供职业培训等，增强了公共文化空间的适应性和灵活性。其次，制定运营管理办法和考核细则，明确各方责任，建立业态"黑、白名单"制度，通过年度考核确保公共空间的高效运营。根据年度考核结果，对考核合格点位给予奖补，不合格点位且整改不到位的予以摘牌退出。考验指标包括核心指标、管理指标、服务指标、活动指标、特色指标、提升指标等六大类。其中，创新性地设置"提升指标"，对积极研究适宜的可持续运营模式并形成具有推广价值经验的点位进行加分，激发点位的内生动力，引导点位强化自我造血能力。最后，建立了面向运营主体的联席工作会议制度。通过定期交流点位运营经验、分享相关资源、剖析工作难点等，固化成功经验，解决共同难题，推动"梧桐语"可持续发展。

四　启示与思考

1."梧桐语"文化福祉浸润型更新模式的启示

"梧桐语"小型城市文化客厅是南京市政府为提升城市公共服务、丰富居民文化生活而推出的重要项目。"梧桐语"小型城市文化客厅以文化福祉全面浸润小微公共空间，实现了存量空间激活、居民文化福祉提升和城市

[①] 钱梦佳：《小型城市客厅建设发展路径研究——以江苏省南京市浦口区为例》，《广西城镇建设》2024年第10期。

空间品质增强等多重目标。这一模式的成功，不仅为城市小微空间的再利用提供了可参考的路径，也体现了当下文化体制机制改革的内在要求。其启示包括：

首先，项目的成功得益于其对小微空间的巧妙利用。"梧桐语"通过激活城市存量空间，为小微公共空间注入新的功能和活力。[1] 通过对现有资源的整合，赋予这些空间新的功能，充分发挥了小微空间在城市更新中的潜力。在"梧桐语"建设过程中，政府与各方力量共同合作，结合城市的文化背景与居民需求，为每个客厅量身定制服务内容。这种更新模式充分利用了城市中零碎的空间资源，将其转化为居民日常生活的重要组成部分，成功实现了存量空间的优化升级。在此过程中，小微空间的更新不仅解决了空间使用效率较低的问题，还通过文化活动和便民服务的引入，提升了社区的文化氛围和居民的幸福感。其次，居民身边小微空间的激活需要发挥公共文化服务的重要作用。通过丰富的文化活动和文化服务来整合散布于城市角落的小空间，不仅丰富了居民日常文化生活，也通过促进居民参与社区活动增强了社区认同感和归属感。这些文化活动为居民提供了展示自我的平台，也促进了多元群体之间的交流与融合。这一更新模式展示了小微空间在增进社会效益中的巨大潜力。通过这种更新模式，不仅缓解了城市公共文化空间不足的问题，还形成了富有地方特色的城市文化新地标，深度诠释了城市更新中的民生温度与人文情怀。最后，对于公益性质的城市更新项目，可持续运营模式的构建极为重要。在"梧桐语"的案例中，通过建立有效的运营管理机制和考核机制，引入社会力量参与，确保了项目的可持续性，使得"梧桐语"能够长期造福社区、成为居民日常文化福祉的重要支撑。

总体来说，"梧桐语"文化福祉浸润型更新模式的成功在于其从居民需求出发，通过多元主体协同、文化服务创新和空间品质提升，实现了城市小

---

[1] 杨昕怡、征管群、蒋雯、陈珊珊：《完整社区导向下复合型社区公共服务空间研究——以南京市"梧桐语"小型城市客厅为例》，《住宅与房地产》2024年第10期。

微空间的可持续发展。这种模式既有目标明确、多方协同的组织机制，又有科学规划、文化赋能的空间策略，为长效运营提供了制度保障。通过对现有空间的优化升级，"梧桐语"不仅提升了居民的文化福祉，也为城市的存量空间发展注入了新的活力。

2. 进一步的思考

党的二十大报告指明"城市更新行动"是新时期推进"以人为核心"的新型城镇化的重要方式。"以人为核心"的城市更新不仅要补齐广大居民"急难愁盼"的物质生活短板，更要满足文化、社交等精神层次的民生诉求，带来"以文化人"的精神富裕。文化福祉向城市小微闲置空间的浸润，能够为实现人民群众的美好生活需要提供更为有利的条件，为更有温度的城市更新创造更加优质的环境。通过公共文化服务的赋能，既有助于城市公共文化服务空间的拓展与更新，也有助于城市更新发挥承载诗意栖居与美好生活的重要作用。

要在老旧小区更新中强化公共文化空间建设，联动城市更新与居民文化福祉提升。应进一步推动公共文化服务在存量空间的弹性介入，大力推进与现代文明生活直接相关的公共文化空间拓展与服务创新。积极回应居民公共文化需求，激活老旧小区及周边地区的闲置建筑、空间"边角料"、地下室等空间资源，打造创意门店、特色书房、微型剧场等空间，解决老旧小区居民文化活动开展空间受限的问题。树立"社区即景区"的更新目标，营造居民身边的文化空间，再现老旧小区所在地的文化记忆，实现老旧小区空间美学价值与文化服务内涵的双重提升。结合城市街区保护更新和老城人居环境改善工作，探索利用腾退修缮后的文物建筑、名人故居、会馆，建设中小型博物馆、类博物馆的方式。充分挖掘开放式公园、游园绿地、公共广场等区域的闲置建筑空间，融合图书阅读、艺术普及、培训展览、轻食餐饮等业态，建设一批文化品质高、具有公共空间艺术品价值的"小而美"的新型公共文化空间。

要在城市更新中强化对城市边缘地区公共文化服务供给的关注。以

第八章　文化服务赋能："梧桐语"文化福祉浸润型的更新实践　　233

"梧桐语"为例，资源配置不均衡的问题依旧存在。尽管主城区的城市客厅数量和服务内容较为丰富，但对一些城市边缘地区的服务覆盖仍显不足。由于资源配置受到经济发展水平和区域规划的制约，一些边缘区域的居民难以享受到该项目带来的便捷服务，这直接影响了居民的满意度和参与度，也制约了项目的整体影响力。即便在主城区，部分客厅的运营效果也参差不齐，存在服务质量和活动吸引力的"冷热不均"现象（见图8-5）。当下，居民对公共文化服务的需求已从"有没有"转向"好不好""精不精"，公共文化活动空间不足、文化服务和消费产品不够丰富等问题，制约了公共文化服务效能的提升，也影响了居民日常生活的体验感。对于此类公益类城市更新而言，应进一步加强各类文化资源的统筹融合，形成支撑稳定且持续的公共文化供给的"资源池"，在更大范围内吸引社会团体、企业等多元主体参与，促进资源的合理分配，加大具有价值表达、情感支撑和美学意象的文化服务与产品的供给力度，真正实现全民、全域共享文化福祉浸润型更新模式带来的生活改善。

图 8-5　不同点位"梧桐语"的人气对比（何淼摄）

第九章 文化治理赋能："朝天宫八巷"共同缔造牵引型的更新实践

一 文化治理赋能：让城市更新成为自主行动

城市文化包罗万象、复杂多元，广义的城市文化即城市本身，包含了城市的物质、精神和行为的所有层面。在人民城市建设与城市治理现代化的语境中，文化则进一步构成具有人本特征的城市治理工具：文化能够以价值体系和行为规范约束与引导人们的行为，并以此为纽带凝结社会力量。[1] 城市文化治理与城市空间关系紧密：城市文化治理是在一定城市空间范围内，政府、社会和市民个体在价值观、生活实践和物质实体等层面多元合作与协商共治的过程。随着城市发展，我国的城市文化治理逐渐从大尺度空间向基层空间下沉，基层城市空间的文化治理成为城市治理的重要议题，街区、社区成为政府、社会和市民共同参与的城市文化治理的空间谱系的重要组成部分。[2] 在构建共建共治共享城市治理新格局的语境下，基于街道、社区的城市更新需要充分发挥广大居民的主体性作用。在这一过程中，文化治理在老旧社区更新中的柔性介入，能够发挥文化在凝聚共识、增进居民社区归属

---

[1] 张进财：《更好发挥文化在社会治理中的作用》，《宁夏日报》2024年4月18日，第7版。

[2] 宋道雷：《城市文化治理的空间谱系：以街区、社区和楼道为考察对象》，《福建论坛》（人文社会科学版）2021年第8期。

感、提升公共事务参与感中的作用，绘就城市更新共建共治共享的最大"同心圆"。

1. 城市社区治理现代化中的文化力量

习近平总书记指出："推进国家治理体系和治理能力现代化，必须抓好城市治理体系和治理能力现代化。"[①] 社区是城市最小单元，但关联千家万户，意义重大，社区治理是城市治理的基础和落脚点。其中，激发社区治理活力和提升社区治理效能需要健全基层群众自治机制，增强社区群众自我管理、自我服务、自我教育、自我监督的实效，需要实现政府治理和社会调节、居民自治良性互动。近年来，我国各地积极探索居民参与社区治理的方式方法，如北京杨庄街道动员居民志愿者、辖区单位和商户等2万余人积极参与小区停车难、筒子楼安全隐患治理等一批社区治理的重难点问题，形成了"红杨先锋"基层治理品牌；上海最大的单体开放式社区康城通过引入"美好社区合伙人"这一新型社区治理理念，推动社区居民由"局外人"转为"参与者"，成为社区共建共治的重要角色；广州江南中街道启动"党建引领　善治微光"微创投专项计划，通过党建经费撬动居民自主集资，有效破解了社区治理中的协商与筹资困境，激发了居民参与协商共治的积极性；深圳光明社区组建"聚光联盟—社区治理服务联合体"，构建"居民点菜—党委接单—联盟做菜—街坊评菜"的服务体系，以共同利益为切入点，形成了资源共享、优势互补、互联互动、融合发展的基层治理实践。

近年来，全国各地社区治理工作都越来越重视围绕"以文化人，培育社区公共精神""以文聚力，完善社区治理网络""以文铸魂，增强社区居民归属感"三方面理念探索相应实践举措，[②] 将文化治理作为提升社区服务和治理能力不可忽视的一环。观之这些成功案例，文化治理在其中发挥了不可忽视的作用。"红杨先锋"组建的"红杨少年"先锋队通过志愿服务增进

[①] 任爱群：《抓好城市治理体系和治理能力现代化》，《人民周刊》2024年8月26日，第2版。

[②] 车峰：《以文化建设赋能社区治理》，《人民日报》2024年10月28日，第5版。

了居民的情感互动,"美好社区合伙人"通过万人拔河大赛等文体活动激发了社区居民的凝聚力,"党建引领 善治微光"充分发挥了社区党建工作的价值引领作用,"聚光联盟"以"乡贤传帮带"发挥辖区优秀典型人物的德行引导和教化作用。可以说,文化治理作为一种通过强调价值认同来提升治理能力的"治理术",能够有效链接社区治理的方方面面,能够塑造更具人情味与认同感的社区情感共同体,是社区治理重要的柔性力量。

2. 传统城市更新对文化治理重视不足

传统拆建式城市更新模式以物质层面的改造为核心,局限于建成环境的优化、基础设施的完善、土地利用效能的提升等方面。这种以物质空间为主导的更新模式在很大程度上改善了城市形象面貌与空间功能,但"大拆大建式"的快速更新手段过于追求土地资本化的经济效益,容易忽视本地文化的延续、居民社会网络的维系、社区组织的建设等软件提升问题,存在诸多局限性。特别是,以人口置换为特征的更新模式中,居民的社会需求和文化认同往往"缺场",原有社区面临解体、文化认同面临断裂。同时,这一模式下的城市更新是以政府和市场为主导的"一次性"行动,本地居民被排斥在外,长此以往则会导致居民参与城市发展的主体意识下降,无法形成支撑自我更新与治理的长效机制。从实践结果来看,普通居民在城市更新过程之中的获得感大多停留在人居环境得到美化、产业经济活力得到激发上,属于被动的获得感;却鲜有因参与而产生的收获感以及作为城市主人翁而产生的成就感,以及作为社区一员的文化自豪感与归属感。可以说,传统城市更新更多采用的是各种物质空间治理手段,其实效性也更多集中在经济效益的获取与空间品质的改善上。

近年来,我国城市更新越发趋向于城市高质量发展的综合性工程,不仅关注物质空间的改造,更强调文化资源的挖掘、文化经济的发展、文化认同的建构以及多元主体的协商共治。城市更新成了一个多维度的过程,涉及经济、社会、文化等多个面向,而非谋求短期利益的"运动式"更新,更加注重居民主体的深度参与。同时,随着文化在城市发展中的核心引领地位的确立，城市文化生态的建设、公共文化生活的营造、文明风尚的传播等，为城市治理在整体上提供内部认同和外部认可的框架，在微观上养成积极有序参与的市民及其组织所构成的治理主体。① 因此，对于当下城市高质量发展的重要抓手城市更新而言，必须引入文化治理的视角，高度重视居民共同的文化认知、文化情感与文化记忆的养成与培育，不断增进居民与社区、与城市的深度情感链接，不断夯实市民品格、社会道德、公共精神等现代城市社会治理基石，充分激发居民参与城市更新的主观能动性，真正实现多元主体在城市更新行动中的共建共治共享。

3. 文化治理助力社区共同缔造的发生

新时期的城市更新是一种"共生式"更新，强调多元主体共同缔造美好家园。早在2013年，厦门市规划局组织编制的《美丽厦门战略规划》就提出了"美好环境共同缔造"的理念，② 强调以群众参与为核心，以"共谋、共建、共管、共评、共享"为路径，通过空间环境的改造、项目活动的举办等方式，为厦门社区建设指引方向；其目标在于通过融合不同学科的力量，促进多元利益主体的相互协商合作，实现"美丽厦门"战略愿景。2014年，北京在崇雍大街的保护更新中，主动践行了"共同缔造"的理念，持续开展全过程公众参与工作，推动多元主体共建、共治、共享③。2018年，广州正式开始探索"共同缔造"城市更新的制度化实践：在泮塘五约街巷保护更新过程中，首次尝试了由政府代表、专业技术代表、社区社工、居民代表、商户代表、媒体代表等多方组成的"共同缔造"委员会工作机制，④ 共组织了百余次本地居民调查和日常生活的空间观察，开展居民公共讨论与公众参与活动，实现了规划

---

① 高丙中：《城市治理与文化生产》，《光明日报》2024年11月13日，第11版。
② 卓越、陈田田：《城市治理现代化的前沿探索——以"美丽厦门、共同缔造"为例》，《上海行政学院学报》2018年第2期。
③ 徐勤政、何永、甘霖等：《从城市体检到街区诊断——大栅栏城市更新调研》，《北京规划建设》2018年第2期。
④ 芮光晔：《基于行动者的社区参与式规划"转译"模式探讨——以广州市泮塘五约微改造为例》，《城市规划》2019年第12期。

建设的多元主体协商，促进了社区空间环境的共建共治。① 在城市更新，特别是老旧小区更新中，"共同缔造"正从理念走向实践，推动城市更新更加关注居民需求、更加注重多方利益协调，是推动城市更新良性循环的正向牵引力。

在"共同缔造"的发展中，文化治理发挥了关键作用，是巨大的柔性力量。城市文化治理关注在既定的城市空间范畴内，政府、社会和市民个体如何促进特定文化内容的呈现、文化话语的传播、文化意义的确立和文化生活的开展，城市空间如何为这些主体的生活行为、文化行为及其治理行为划定界限。② 过去城市文化治理的空间实践主要集中于各种类型的文化设施建设，如剧院、美术馆等。而当前大规模城市开发建设任务基本完成，居民对日常性文化生活的消费需求和参与热情逐渐高涨。尤其是地理位置触手可及的社区文化场所、内容题材贴近日常生活的民俗文化活动、着眼本地群体的文化参与和自治组织等成为文化治理的重点，其目标不仅在于满足广大居民的精神文明需要，更在于促进居民主动自觉参与公共事务治理。有学者指出，社区文化所代表的文化形态是实现有效文化治理的重要资源支撑。社区文化是根植于本地社区，随着社区生长而孕育、形成和发展起来的独特文化形态，是本地经济基础、生活方式、社会规范、生态环境的有机集合和外显。③ 它包括以身体为行动载体且拥有文化知识和技能的不同文化主体，社区生产生活生态场景和文化空间，以及现代化的社区治理制度和居民日常生活达成的约定俗成即文化秩序。其中文化主体包括党政领导干部、社区管理者、普通居民、商户、媒体人等；文化空间包括正式的剧场、广场、音乐厅等，也包括非正式的房前屋后、街头巷尾等零散空间；文化秩序包括官方党建文化、地方民俗文化、商业文化等，这些本地文化形态都将在社区更新中

---

① 张帆、李郇：《参与式社区规划对社区社会空间的影响——以广州市深井村共同缔造工作坊为例》，《地理科学》2022年第12期。

② 宋道雷：《城市文化治理的空间谱系：以街区、社区和楼道为考察对象》，《福建论坛》（人文社会科学版）2021年第8期。

③ 王超、陈芷怡：《文化何以兴村：在地文化赋能乡村振兴的实现逻辑》，《中国农村观察》2024年第3期。

发挥重要作用。因此,激发居民在城市更新中的主观能动性、促进居民公民意识的觉醒,需要在依托本地文化形态的基础上运用好文化治理手段,增进各类居民群体的社区认同感与凝聚力,形成共同缔造的内生驱动力量。

二 "朝天宫八巷"的演变历程与更新背景

"朝天宫八巷"是南京市秦淮区朝天宫街道内以生活服务消费为主要功能的八条街巷(见图9-1)。这里既是"小店经济"的特色集聚区,拥有诸多传统老字号店铺;也是颇具"烟火气"的老城生活区,密集的沿街商铺与居民住宅交织出传统老城的生活样态;更是文化底蕴深厚的传统街巷,承载着"一座朝天宫,半部南都史"的集体记忆。但同时,老旧小区与传统街巷发展创新不足、基础设施落后等问题相交杂,导致居民与商户产生了强烈的更新诉求。通过构建"党建引领、居民/商户自治、需求驱动、多元共治、规则议事"的城市更新模式,"朝天宫八巷"开启了多方主体共同缔造的城市更新,推动小店经济能级提升、培育文化消费品牌,实现了街巷发展与民生改善的协同并进。

1. "朝天宫八巷"的演变历程

朝天宫街道位于江苏省南京市秦淮区西南部,因境内的明清古建筑群朝天宫而得名。朝天宫是江南现存规模最大、保存最为完好的一组古建筑群:春秋战国时期,这里为冶炼兵器的作坊;六朝时期,这里是祖冲之等名家治学之地;唐朝至北宋时期,这里是服务于官家权贵的道教圣地。[1] 明朝时期,正式由明太祖朱元璋赐名为"朝天宫",意为"朝拜上天""朝见天子",用于皇家祭天和官员习礼;清朝时期进一步改建,作为江宁府学和文庙之用;[2] 太平天国运动时期朝天宫遭受破坏,同治年间对其进行了重建,并保存至今。因

---

[1] 汤晔峥:《秦淮风光带上的重要节点——朝天宫与夫子庙(续)》,《华中建筑》2003年第3期。

[2] 薛恒:《南京百年城市史(1912—2012)·市政建设卷》,南京出版社,2014年,第288—289页。

图 9-1　朝天宫街道范围与朝天宫八巷空间分布（笔者自绘）

此，在很长一段时间内，朝天宫都是作为"礼仪之地"而存在。后随着科举制度的废除，朝天宫开启了衰败进程，大量在城南繁华地带找不到栖身之所的难民选择安家在人烟相对稀少的朝天宫。民国时期，朝天宫曾短暂用作文教与法院，但整体仍处于衰落之中。新中国成立初期，朝天宫被用作农展馆与昆剧院，被大量破败简陋的民房所包围；"文化大革命"后，随着市博物馆的入驻，在清末就出现萌芽的古玩市场兴起扩大。1984 年，朝天宫启动复建工程；至 2012 年，朝天宫古建筑群经历了 3 次规模较大的保护性维修，其作为南京重要文化旅游景点的价值不断凸显，构成夫子庙—秦淮河风光带的重要节点。

朝天宫街道的前身是 1960 年成立的建邺人民公社朝天宫分社，1987 年正式由朝天宫、石鼓路两个街道合并而成，2009 年，止马营街道并入朝天宫街道，并在 2013 年划入新的秦淮区管辖范围。[①] 新中国成立初期，政府

[①] 中华人民共和国民政部：《中华人民共和国政区大典·江苏省卷》，中国社会出版社，2014 年，第 48 页。

为解决历史遗留的茅草棚人员的住房问题，在朝天宫街道所在的区域划定一定的范围安排自建砖房；进入到20世纪70—80年代，作为内城重要的居住空间，通过加密插建、拆除重建等方式，新建了一批居住区，居住人口与住房密度进一步提升。朝天宫地区逐渐演变为居民居住空间。20世纪90年代开始，随着朝天宫文化旅游功能的不断强化，街道内的商业与文化服务功能也进一步发展，餐饮、住宿和购物设施得到了显著改善，成为"中华第一商圈"——新街口商圈的重要组成部分。除去朝天宫、甘熙故居、天后宫等历史文化地标外，朝天宫街道内还拥有多条人文底蕴深厚、市井商贸兴盛的传统街巷。这些街巷随着街道内居住、文旅与商贸功能的不断发展，聚集了众多具有地方特色与市井气息的小店，具有极强的老城"烟火气"，是南京古都文化的重要见证。其中，明瓦廊、大香炉、侯家桥、朝天宫西街（下文简称"朝西街"）、罗廊巷、堂子街、南台巷、陶李王巷八条街巷为其中的典型代表，其基本情况如表9-1所示。在这些代表性街巷中，既有明瓦廊这类存在多家网红餐饮、文化小店且自发形成的网红街区，也有大香炉这类面向周边居民生活需求、以服务型业态为主的生活性街道。[1] 可以说，当下的朝天宫街道是一个典型小店经济集聚的商业居住混合区，也是游客热衷"打卡"的休闲消费目的地与潮流文化发生地。

表9-1 朝天宫八巷的基本情况

序号	名称	位置	历史沿革	当前功能
1	明瓦廊	位于秦淮区中山南路西侧，南起大香炉，北至石鼓路东口，毗邻南京新街口商圈	明瓦廊之名源于明初，为明清时的繁华贸易之地，有官衙和名人府邸多处，在明朝的地图上就标有明瓦廊	美食打卡地，沿街以餐饮为主
2	大香炉	南起木料市与张府园口，穿小板巷口、曹都巷口，北至明瓦廊与富民坊口	得名于靠近寺庙，香火大道，文人香客，纷至沓来。明清时大香炉又是南京最繁华的商业大街，南京的灯市、银行市也起源于此	特色地方食品零售、小吃街

---

[1] 蔡兴宜、童本勤：《南京市朝天宫街道城市更新路径探索——以石榴新村片区为例》，《城市建筑》2023年第18期。

续表

序号	名称	位置	历史沿革	当前功能
3	堂子街	北起汉西门大街,南至罗廊巷	据说是明初修筑南京明城墙时,为解决兵役民夫洗澡的问题,有人靠着城墙修了很多澡堂,时人称之为"堂子大街"。新中国成立后成为著名的文玩、家居、闲置物变卖的旧货市场,常有外地客商来市场兜售和求购废旧物资,1980年代旧货市场逐渐萎缩	旧货市场一条街,出售旧自行车、旧摩托车、旧家电、旧家具等小店铺
4	侯家桥	位于莫愁路北段西侧,东接秣陵路,西交罗廊巷	明洪武年间建汉西门城墙时,明太祖朱元璋来视察明城墙工程进度,负责监工的军政要员曾在此候驾,因而得名。南京城建成后不少军役、民夫就留居于此。其中有几个大户均姓侯,"候驾"与"侯家"音近,故"候驾桥"被误传为"侯家桥"	传统零售、小吃、餐饮美食街
5	罗廊巷	南起堂子街,北接石鼓路	区域内有很多省级文保单位,包括太平天国时期的建筑及壁画	若干餐饮小店
6	朝西街	东起莫愁路,过张公桥巷与堂子街相接,因位于朝天宫之西,故名朝天宫西街	清同治年间,因江宁府学迁建至朝天宫,原来的道教建筑变成了儒家的文庙和江宁府学,故宫门口又称府学大街,亦名文庙前街	以餐饮、零售为主的市井商业街
7	南台巷	呈"Z"字形,东起丰富路,西至王府大街,有南台巷东、南台巷西之分	南朝著名的杜姥宅就位于此,所以名"兰台"。1942年抗战时期参加敌后工作的党员朱启銮住在南台巷3号,这里成为抗战后期中共南京党组织极其重要的秘密联络点和开会点	潮流文艺咖啡馆、酒吧、古着店商业街
8	陶李王巷	连接罗廊巷和汉西门大街	相传有陶、李、王三个兄弟在此谋生创业而得名。另传明洪武年间曾任皇宫护卫官的陶、李、王三户人家最早居此而得名	若干餐饮小店

资料来源:"美丽朝天宫"公众号以及相关规划设计资料。

2. "朝天宫八巷"的更新背景

目前，朝天宫街道辖区面积2.85平方公里，下辖11个社区122个居民小区，常住人口7.5万。作为地处南京老城中心地段、人口密集的街道，朝天宫街道整体呈现"三老"特征：一是小区环境老。朝天宫街道有93个老旧小区，存在私搭乱建问题严重、安全与消防隐患较多等问题。如以石榴新村为例，该小区内现状建筑物多为3层，楼与楼之间大多仅能一人通行，大部分房屋经鉴定为C-D级危房，户型多集中在30—90平方米，40平方米以下的占总户数的30%，最小仅为7平方米，建筑环境的老化特征比较突出，居民改造意愿强烈。二是人口结构老。朝天宫街道60岁以上的老龄人口约占40%，呈现重度老龄化特征。小区的现代管理手段不足、社区公共区域的日常养护等问题均影响着社区居民特别是老年群体的居住幸福感。三是小店商铺老。朝天宫街道区域内商铺鳞次栉比，"小店经济"氛围浓郁。截至2024年8月，区域内共有2600多家沿街商户，大到连锁商超、小到3—5平方米的"夫妻店"，其中不乏老字号小店和"网红"特色小店。除去一些新打造的"网红"小店，不少小店都随着时间推移而出现了形象老化、空间陈旧等问题。因此，2021年，从满足人民对美好生活的需要出发，秦淮区发布《秦淮区"十四五"城市更新行动计划》，提出将朝天宫地区打造为"市井商业居住区"，更新重点在于老旧小区改造提升、沿街商业功能置换提升、历史文化资源保护以及再利用。

2023年，朝天宫街道正式启动更新项目，并将特色街巷与沿街社区作为突破点。作为线下实体经济，近年来，朝天宫的小店经济面临来自电商、网购、团购等线上消费模式的挤占，迫切需要进行商业模式转换以及室内外经营环境提升。加之老城地区基础设施脆弱、空间资源紧张，"上宅下店"模式下经营区域与生活区域混杂造成的安全隐患、道路狭窄与车流过大带来的交通停车问题也成为制约八巷进一步发展的重要因素。此外，缺少对朝天宫等地方IP的转化利用，街巷文化调性不足，也成为驱动朝天宫特色街巷更新的重要因素。为了优化居民生活空间、繁荣小店经济，作为服务群众的最前沿，朝天宫街道先期启动"七巷"更新计划：面向大香炉、明瓦廊、堂子街、朝西街、陶李王巷、侯家桥、罗廊巷七条特色街巷以及沿街社区，针对交通停车难、人居环境较差、设施安全隐患较多、公共活动场地不足、商铺占道管理五个方面的难题进行突破，致力于焕发沿街商业文化活力，改善人居环境，提升居民生活质量和幸福感。根据这一计划，七条街巷被划分为生活服务街、特色餐饮街、特色风情街三类，结合自身基础与文化底蕴打造特色鲜明、业态差异化发展的街巷。2024年10月，南台巷也被纳入街巷更新计划，朝天宫"八巷"更新正式拉开序幕，围绕更好发挥街巷作为联结居民生活与城市发展的"毛细血管"功能，激发街巷多方主体内生更新动力、推动地方文脉融入街巷、营造与当代都市生活相融的小店经济等传统城区街巷更新的核心议题进行了一系列积极探索与创新实践，构建了"党建引领、居民/商户自治、需求驱动、多元共治、规则议事"[①]的城市更新模式，是文化治理赋能下共同缔造理念在城市更新中的深度应用。

三 "朝天宫八巷"共同缔造牵引型的更新实践

中华人民共和国住房和城乡建设部《关于扎实有序推进城市更新工作的通知》中将"城市更新可持续实施模式"作为重点工作，提出建立"多主体参与机制"。作为新一轮城市更新的重点，老旧社区可持续更新需要转变过去政府主导、财政资金兜底的"一元模式"，转向在社区文化引导下激发居民自主更新意识，形成推动城市更新的多元合力。在朝天宫八巷的更新中，以文化治理为关键逻辑，以共同缔造为组织形式，最大程度调动多元主体参与，逐渐走出一条财政可负担、市场愿参与、居民/商户更具获得感的可持续城市更新之路，实现城市更新中的共建共治共享。

[①]《构筑有归属、有温度、有价值的基层治理共同体——朝天宫街道街巷更新探索新路径》，《南京建设工作简报》2024年3月19日。

1. 共同缔造牵引型更新模式的内涵

社会学家哈贝马斯曾指出，在高度复杂的现代社会中，"诸多行动者的行动的协调或整合需要采取两种方式：一是协调社会中人们的行动取向，一是通过控制行动的结果来协调人们的行动"。[1] 以这一理念看待城市更新，可以发现，传统"自上而下"式的城市更新多通过规划编制等"控制行动结果"的方式来实现协调，而缺少能够"协调行动取向"的体制机制。观之西方城市，在20世纪后期越发注重形成倡导式城市规划、参与式规划的主流范式，注重城市规划师从纯粹的"技术专家"走向"合理价值评判体系"的建设者，积极推动城市规划编制与实施过程中的公共参与。正如美国学者阿恩斯坦具有广泛影响力的论文《市民参与的阶梯》中提出的，"真正全面而完整的公众参与要求公众能真正参与到规划的决策过程之中"，并以"市民参与的阶梯"来描述公众参与的层次与参与的程度。[2] 公众参与城市更新，不仅能够推动城市更新与公众诉求有效衔接，也能激发公众的主人翁意识，避免城市更新成为"一次性"的政策行动。

《中华人民共和国城乡规划法》明确将"政府组织、专家领衔、部门合作、公众参与"的基本原则写入其中。随着近20年来城镇化的不断推进与城市更新的日益深化，"共同缔造"这一理念应运而生。相关研究指出，"共同缔造"以共同理念为核心，以创新群众工作方法为基础，以塑造社区公共精神为关键，[3] 以"多主体共谋、陪伴式共建、睦邻社共管、多层次共评、全要素共享"为实践路径，[4] 其目的在于通过基层社会治理共同体的构

---

[1] 童世骏：《没有"主体间性"就没有"规则"——论哈贝马斯的规则观》，《复旦学报》（社会科学版）2002年第5期。

[2] Sherry Arnstein. A ladder of citizen participation. *Journal of the American Institute of Planners*, 1969（4）：216-224.

[3] 李华胤：《共同缔造：社会治理共同体的实践表达》，《治理现代化研究》2023年第3期。

[4] 陈超、赵毅、刘蕾：《基于"共同缔造"理念的乡村规划建设模式研究——以溧阳市塘马村为例》，《城市规划》2020年第11期。

建，促进政府、市场、社会及公众等多方主体的协商合作，推动城市建设更具科学性与民主性。可以说，共同缔造是公众参与的进一步延伸，不仅包含个体权利层面上的实质性参与，也强调对社区乃至城市的整体发展产生实质性影响，① 即通过激发公众共同建设、参与治理的创造力，让公众成为城市建设的最广泛参与者、最大受益者与最终评判者，最终谋求的是让全体居民共享城市发展成果。

党的二十届三中全会通过的《中共中央关于进一步全面深化改革 推进中国式现代化的决定》提出，建立可持续的城市更新模式和政策法规。如何在城市更新中充分发挥广大居民的主体性作用，构建多元共治的城市更新格局成为中国城市面临的普遍议题。"共同缔造"提供了有效的解决方案：一方面，在宏观经济形势持续吃紧的大背景下，以"大拆大建"和政府"大包大揽"为特征的传统城市更新模式难以为继，亟须强化社会公众的深度参与，培育社区长期内生型自主更新动力；另一方面，在"人民城市"的根本发展取向下，城市更新的每一个环节都诉求紧密围绕居民需求和利益，通过"共同缔造"的方式推动城市更新实效与人民群众对美好生活需要的进一步贴合。

习近平总书记在安徽桐城市六尺巷考察时曾提出"打牢社会治理的文化根基"这一重要指示，共同缔造在城市更新中的发生离不开文化治理的赋能。文化作为一种"日用而不觉"的柔性力量与"社会和谐的'黏合剂'"，能够通过价值塑造、观念传播、行为规范的潜移默化，在多元主体之间编织起一张无形却强韧的意义之网，② 将多元主体紧密地联系在一起，促进其在共同的价值取向下形成目标一致的集体行动，使得共同缔造成为可能。因此，从内涵上看，当下我国城市更新中出现的共同缔造牵引型更新模式是指通过发挥文化治理在传递价值、凝聚共识、引领风尚中的作用，培育

---

① 李荣彬：《环境特色"共同缔造"实施路径探索——以南粤古驿道樟林古港环境整治项目为例》，《城乡建设》2020 年第 18 期。

② 李梦洁：《以文化为柔性引擎驱动社会多元共治》，《安徽党校报》2025 年 1 月 15 日，第 3 版。

公共精神、涵养公共意识，由此激发多元主体共同参与城市更新的内生驱动力量，实现城市更新中的"决策共谋、发展共建、建设共管、效果共评、成果共享"，在有效牵引城市更新可持续推进中更好链接多元主体需求。

2. 路径一：党建引领，以核心作用的发挥凝聚共同意愿

共同缔造的发生首先依赖于多方主体围绕城市更新形成共同意愿。作为中国共产党组织体系的"最后一公里"，基层党组织是党连接社会、推动社会治理的纽带。① 自党的二十大报告提出"推进以党建引领基层治理"这一要求以来，"党建引领基层治理共同体建设"得到了学界、政界的广泛关注，强调通过党建引领的政治功能和引领作用的发挥，正向引导、提升道德水平、型构链接纽带等方式的应用，促进形成多元主体有机融合、各尽其责的治理格局。② 基层党组织是政策传导的"神经末梢"，能够精准捕捉多元群体的利益诉求；也是实现利益协调、价值整合与共识凝聚的"文化中枢"，能够在引导平等对话与协商的基础上重构共享价值体系、破解集体行动难题。因此，共同缔造需要发挥党建引领的作用：通过聚焦多元主体在城市更新中的现实需求，引导并推动协商、对话与交流，增进多元主体的公共精神，最终以集体性偏好凝聚起价值共识。③ 在"朝天宫八巷"的更新中，通过发挥党建引领的政治优势和组织优势，依托完善基层党组织体系以及议事协商等柔性化机制，拉近多元主体之间的距离，增进多元主体的归属感与认同感，推动居民、商户等群体积极参与到街巷更新这一公共事务之中，将党的组织优势转化为社区文化认同的培育机制。同时，党建引领也保证了"朝天宫八巷"的更新始终沿着正确方向发展，避免个体过于聚焦自身利益的功利主义倾向，确保城市更新作为一项公共事务能够最大限度表达公共利

---

① 运迪、陈雪薇：《"第二书记"组织设置：党建引领基层治理共同体建设的机制创新》，《山东行政学院学报》2025年第1期。
② 潘博：《党建引领社会治理共同体建设的内在逻辑与推进路径——基于共同体要素的分析视角》，《东北大学学报》（社会科学版）2022年第5期。
③ 邢瑞华：《党建引领：凝聚社会共治合力》，《山西日报》2023年2月21日，第11版。

益，使得共同缔造牵引型的城市更新有了"主心骨"。具体而言：

发挥党建引领的凝聚力与向心力，汇聚多方主体更新意愿，提升参与积极性。朝天宫街道积极推行"支部建在小区里、支部建在街巷上"，厘清居民、商户等多元主体对于朝天宫八巷更新的利益诉求与核心意愿，积极开展民主协商，激发多元主体对朝天宫八巷更新的关注度与参与度。针对居民群体，朝天宫街道在122个小区全部建立党支部，构建了"街道党工委—社区党组织—网格党支部—党员楼栋长"四级组织体系，推动党的组织优势转化为社区动员能力。积极发挥社区党支部引领、协调、服务职能，通过支部党员、楼栋长开展入户宣传、问卷调查、搭建"两问会""议事会"协商平台等方式，向居民宣传更新政策、了解居民意愿，引导居民参与朝天宫八巷更新决策、实施的全过程。2022年至2024年，召开居民议事会近200场，围绕小区营造、文体建设、环境优化、物业管理等收集议题近400个。针对商户群体，朝天宫街道成立全国首家商户自治协会——朝天宫商户自治协会，并成立功能型党支部。在街巷更新中，朝天宫商户自治协会党组织通过走访调研、成立商户议事会、搭建线上工作群的协商机制等方式，广泛征求商户意见。仅2024年，就带领商户召开各类工作会议，"两问会""议事会"等共计47场，收集问题108条，为商户解决问题102条。[①] 其中，围绕朝天宫八巷更新，累计开展3轮商户调研，收集近400个商户关于更新的意见。由此，通过民主协商的制度供给促进八巷更新中的居民与商户参与，争取实现"最大公约数"。

同时，将党建引领贯穿于朝天宫八巷更新的全过程，也有助于防范更新效果出现偏差，形成了一种有效的把控力。如朝天宫街道推行了"40%商户自评+30%居民评价+30%街道巡查"的考核模式激励商户主动治理，并通过商户、居民、街道三方评价主体的设置引导商户在更新中注重社会效益与经济效益的协调，避免商户在更新中过分考虑经济收益，而忽视街巷的整体风貌、忽视与居民日常生活的衔接。朝天宫商户自治协会党支部则注重对更

---

① 资料来源：微信公众号"美丽朝天宫"，2024年12月27日。

新中重大事项的研究把关，通过"协会吹哨、街道报到"的方式，为多方相关主体提供协商共议平台。协会党组织还围绕当前城市更新中的前沿课题积极助推创新实践，引导并鼓励商户设立更新基金，分摊更新所需的设计费、活动组织费等各类费用，探索"以商养街"的自主更新模式。此外，社区党组织和协会党组织还在积极协调商户与居民、商户与施工队的矛盾中发挥了巨大作用，助力项目的顺利推进。可以说，通过党建引领，多元主体关于朝天宫八巷更新的碎片化建议能够转化为具有公共理性的集体意志，既确保了朝天宫八巷更新的各项工作安排更能体现居民与商户的需求，为这一更新项目赢得了广泛的认同与支持，也发挥好基层党组织把方向的核心作用，促进朝天宫八巷更新的综合效益最大化。

3. 路径二：文化涵养，以文化自信的建构增强共建意识

社会心理学曾提出"地方依恋"（Place Attachment）这一概念，用于指涉个体与特定地理空间之间的情感联系和认同感，是居民对于所在地方的天然情感联结。社会认同理论则进一步指出，当居民对社区产生强烈的情感依恋时，则会倾向于将社区纳入个人认同感的来源，成为为社区共同福祉而努力的驱动力，提高居民对社区公共事务的关注度与参与度。有研究指出，文化环境作为主体所察觉到的一个地方的独特性，[①] 会在很大程度上影响居民对地方的文化认同以及地方依恋的形成。作为老城中心地区文化底蕴深厚的传统街巷，朝天宫八巷在更新中一直注重历史文化的传承，将文化治理落实到街巷空间、场景的营造上，通过各类文化产品、文化服务的迭代创新增强居民与商户的在地认同与文化自信，在情感依恋持续提升的基础上促进社会整合，推动居民、商户共建美好街巷。

以文化空间的营造延续文化特色，增强文化认同。朝天宫八巷的沿街商铺建筑更新设计上尤为注重地方历史建筑风格的传承和延续，推动隐藏于空

---

① 王芳、邹馨仪、牛方曲：《城市民族文化景观对居民地方依恋的塑造——以呼和浩特大召寺为例》，《人文地理》2024年第5期。

间内部的文化信息为外界大众所感知，避免"千街一面"，积极增强文化辨识度。2023年，朝天宫街道发布"朝天宫小店出新计划"，来自明瓦廊、大香炉、丰富路、朝西街的6家小店，即农家小院、易记面馆、生机勃勃水果店、李记清真、金中鸭血粉丝汤、杨家馄饨参与了此次活动，着重解决门头破旧、空间发展受限等问题。通过引入专业建筑设计师团队，这些小店在更新中强调门头店招与外立面的文化辨识度、内部文化点位的显性化表达以及店铺前公共文化空间的营造。如位于丰富路15号的"农家小院"，原本是中国古代建筑风格的门头，内部还藏有一处不可移动文物，但商家为扩大酒店可经营面积，导致院子空间逼仄未能充分展示历史保护建筑的风采，室内采光不佳。"朝天宫小店出新计划"征集专业建筑设计师团队介入，针对农家小院提出"时间切口"的更新理念，通过增设展示窗口将具有历史信息的建筑与空间展示在城市空间中，[①] 成为周边居民、游客的留驻空间（见图9-2）。在满足餐厅的空间使用需求上，农家小院采用深红色的廊柱和木质窗户深度诠释中式风格，将原本封闭的包间进行开敞式设计，增加年轻人喜爱的观景空间，增强天井、戏台、回廊照、小池荷花等复古元素与公众的互动度，使得农家小院整体更具文化识别度，受到了周边居民与"老顾客"群体的普遍肯定。又如杨家馄饨在更新中融入活字印刷的设计理念形成了创意店招（见图9-3），并结合朝天宫片区的建筑风格，以"方木红墙"作为整体空间意象，构建出兼具历史记忆与当代审美的特色文化空间。

同时，朝天宫八巷在更新中尤为注重创造传统街巷中的公共空间，为居民之间的社交活动提供微型承载：被列入"朝天宫小店出新计划"中的不少店铺在更新中都通过临街窗口与座椅区的设置形成了店铺与街巷的互动空间，保留了传统街巷中"檐下空间"的社交模式，以非正式的空间形态促进了邻里间的偶遇与交流，有效延续了传统社区老店的烟火气与人情味；八条街巷分别通过打造"遇见朝西"文化墙、罗廊巷口袋公园、"堂子街花友

[①] 《2024年第十届南京创意设计周举办——创意火花点亮城市美好未来》，《新华日报·文化产业周刊》2024年6月7日，第12版。

第九章 文化治理赋能:"朝天宫八巷"共同缔造牵引型的更新实践 251

图 9-2 更新后的"农家小院"实景(何淼摄)

图 9-3 更新后的"杨家馄饨"实景(何淼摄)

会"迷你花园等社区公共空间(见图 9-4),形成了社区居民自然聚集的社交节点,发挥了社区会客厅的功能。这种文化空间的营造,能够让居民、商户形成切实的存在感和获得感,增进地方文化认同,积极参与社区事务也由此成为一种水到渠成的行为。同时,也有助于维系城市更新进程中面临流失的社区社会资本,为共同行动的发生增强情感基础。

以文化活动的举办共享文化生活,强化地方依恋。文化活动是社区文化治理中的重要一环:通过多元文化活动的常态化举行,能够促进居民仪式化的集体参与,增强作为共同体的集体意识,强化居民对社区的情感依恋。在朝天宫八巷更新的过程中,社区邻里节、城事共建街、民俗文化节、明瓦廊万物节、笪桥夜市等一系列文化活动的举办,为有效拉近商户、居民、社区

图 9-4　街巷公共文化空间实景（何淼摄）

人员、共建企事业单位等多元群体之间的距离，促进地方凝聚力的不断提升奠定了重要基础。以笪桥夜市为例，2023 年，该活动结合中秋节，集聚 1100 多家小微商户，涵盖文创百货、网红美食、生活服务、医疗健康、公益宣传等多个领域，同步开展挂灯迎中秋等文化活动，为广大居民提供了休闲、购物与社交的场所。此外，朝天宫八巷更新的过程中，在街头巷尾、口袋公园、小区入口、老年人活动室、幼儿园、街道文化长廊等公共空间完成了墙体美化，增设了休憩设施和亮化设施，打造了居民身边的公共文化空间，在改善社区宜居性的同时培育社区文化土壤。通过在这些公共文化空间内开展放电影、送春联、包粽子等多类型的文化活动，促进邻里日常交往和了解互信，社区的凝聚力和居民的归属感都得以有效提升。可以说，这些文化活动"以文为媒"，汇集了具有本土特色的非遗、美食市集、手工文创、文艺汇演、便民服务等内容，广泛吸引商户、居民、游客、媒体等多元主体参加，既展现了朝天宫地区丰富的市井生活，有助于以润物细无声的方式唤起集体记忆、引发情感共鸣，也能促进多元主体之间的互动交流；既丰富了居民的日常生活，提升了文化认同感与获得感，也通过共享的文化体验增强了文化自豪感与归属感。居民的地方依恋不断得以强化，形成了参与公共事务的意义感，这也成为其在朝天宫八巷更新中积极建言献策、深度参与的重要内驱力。

4. 路径三：多元善治，以治理网络的构建促进共同行动

从实践模式上来看，共同缔造强调多元社会主体的共同参与，这些多元的社会主体，不仅包括政府、规划师、居民和社团等，还包括不同社区内以游客、商家和居民为代表的更为细化的利益群体。[①] 近年来，共同缔造还愈发强调拉入能够助力社区更新的外来社会资本、企业、NGO、社会组织，以及在数字化时代发挥越来越显著作用的数字媒体平台、网络红人，等等。这些多元主体的参与能够推动城市更新从单一主体向多元协同的系统化转变，使得城市更新更具质量、更具效能。在这一过程中，搭建多主体参与的治理网络尤为重要：通过建立上下联动、横向互动的治理网络，能够形成多元主体之间的聚合机制，构建多元主体之间的联合和聚合关系，[②] 形成具有文化意义的"共同体"。朝天宫八巷在更新中，不仅整合了商户、居民、规划师、社区行政人员等多元主体力量，还引入了企事业单位、社会资本等相关主体参与，政、产、学、研、金、商、居、客等多元主体和谐互动、协同行动而形成的治理网络，推动了朝天宫八巷经由城市更新成为善治之地，更富生机与魅力。

引入专业力量，为商户与居民的自主更新赋能。在当下中国的城市更新实践中，在地居民业主自主更新的地方知识欠缺是制约共同缔造发生的重要因素，主要表现在：居民对所在社区、街区的维护更新与再开发能力不足，缺少相应的知识储备与技术手段，即便主观上有更新意愿，但受制于行动能力缺乏。这就需要积极探索新时代的"公助自更新"路径，[③] 不断提高居民

[①] 黄耀福、郎嵬、陈婷婷、李郇：《共同缔造工作坊：参与式社区规划的新模式》，《规划师》2015 年第 10 期。
[②] 陈秀红：《城市社区治理共同体的建构逻辑》，《山东社会科学》2020 年第 6 期。
[③] 王世福、易智康、张晓阳：《中国城市更新转型的反思与展望》，《城市规划学刊》2023 年第 1 期。

自主更新的效能。朝天宫八巷在更新中，除了组建包含秦淮区更新办、南京市规划和自然资源局秦淮分局等职能部门的街巷更新工作领导小组，还邀请了东南大学建筑学院的教授团队和萝卜规则社区发展促进中心的专业团队作为城市更新专家组，全程指导朝天宫八巷沿街建筑立面、风貌、景观设计，建立店招、门楣、门前三包区域的规范，并保持与商户自治协会、商户议事代表、施工单位等多元主体的全程密切沟通，鼓励并支持商户开展自主更新。"朝天宫小店出新计划"创新提出"愿景工作坊"的工作模式，通过面向社会征集一批创意设计，吸引全国各地64家设计机构参与，通过设计师实地探店，与小店店主、顾客多次沟通并征询意见后，使设计师和商户、居民参与规划街巷更新的愿景和目标，并推动商户与设计师结对，形成良性互动。

吸纳共建力量，为共同缔造注入持续发展活力。在朝天宫八巷更新中，朝天宫街道联合秦淮区商务局、联通物联、交通银行、苏腾科技、平安健康保险等企事业单位的资源优势，将外部支持转化为朝天宫八巷更新的可持续动能。各共建单位基于自身专业优势，在治理网络中扮演着差异化的功能角色：联通物联以数智化门店建设方案推动传统小店空间的数字化重构；交通银行推出小店数字人民币首发赋能计划，为"15分钟便民生活圈"居民发放消费补贴，培育在地消费习惯；苏腾科技构建了全媒体营销矩阵，帮助商户突破物理空间限制，拓展线上市场空间，并指导店主开展社交媒体营销，实现最大限度的线上引流，放大地区声誉。可以说，围绕朝天宫八巷更新的"引流聚气、数字升级、降本增效、便民服务、示范引领"诉求，各共建单位提出了具有针对性、落地性的解决方案，使得外部资源的输入能够与在地需求实现精准匹配，在尊重社区主体性基础上实现小店经济活化与街巷生活品质的同步提升。在这一过程中，共建单位也实现了由简单的服务供给方向深度嵌入社区治理网络的合作伙伴的转型，为朝天宫八巷的共同缔造实践提供了持续的创新动力。

激活志愿力量，不断壮大共同缔造"朋友圈"。中共中央办公厅、国务院办公厅发布的《关于健全新时代志愿服务体系的意见》中明确要求"促进志愿服务融入基层社会治理"。朝天宫八巷在更新中积极引入了志愿者力量，围绕居民的一些具体更新诉求展开细致的走访与全面的调研，精准捕捉居民的需求与意愿。如中兴新村小区花园的更新改造，由止马营社区党委联动街道团工委、南京农业大学、南京体育学院、包子艺绘社以及小区居民共同参与。其中，来自南京体育学院的大学生志愿者通过开展居民调研，收集并分析改造建议、明确改造方向；来自南京农业大学园艺专业的大学生志愿者进一步依据调查结果，参与了改造设计方案、分析土壤、选择植物等过程，并在更新完成后为居民普及花园维护的相关知识；包子艺绘社等社会机构的志愿者参与更新方案的全程实施，组织社区居民开展"废物利用·艺术创作"实践课等文化活动，将更新过程转化为社区美育实践。通过志愿服务的介入，形成了社区治理的文化效应：经由志愿者的桥梁作用推动居民共建实践，实现了外部志愿服务向社区持久发展的内生资本的转化，有效支撑了共同缔造的发生。

四 启示与思考

1. "朝天宫八巷"共同缔造牵引型更新模式的启示

在构建共建共治共享城市治理新格局的语境下，城市更新的价值理念、参与模式、决策机制均面临迫切的转型需求。党的二十届三中全会提出，建立可持续的城市更新模式和政策法规。在宏观经济形势影响下，以政府"大包大揽"为特征的传统城市更新模式难以为继，亟须探索一条可持续的更新路径，这就需要充分发挥广大居民的主体性作用。在朝天宫八巷的更新中，文化治理作为一种柔性干预与情感治理机制，充分调动起多方主体共同缔造的主观能动性与积极性，为构建公众参与的可持续城市更新模式提供了可借鉴的经验。其启示可以概括为以下三方面。

一是激发多元主体的文化自觉，夯实共同缔造的情感基础。朝天宫八巷更新的实践表明，系统性的文化治理措施，能够有效重构社区文化共同体，进而为城市更新注入持续的内生动力：散布在街巷中公共文化空间的营建，不仅提供了文化活动、社会交往的物质载体，更通过空间符号的再现，将抽象的地方记忆具象化为可感知的日常体验，使居民与商户在潜移默化中增加了对八巷的地方认同；多种文化活动的开展创造了集体记忆的生成场域，在共同参与的过程中，居民、商户等原本分散的个体增进了相互认知，促进了共同文化观念的形成。这些都有助于激发其参与更新的自觉意识，发挥文化作为不同主体情感纽带的作用，促进城市更新中共识的产生与共同行动的发生。

二是促进多元主体的行动参与，建立共同缔造的实现渠道。朝天宫八巷在更新中，通过搭建面向商户与居民的议事会、"两问"等议事协商平台，发挥好邻里议事厅、商户协会等自治组织的作用，促进商户与居民全程参与更新项目的决策、规划、设计、实施和效果评估，将传统"自上而下"的行政决策过程转化为多元主体形成共识与共同参与的过程，变"要我更新"为"我要更新"。在这一过程中，发挥好基层党组织的核心引领作用显得尤为重要：在党建引领下构建的协同治理网络，真正将党的政治优势转化为文化治理效能，由基层党组织牵头组织的各项议事活动，促进了多元主体的有序参与，在消解利益分歧的基础上促进共识达成与共同行动；同时，党建引领也发挥了地方文化价值守护者的功能，确保朝天宫八巷的更新能够围绕文化认同的构建、地方精神的增进而展开。

三是强化多元主体的深度赋能，助力共同缔造的持续推进。朝天宫八巷更新注重强化对商户、居民等主体的赋能，为更新的可持续推进夯实了内生基础。基层党组织充分发挥整合功能，为商户、居民的自主更新构建了立体化的资源网络：高校专家力量为更新提供了专业方案与指导；学生志愿者在了解居民需求中发挥了重大作用；相关职能部门的介入，为街巷更新的推进提供了有力支撑；商业资源的链接，则在街巷营销中起到了巨大作用。在外部资源的有效注入下，居民与商户作为主体的能力不断提升，城市更新与人力资本和社会资本的增值过程相结合，使得街巷与社区的更新获得了持续的内驱力，为促进可持续的城市更新提供了有益参考。

2. 进一步的思考

城市更新是城镇化中后期阶段发展的重要动能，也是培育新质生产力、提升产业创新力、焕发空间活化力、保留老城烟火气、提升人民群众获得感的重大举措。在宏观经济条件影响下，"拆建式"更新模式不再适应发展需求，形成共同缔造牵引下的有机更新成为各大城市的新选择。然而，社区力量的缺失是制约城市更新可持续推进的重要因素，也在无形中增加了城市更新的交易成本，多主体参与的共同缔造机制亟待建立。通过文化治理，唤醒多元主体自我更新意识的内驱动力，是转变政府主导、财政资金兜底的"一元模式"的重要路径，有助于凝聚城市更新中的多元合力。

在传统社区、街巷更新中，一方面要厚植社区文化，加强对老旧小区周边人文景观、历史遗存资源的整合提升，通过文化长廊、特色院墙、口袋公园、袖珍广场的打造，促进居民社区文化意识的觉醒；另一方面要更加注重对"一老一小"、上班族、Z世代等多元化社区生活需求的满足，增进各类居民群体的社区认同感与凝聚力，形成可持续自主更新的内生驱动力量。要进一步增强居民、商户的地方共同体意识，由居民、商户推选一定数量的热爱社区、愿意参与社区更新的"百姓设计师""商户设计师"，畅通居民与商户的更新诉求表达渠道，形成"定制式"更新方案。要广泛建立社区责任规划师制度，为居民、商户提供有关更新的专业协助，推动基层诉求与城市上位规划深入衔接，实现各方利益的平衡共赢。做好更新后社区、街巷的跟踪，密切关注更新后的居民与商户需求，引入文化运营、环境维护等专业性团队，为可持续的自主更新提供重要支撑。要推动基层党组织"下沉"各城市更新项目，组织带领党员和群众共同参与老旧小区更新及后期管理服务，并通过挖掘政治觉悟高、服务意识强、为人办事有能力的居民带头人，带动全体居民共同参与老城地区的更新与长效治理，确保共同缔造的可持续推进。

同时，也应该警惕以下问题：一是文化治理与共同缔造的机制还有待完善。目前，多元主体的共同缔造多停留在一次性的短期合作，还需要进一步通过文化治理手段的丰富与常态化、长效化的推进，建立起多元主体间的稳定合作关系，真正形成共同体意识。二是共同缔造对本地居民生活的关注应进一步凸显。如在朝天宫八巷的案例中，南台巷、丰富路、明瓦廊等已经完成更新的网红街巷以及率先完成更新的网红小店正在经历从普通市井街巷向新兴旅游打卡目的地的转变，经济活力十分旺盛。但是与此同时，这些小店所服务本地居民日常生活和迎合外来顾客旅游需求之间的张力逐渐突出，一部分本地居民尤其是低收入人口、老年人口、非网红同行业小店在更新过程中存在归属感下降、被排挤感上升以及生产生活成本被迫抬高等问题。三是作为共同缔造内在根基的文化自信如何进一步培育。如极少有游客可以讲述甚至有动机了解堂子街名称的历史来源、历史故事、历史遗迹、历史人物，而只关注少数的热门网红美食、拍照打卡这些相对表面化的观光行为，对于可持续地滋养和繁荣地方历史文化贡献不大，可能会对居民与商户的地方文化自信与认同产生一定负面影响，不利于共同缔造的持续发生。

第十章 结论与讨论

一 文化赋能城市更新的本土逻辑：内涵、价值与模式

对地域文明的关注为城市人文精神的塑造赋予了历史感和个性化的特点，既是全球城市语境下构建中国城市辨识度的独特路径，也是提升城市"人民性"与竞争力的重要力量。伴随我国城市更新工作进入纵深推进关键期，城市更新已成为涵盖城市功能完善、产业能级提升、环境品质优化、社会治理创新的综合性工程，其高质量发展需要引入并积蓄新动能。文化作为城市地方精神的表达与价值意义的库藏，经由创造性转化、创新性发展，为城市更新提供了充沛驱动力，改变了传统拆建式的老城改造模式，推动城市更新在内涵上不断深化、在价值追求上不断跃升。本书尝试建构了文化赋能城市更新的理论框架，并以南京这一座文化古都、高城镇化率城市为例，探索了文化赋能城市更新的具体路径及其效应，形成了如下基本结论。

1. 文化已成为我国当代城市更新的重要动能

城市更新一直贯穿于中国快速城镇化的全过程，在历时态与共时态的双重向度中不断推动城市空间形态与功能结构的调适与演进。作为城市化进程发展到一定时期的必然过程，城市更新既涉及城市物质生活环境的优化改善，也越发迈向注重本土文化的彰显与城市多维度竞争力可持续提升的综合阶段。观之改革开放以来40余年的城镇化历程，城市更新正逐渐跳脱出物质层面的

"破旧立新",而囊括优化生活品质、提升城市功能、转变发展方式、彰显文化魅力等多重目标。在此过程中,随着城市发展理念的不断更新与进化,文化在城市更新中的地位和作用先后经历集体消费品不足倒逼旧城改造阶段,文化议题被旧改需求遮蔽;土地资本驱动旧城现代化阶段,文化保护让位于重建式更新;旧城保护性开发带动城市更新阶段,空间功能复兴突出文化价值;以人为本的有机渐进式更新阶段,文化助推内涵式城市更新。从被"忽视"、被"轻视"到被"重视"、被"珍视"的价值转变,表明文化在回应空间活力激发、居民福祉提升、社会治理精细化等我国城市更新的核心关切中的作用日益凸显,成为当下我国推动更可持续、更有温度的城市更新的重要突破口。

2. 文化赋能城市更新的本土化理论提出有其独特的现实诉求

近年来,通过城市更新优化资源要素配置、提升空间承载能力、增强城市发展韧性、实现社会与经济效益双增长,已成为我国各大城市在新时代内涵式发展背景下推进高质量可持续发展的普遍实践,也是各大城市在收缩背景下寻找新发展机遇、新增长点与新赛道的现实选择,但也面临着进一步提质增效、推动更新模式更可持续、更具效能等问题。从传承弘扬中华文明来看,诉求通过文化动能的注入,保证城市更新沿着正确方向推进,助推城市更新更加关注文化成果的积累与产出,以城市文明成果的不断创新展现当代中国城市文明新形态;从新型城镇化战略实施来看,诉求通过为城市更新注入"文化之魂",以人文城市建设回应快速城镇化进程中城市文化遗产保护不够、忽视城市文化特色彰显等问题;从推进中国式现代化来看,诉求通过城市在更新过程中不断获取来自人文经济的核心驱动力与重要支撑力,体现中国式现代化对文化繁荣与经济高质量发展的系统性关切;从建设人民城市来看,诉求通过公共文化服务在存量空间的弹性介入,在城市更新中实现更高质量的文化服务供给,满足人民群众高品质的文化需求。

3. 文化赋能城市更新的理论内涵与逻辑机理

人文主义城市观、创意城市理论、有机更新理论、城市文化资本理论为文化赋能城市更新理论的提出提供了宝贵的思想资源与强大的理念支撑。本书提出的文化赋能城市更新，是指通过历史文化、创意文化、地方文化等文化资源要素的创造性转化与创新性发展，发挥其在城市更新中挖潜城市土地价值、优化城市空间品质、提升产业发展效能、保护传承地方文脉、创造城市美好生活中的作用，通过文化要素注入、空间载体吸附、更新动能释放等过程和方式，赋予城市更新动力、增进城市更新效能通过充分释放和放大文化所具有的多重属性价值为城市更新提供可持续动能，满足赓续地方文脉、激发产业活力、提升治理水平、改善生活品质等城市更新的核心关切。文化赋能城市更新诉求的是社会效益与经济效益相统一的价值实现模式，其逻辑机理可从基于地方文脉的资源转换逻辑、基于时代需求的产业升级逻辑、基于人民期待的文化普惠逻辑进行理解，其目标指向城市持续经营、经济活力提升、实现人民美好生活需要等城市更新的系统性关切。

4. 我国文化赋能型城市更新不同于西方文化导向型城市更新

与西方"文化导向型城市更新"不同，我国文化赋能型城市更新虽然在实现路径上有一定相似，但在价值取向与目标上均有所差异。西方"文化导向的城市更新"遵循城市文化商品化的空间运作逻辑。各类文化资源被用于打造"区辨标识"以获取"垄断地租"，导致城市文化沦为资本积累与权力操控的工具，精神价值面临解构，由此引发了"绅士化"所带来的大规模动迁与邻里置换、城市空间被中产阶级审美所主导等问题。而我国文化赋能型城市更新不只是将文化视作工具，更强调文化在城市更新中的价值引领作用。文化赋能型城市更新将历史文化的保护传承弘扬、居民文化认同感的提升视作城市更新的重要目标，从根本上跳出了"经济决定论"的叙事框架，推动城市更新更加注重与真实社会生活、与深层次精神需求的联系。

5. 南京在文化赋能城市更新上具有典型性与代表性

首先，作为古都城市，南京拥有悠久的历史脉络、多样的传统文化、丰富的历史遗存，如何践行"文化是城市的灵魂"这一理念，发挥在保护的基础上推动地方文化的传承与复兴，发挥文化资源作为城市高质量发展的战略资源，推动优秀传统文化资源与城市当代发展相融合一直是南京城市建设的重中之重。其次，从时间脉络来看，南京的城市更新历程体现了文化在城市更新中作用与地位的不断上升。2011年以后，南京老城逐步转向有机更新模式，更多关注地方性场所的营造，试图通过地方性物质符号的保护传承、现代文化业态的有机植入、社区居民的共商共建共享等方式，在提升空间品质的同时，增进人与地方、人与人之间的情感联系与认同。最后，从空间脉络来看，南京的待更新地块与文化资源存在明显的空间重叠与相关性，协调推进历史文化保护传承与老城更新改造的问题较为显性化，对于我国大量文化资源密集、区位条件优越但又面临结构性老化典型老城区域具有较强代表性。

6. 南京在实践中形成了文化赋能城市更新的多种模式

从南京城市更新价值取向与目标、实施手段与方式、文物保护利用和城市更新主体等方面发生的转向特征判断，文化赋能当下已成为南京城市更新的主要模式，其内涵在"人民城市"的建设导向下不断深化与丰富，其路径模式也在不断拓展与演进。可将文化赋能模式路径划分为历史符号重现型、文旅消费驱动型、创意园区植入型、人文家园营建型、文化福祉浸润型与共同缔造牵引型六种，分别从历史文脉、文旅融合、文创产业、在地文化、文化服务、文化治理等不同维度释放了文化在城市更新中的效能。需要指出的是，在实践中，多以一种模式为主导或多种模式叠加，实现对城市更新改造的文化赋能。总体而言，在城市更新的早期阶段，文化赋能的方式相对表层化，通常倾向于寻找并结合地方特有的天然禀赋或文化底蕴，开发具有文化属性的房地产项目与旅游项目，文化多呈现为符号的拼贴与表皮的包装，其本质尚囿于服务于经济增长的工具。近年来，城市更新理念的进化、房地产市场增速的放缓、文化在城市发展中战略地位的上升，文化赋能城市更新的方式更加内核化、人本化，更加强调社会效益与经济效益的"双效统一"。在更新方式上，历史文化街区与文化旅游景区更加注重"主客共享"、创意产业园区更加注重"对外联通"、传统社区更加注重"场所精神"，不仅满足了地方政府经营城市、资本可持续盈利的需求，也赋予地方居民更多的城市参与权与文化获得感，更加指向多位一体的谐振式共赢。通过文化赋能，南京的城市更新保留并放大了南京特有的古都文化气质，明显提升了地方软实力和文化竞争力，为其他历史文化名城实施文化赋能型城市更新提供了有益参考。

7. 文化赋能城市更新的效能与需要规避的问题

在多方主体的共同推动下，文化赋能型城市更新在激活、改善老化的城市功能与建筑景观，推动历史文化遗产复兴与多元利用，营造文化旅游与创意文化氛围，激发城市经济与空间活力等方面，体现出显著的经济效益与社会效益。但同时，文化赋能的一些新问题也在显现：一是对老城文化风貌的更新过于强调展现"过去"、展现"传统"，导致老城历史文化空间的更新与城市当代文化建设成果之间的联系不足；二是更为重视老城物质层面的文化更新，生活方式、行为习惯等精神层面的文化更新相对滞后，更新后的历史街区、创意园区作为城市居民公共文化生活、现代文明风尚实践地的功能还需进一步提升；三是文化赋能城市更新的路径需要更加精准化与精细化的"在地"设计，即待更新地区必须征兆具有明显在地特征的文化业态、文化功能、文化服务去实现升级焕新，避免文化赋能陷入套路化、模式化的瓶颈。

二 推动文化全方位赋能城市更新

文化赋能城市更新立足于文化的保护传承与创新发展，能够有效规避"千城一面"、"运动式"更新、"卖地式"更新等问题，实现经济价值、人文品质、宜居环境、民生福祉等谐振式提升。这既是突出现代化方向的城市人民性的必然诉求，也是探索可持续城市更新模式的题中之义。对于南京而言，推动文化全方位赋能城市更新，要充分发挥文化资源与城市更新的良性互动与赋能优势，实现城市空间的活力重构与价值跃升，实现地方文脉的保护传承与创新发展，实现居民美好生活与精神富裕的提升，积极探索有度、有序、有情、有机更新。

1. 以文化赋能空间更新：展现有文化厚度的城市风貌

习近平总书记指出，要把老城区改造提升同保护历史遗迹、保存历史文脉统一起来。南京应始终将历史文化保护放在城市更新的首位，将本土文化韵味的彰显作为城市更新的重要旨归。一是强化城市更新的"考古前置""文保前置"。推动将文物保护管理纳入市一级的城市更新规划编制和实施，率先出台《关于在城市更新中推动历史文化名城建设的工作指南》，全面规划各类城市更新工程的"考古前置"。要推动各市在城市更新基础数据调查工作中，首先开展历史文化遗产保护对象现场调查评估，适时拓展工业文化遗产等保护对象，严格落实保护优先。二是做好紫金山玄武湖中心公园、四大历史城区等保护传承与创新发展。在城市更新中突出"龙盘虎踞、环套并置"的历史格局，展现山、水、城、林融汇一体的特色。坚持历史地段原真性、整体性、永续性原则，开展保护利用规划与设计，加快老城南片区整体保护展示，在老城南形成以中华门为核心，以秦淮河、明城墙为纽带，以门东门西为特色片区的整体空间意象，通过线性公共空间串联老城南历史城区内的历史文化资源，进一步放大中华门节点公共展示空间，打造南京城市特色文化地标，系统展现南京城南历史脉络与整体风貌，体现城市发展历史与文化积淀。推动历史地段的空间品质提高、人文价值提升、街区活力再生，打造具有标志特性、充满文化象征意义的"时空场所"，展现南京古都的时代变迁，成为城市文化记忆价值传承的重要见证。三是推动文化遗产在城市更新中融入当代南京城市发展。探索创新历史街区、风貌区的保护和更新路径，挖掘其文化、历史、经济和社会价值，赋予老城区发展活力。创意改造、传承历史建筑和工业遗产，有机融合历史元素、建筑与现代商业、艺术文化，让历史建筑在保留与传承中达到一种螺旋上升的动态平衡，使遗产保护展示与创意产业等发展相得益彰。对体现古都特色的文化遗产，应避免单一化地采用原样复原的静态保护方法，探索多元化、定制化的活态利用方案:"外在"应体现古都文化在时间维度上的丰富性与层次感,为文化寻根提供依托;"内在"应因地制宜地引入文化休闲、国潮体验、艺术展馆、艺术沙龙、文创活动等业态,在呼应当代南京城市发展诉求下实现"长存常新"。

2. 以文化赋能产业更新:形成有创新高度的发展动能

文旅融合既有助于实现城市文脉延续与旅游活力提升的互动双赢,又能以多业态联动模式实现城市传统文化价值的时代赋新。南京应将"文旅融合"作为存量空间产业升级的破题关键,助推空间品质优化、人流物流集聚、区域能级提升等多重目标。一是以文旅融合推进长江文化在城市更新中的创造性转化与创新性发展。系统梳理江苏长江文化资源,建立长江城市更新项目库,推动长江两岸建成区进行空间格局优化和功能提升,打造地标性的文化体验、展览展示、休闲服务空间。要引导文化旅游龙头企业积极参与相关城市项目,加强各类城市更新项目的文化运营。二是推动历史文化街区、传统商圈向文旅消费集聚区的转变。在历史文化街区中推进"文旅融合试点",在"定制化"保护性修缮的基础上,鼓励历史文化街区从物质形态更新转向文化内容升级,通过营造具有本土特色的文化场景,导入各类休闲文化业态,营造主客共享的"情境式文化街区"。在传统商圈更新中,倡导"一商圈一文化",鼓励湖南路商圈结合本土文化特色打造文化IP,提升新街口地标新形象,把新街口打造成为开放集聚,代表省会城市首位度的核心商业街区。优化中心区域新功能,以夜瞻园、夜愚园为核心,丰富夜经济的文化内涵,打造夜间经济承载地。持续开发内秦淮河西五华里旅游线路,重塑"河道—街巷—街坊"相依的空间肌理,打造具有历史感和文化魅力的滨水开放空间场所。将古都文化核作为全域旅游发展的重要载体和平台,创新打造具有核心吸引力的沉浸式文化体验与情境式的消费场景。三是发挥老旧厂区的工业文化旅游价值。在做强本土工业文化特色的基础上,因地制宜地导入现代文创、时尚发布、艺术交流、休闲康养等功能,逐步向工业文化研学基地、工业文化旅游区、爱国主义教育基地转型升级,打造城市新文化引力区。四是摒弃将文化表层化、符号化、工具化的惯性做法，推动文化资源与旅游经济结合的同时，要尽量保留和延续老城区和原住民的"生活态"，实现地区历史文化、社会文化与商业经济的多元复兴。

3. 以文化赋能服务更新：强化有生活温度的民生效应

以人民为中心，是城市更新的出发点和落脚点。南京应从居民的文化需求出发，在老旧小区更新中大力推进与人民生活品质直接相关的公共文化空间拓展与服务创新。一是结合老旧小区更新营造居民"家门口"的文旅空间。应深耕厚植地方文化，树立"社区即景区"的更新目标，通过文化长廊、特色院墙、口袋公园、袖珍广场、街角空间等打造空间尺度更加宜人的文旅体验空间，实现老旧小区美学价值与文化内涵的双重提升。二是推动老旧小区及周边地区闲置空间的"微更新"，打造社区文化圈。激活老旧小区及周边地区的闲置建筑、空间"边角料"、地下室等空间资源，打造创意门店、特色书房、微型剧场等空间，解决老旧小区居民文化活动开展空间受限的问题，真正让文化消费空间根植社区生活圈。三是加强对老旧小区周边人文景观、历史遗存资源的整合提升。对这类文化符号进行空间演绎，再现老旧小区所在地的文化记忆，形成具有邻里温度的文旅新空间，发挥好老旧小区更新的社会美育价值。四是在城市更新中拓展公共文化服务的阵地和场景。目前，南京的1865产业园、新门西产业园都采取开放、半开放式开园运营理念，发挥了居民文化会客厅的作用。应进一步鼓励有条件的园区进一步开放公共空间，为城市级别的文化事件、文化活动提供承载，形成更具人文关怀、审美品位、文化内涵、服务效能和社会影响力的公共空间。五是推进新型公共文化空间建设。树立"泛在文化空间"理念，在城市综合体、旅游景点、公园广场、街区转角等区域，打造"无处不在""主客共享"的文化空间。引导文化空间与购物空间、休闲空间、开放空间等相复合，鼓励支持商业综合体、景点景区、功能园区、创新街区内"嵌入式"设置展览馆、美术馆、电影院、小剧场、艺术街区，推动文化产业园区突破围墙"开放式"发展。

4. 以文化赋能环境更新：打造有风景气度的宜居生活

习近平总书记曾指出，"让生态环保思想成为社会生活中的主流文化"。生态文化的彰显与弘扬，既构成"建设人与自然和谐共生的现代化"的文化面向，也是生态文明价值观的具体体现。生态文化赋能城市更新，能够形成与生态文明建设相适应的城市更新格局，实现城市生态环境建设与城市宜居性提升的谐振式发展。一是联动城市更新与城市生态修复。把握城市更新行动实施的契机，践行"山水林田湖草沙生命共同体"理念，加强对长江岸线的重化、危化项目的梳理，同步开展生态修复与空间再利用，变工业"锈带"为文化"秀带"，变生态"疮疤"为城市"绿肺"。推动在城市更新的过程中利用城市边角空间打造居民"家门口"的生态空间。充分利用闲置中的城市斑块状小型地块，通过精细更新打造口袋公园、微型绿地、街头游园等，打造城市的生态"打卡地"。二是将生态宜居纳入城市更新面域。高度聚焦居民宜居生活诉求，通过对空间功能和内容的更替，实现城市宜居品质的全面提升。推动本土生态元素与城市文化、乡村文化、社区文化、商业文化的结合互渗，升级改造具有生态功能性的城市文化公共空间，结合优越的自然生态基底发展生态旅游、生态康养、生态主题节庆等生态文化产业。三是推动城市更新行动与公园城市建设相结合。鼓励各市在城市更新中保护复壮生长势弱的古树名木，系统推进城市绿道、市民公园、林荫廊道、立体绿化空间的提档升级工程，提升居民的"绿色"获得感、幸福感。

后　记

在党的二十大提出"实施城市更新行动"后，党的二十届三中全会进一步强调"建立可持续的城市更新模式和政策法规"。城市更新是中国城市在新时代存量内涵式发展背景下，转变发展方式、推进高质量可持续发展的重要议题。近年来，城市更新展示出新的文化取向：伴随文化在延续城市历史、缔造空间价值、提升生活品质和增进民生福祉等方面发挥着日益重要与深远的作用，其逐渐成为推进城市更新的关键性动能，城市更新开始进入更有品质、更有温度的文化赋能阶段。2025年，时隔十年，中央城市工作会议再度召开，明确提出"着力建设崇德向善的文明城市"，并将"完善历史文化保护传承体系""保护城市独特的历史文脉、人文地理、自然景观"列为核心任务，文化在城市更新中的地位进一步凸显。作为在城镇化后半场中出现的新理念，文化赋能城市更新有其自身的逻辑理路与生长脉络。本书以南京城市更新的具体实践为研究对象，致力于通过全方位审视、历时态研究文化赋能城市更新的本土特色路径，提炼可复制、可推广模式，构建能够指导中国城市推进文化赋能城市更新的本土化理论，为各大城市在城市更新中发挥文化的增长动能作用，打造更具文化吸引力的城市空间提供理论支撑与经验借鉴。

本书历时两年，经由南京"文化赋能城市更新研究博士工作站"成员多次实地调研、"头脑风暴"和修改打磨而形成。本书受到中共南京市委宣传部青年文化英才培养项目的资助，在此表示衷心感谢。南京市社会科学院付启元研究员、南京市规划设计院汪毅副总规划师、南京信息工程大学刘风豹博士、南京大学城市建筑与规划学院孙洁副研究员分别参与了本书第六章、第七章、第八章与第九章部分内容的撰写，在此一并表示感谢。诚挚感谢南京市城乡建设委员会、南京市规划和自然资源局、南京市秦淮区文旅局、南京市朝天宫街道办事处、南京金基集团为本书撰写提供的大量资料，使本书内容更为翔实、论述更有支撑。感谢社会科学文献出版社孙瑜等编辑老师所做的辛勤编辑和出版工作。本书内图片为笔者拍摄或取得摄影师授权。

希望本书抛砖引玉，为研究文化赋能城市更新的中国理论与中国经验提供参考，丰富学界对中国城市更新的理解与体悟。如有偏颇之处，敬请读者批评指正。

图书在版编目（CIP）数据

文化赋能城市更新：理论探索与地方实践／何淼，李惠芬著.--北京：社会科学文献出版社，2025.7.
ISBN 978-7-5228-5677-3

Ⅰ.TU984.2

中国国家版本馆 CIP 数据核字第 2025LR8485 号

文化赋能城市更新：理论探索与地方实践

著　　者／何　淼　李惠芬
出　版　人／冀祥德
责任编辑／孙　瑜
责任印制／岳　阳
出　　　版／社会科学文献出版社・群学分社（010）59367002 　　　　　　地址：北京市北三环中路甲 29 号院华龙大厦　邮编：100029 　　　　　　网址：www.ssap.com.cn
发　　　行／社会科学文献出版社（010）59367028
印　　　装／三河市东方印刷有限公司
规　　　格／开　本：787mm×1092mm　1/16 　　　　　　印　张：17.375　字　数：264 千字
版　　　次／2025 年 7 月第 1 版　2025 年 7 月第 1 次印刷
书　　　号／ISBN 978-7-5228-5677-3
定　　　价／98.00 元

读者服务电话：4008918866

版权所有 翻印必究